건설산업의 ESG

지속가능성을 향한 전략

건설산업의 ESG
지속가능성을 향한 전략

1판 1쇄 인쇄 2025년 2월 15일
1판 1쇄 발행 2025년 2월 20일

지은이 | 안창범, 이종섭, 한미글로벌
발행인 | 김병계
발행처 | 도서출판 보문당
등록 | 1990년 6월 5일(제1-1066호)
주소 | 서울시 마포구 토정로 222 한국출판콘텐츠센터 417호
전화 | 02) 704-7025
팩스 | 02) 704-2324
홈페이지 | http://www.bomoondang.co.kr
전자우편 | bmdpub@naver.com

값 22,000 원

ISBN 978-89-8413-251-1 (93530)

건설산업의 ESG

지속가능성을 향한 전략

안창범 · 이종섭 · 한미글로벌 지음

권두언

ESG는 최근 전 세계 기업이 고려해야 할 핵심적 경영 어젠다로 자리 잡고 있습니다. 많은 기업이 단순한 이윤 추구를 넘어 환경 보호, 사회적 책임, 그리고 투명한 지배구조를 통해 장기적인 가치를 창출하는 것을 기업경영의 핵심적 목표로 삼고 있으며, 이는 기업이 경제적 성과뿐만 아니라 사회와 환경에 미치는 영향을 고려하여 지속가능한발전을 이루기 위한 포괄적인 접근법을 취하는 것을 의미합니다. 이런 점에서 ESG는 기업이 장기적인 관점에서 사회적·환경적 리더십을 발휘하면서도 동시에 경제적 성과를 달성할 수 있도록 돕는 중요한 프레임워크입니다.

그동안 ESG에 대한 기업의 대응은 개별 기업의 자율적 판단으로 채택 여부가 결정되었지만, 최근의 국제적 흐름은 ESG 공시를 의무화하는 쪽으로 강화되고 있습니다. 전세계적으로 2025년부터 ESG 공시를 의무화하는 흐름이 나타나고 있으며, 국내에서도 이에 발맞추어 2026년 이후 재무 보고서에 기후 관련 정보 포함을 의무화하려는 계획이 추진되고 있습니다. 이러한 의무화 흐름 이전에 블랙록을 위시한 전 세계 대형 투자사 및 자산운용사에서도 ESG 관련 실적을 요구하고 있어서 이미 대기업의 경우는 선택이 아닌 필수로 인식됐으며, 각 기업이 처한 상황에 맞는 대응 전략을 수립하고 실천해 오고 있습니다. 결국 이러한 움직임은 기업이 경영 전략을 수립하고 실천하는 방식에 중대한 영향을 미치고 있으며, ESG에 대한 효과적인 대처가 기업의 장기적인 경쟁력을 결정짓는 중요한 요소로 자리 잡고 있습니다.

이러한 큰 흐름에 대해 건설산업은 어떻게 대응하고 있을까요? 건설은 인류의 역사와 함께해온 유서 깊은 산업이며, 인류가 존속하는 한 사라질 수 없는 산업이기도 합니다. 또한, 공간을 변화시키는 건설의 특성으로 인해 건설산업은 환경과 사회에 미치는 영향이 타 산업에 비해 상대적으로 큰 산업이기도 합니다. 다시 말하면, 건설산업의 참여자들은 태생적으로 지속가능한발전이라는 새로운 사회적 요구에 부응해야 할 사명을 부여받았다고 할 것입니다.

이러한 사회적 요구에도 불구하고 ESG에 대한 건설기업의 대응이 충분하다고 볼 수는 없습니다. 지속가능경영의 첫 단계라고 할 수 있는 지속가능경영 관련 보고서나 공시의 경우에도 일부 대기업을 제외하고는 대다수 건설기업이 무관심한 것 같습니다. 더 나아가 환경, 사회, 지배구조 관점에서의 지속가능성을 추구하는 건설기업의 움직임 또한 찾아보기 힘듭니다. 이는 지금까지 지속가능경영 관련 공시가 의무화되지 않은 이유도 있지만, 건설산업이 다양한 유형과 규모의 기업을 포함하고 있기 때문입니다. 즉, 이미 일부 글로벌 건설 발주자나 투자사의 경우 ESG 관련 평가 지표나 실적을 요구하는 경우가 늘어나고 있어 이러한 요구에 대응하며 ESG의 중요성을 일찍부터 인지하고 대응해 온 일부 대형 종합건설사와는 달리, 중소 규모 설계/엔지니어링사나 전문건설사는 ESG의 중요성과 필요성에 대한 인식 자체가 부족한 경우가 많습니다. 또한, ESG의 필요성에 대하여 인식하고 있다고 하더라도 어떻게 대응해야 할 지에 대한 방향 설정에 어려움을 겪고 있는 경우도 많습니다.

이 책에서는 건설산업의 참여 기업이 직면하고 있는 이러한 혼란 속에서 각 기업의 상황에 맞는 내응의 실마리를 제공하고, 적용이 가능한 해답을 제시하고 있습니다. 종합건설사, 전문건설사, 설계사, 엔지니어링사, 건설 자재 공급사 등 다양한 플레이어들이 참조할 수 있는 사례를 제시하였으며, 많은 기업이 ESG에 대한 단순한 대응을 넘어 ESG를 통해 새로운 사업 기회를 찾을 가능성이 있을 것으로 기대합니다.

끝으로 본 책자가 발간될 수 있도록 모든 노력을 아끼지 않으신 안창범 교수님, 이종섭 교수님 이하 연구진과 도움을 주신 모든 분께 깊은 감사의 말씀을 전합니다. 이 책이 지속가능성을 추구하는 건설산업의 새로운 지침서로 활용되기를 바랍니다.

한미글로벌 회장

김 종 훈

서문

기업이 재무적 성과에만 매달려서는 장기적으로 그 성장을 이어나갈 수 없다는 것이 많은 기업의 사례를 통해 입증되었습니다. 이러한 맥락에서, 비재무적 가치인 친환경 경영 Environment, 사회적 책임 Social, 투명한 지배구조 Governance를 중시하는 ESG 경영은 기업이 지속가능한성장을 하기 위한 핵심 전략으로 자리 잡고 있습니다. 기업의 ESG 경영은 재무적 성과에도 장기적으로 긍정적인 영향을 미치는 것으로 나타났으며, 이에 따라 ESG 경영에 대한 관심과 투자는 지난 수십 년간 폭발적으로 증가하였습니다. 이러한 변화는 국내 건설산업에도 큰 영향을 미치고 있습니다. 그러나 건설산업에서의 ESG 경영이 구체적으로 무엇을 의미하는지, 그리고 이를 위해 어떠한 구체적인 실천이 필요한지에 대해서는 공통된 이해가 부족한 실정입니다. 건설산업에서의 ESG 경영을 그동안 해왔던 친환경건설의 연장선으로만 보는 시선이 있는가 하면, 또 한편에서는 ESG 경영에서 요구되는 다양한 요소를 충족시키는 데 어려움을 겪고 있기도 합니다.

ESG 경영의 환경, 사회, 지배구조 각 부분에서 고려해야 할 요소는 많지만, 이 모든 요소가 건설산업과 직접적으로 연관되는 것은 아닙니다. 효율적인 ESG 경영을 추진하기 위해서는 건설산업의 특성에 맞는 ESG 경영 요소를 파악하고, 이를 집중적으로 관리하는 전략이 필요합니다. 특히 건설산업은 복합적인 밸류체인을 가지고 있으며, 하도급에 대한 의존도가 높아서, 개별 건설기업 내에서의 노력만으로는 ESG 경영에서 궁극적으로 달성하고자 하는 바에 도달하기에는 한계가 있습니다. 때문에, 개별 기업의 관점에 머무르지 않고, 밸류체인 전반을 아우르는 전략이 필요합니다. 더불어, 건설산업은 정부 정책의 영향을 크게 받는 수주 산업이기 때문에, 정부와 공공 발주자의 역할 또한 ESG 경영 활성화에 매우 중요합니다.

이 책에서는 건설기업의 ESG 경영 현황을 조사, 분석함으로써 국내 건설산업의

ESG 경영이 더 활성화될 수 있는 전략을 제안하고자 하였습니다. 제1부에서는 ESG 경영의 개론을 다루며, ESG 경영의 태동과 확산, 목적 및 기대효과를 기존의 실증 연구를 바탕으로 살펴보았습니다. 또한, 전반적인 ESG 경영 평가 과정을 이해하기 위해 ESG 부문별 평가지표와 평가 주체, 평가 방법의 분석 내용을 담았습니다. 제2부는 국내 주요 건설기업의 ESG 평가 내용을 분석하고, 건설산업의 ESG 경영 활성화를 위한 여러 나라의 제도적 장치를 살펴보았습니다. 아울러, ESG 경영을 활발히 수행하고 있는 국내 주요 건설기업의 사례와 인터뷰를 통해 현재 국내 건설기업이 직면한 문제점과 도전 과제를 정의하였습니다. 제3부에서는 건설산업을 위한 구체적인 경영전략을 제안했습니다. 먼저, ESG 각 부문에서 건설산업에 직접적으로 영향을 미치는 요소를 정의하고, 건설 프로젝트의 밸류체인 전반에 걸쳐 ESG 경영 성과를 극대화할 수 있는 전략을 제시했습니다. 또한, 건설산업 전체의 ESG 경영을 활성화하기 위해 정부와 공공발주자가 해야 할 역할을 강조했습니다. 이러한 제안은 국내외 건설산업의 다양한 ESG 경영 사례를 바탕으로 도출된 것이며, 실제 사례와 효과를 인용하여 독자들이 이 전략의 실질적인 적용 가능성과 성과를 이해할 수 있도록 하였습니다. 제4부는 이 책을 마무리하며, 국내 건설산업의 지속가능한 건설 ESG 생내세 구축을 위해 나아가야 할 방향과 건설산업 ESG 경영의 미래에 대해 집필진이 전달하고 싶은 메시지를 담았습니다.

ESG 경영에 대한 높아진 관심으로 인해, ESG 경영에 대한 지침서와 정보가 범람하고 있지만, 건설산업을 위하여 정리된 지침서는 찾기 어렵습니다. ESG 경영을 시작하고자 하는 건설산업 내의 여러 구성원에게, 이 책이 그 시작을 도와줄 수 있는 지침서로 활용되기를 바랍니다. 또한, 건설산업 전반적인 ESG 경영의 활성화를 위해, 앞으로 이루어져야 할 여러 변화에 대한 공감대가 만들어지는 계기가 되기를 바랍니다.

서울대학교 공과대학 교수
안 창 범

서문

지난 수십 년간 글로벌 기업 환경은 많은 변화를 겪었습니다. 과거에는 생산을 기업이, 소비를 소비자가 각각 분절적으로 담당하던 Neoclassical 생산 체계가 점차 변화하여, 오늘날 소비자가 생산자의 임무를 수행하거나 때로는 그 역할을 바꿔가며 협업하는 플랫폼 경제로 급격히 전환되었습니다. 이 과정에서 기업의 경계는 점차 모호해지고, 기업이 속한 경영 생태계는 더욱더 개방적이고 수평적인 구조로 변모하였습니다. 이러한 변화는 B2C, B2B 생태계를 모두 아우르며 흔히 관찰됩니다. 예를 들어, 소비자의 목소리에 귀 기울이지 않는 B2C 기업의 성장이 좌초되는 경우를 주변에서 쉽게 볼 수 있으며, B2B 생태계에서도 공급자와 수요자 간의 공동 가치 추구가 실패하거나 이해 상충의 문제가 해결되지 않을 경우, 이들이 함께 형성하는 밸류체인의 경제적 가치가 심각하게 훼손되는 경험을 우리는 자주 목격하게 됩니다.

이러한 배경 속에서, 기업은 생존을 위해 사회적 가치를 추구하는 것을 더 이상 외면할 수 없게 되었습니다. 또한, 글로벌 기후 환경에 대한 다양한 이해관계자의 우려와 관심 증가는 결국 ESG로 통칭하는 '친환경Environmental, 사회적 가치Social, 투명한 지배구조Governance'를 추구하는 ESG 경영의 필요성으로 이어졌습니다. 이러한 흐름은 이미 많은 언론과 뉴스 기사를 통해 우리에게 익숙하게 전해졌지만, 구체적으로 ESG 경영이 무엇을 의미하며, 어떤 실질적 전략으로 이어져야 하는지 명확히 풀어낸 자료는 쉽게 찾기 어렵습니다. 필자 또한 재무적 관점에서 ESG 경영의 수요가 재무 전략에 어떻게 반영되어야 하는지, 자본시장이나 기업의 지배구조 재편을 활용한 일반적인 논의에 초점을 맞춰 연구한 바는 많지만, 특정 산업군의 구조적 특성을 반영하여 전략적 제언을 제시한 적은 없습니다.

이 부분이 본 집필진이 ESG 연구 문헌에 이바지하고자 하는 바입니다. 이 책에서는 기업이 ESG 경영을 통해 지속가능성을 증대하고 기업 가치를 제고하기 위해 어떤 구체적인 고민을 해야 하는지, 국내 대표적인 B2B이자 B2C 산업인 건설업에 초점을 맞춰 탐구하였습니다. 그 고민의 결과로 탄생한 책이 바로 <건설산업의 ESG: 지속가능성을 향한 전략>입니다.

지금까지 우리가 접한 ESG 경영의 큰 그림에 건설산업이라는 구체적인 활용 분야를 더하여, 어떤 청사진이 도출될 수 있는지를 본 집필진은 함께 고민하였습니다. 그 결과, 기술, 재무, 정책 제언 등 다양한 관점에서 국내외 건설산업 주체가 현재 직면한 ESG 경영의 핵심 문제와 이를 해결하기 위한 E, S, G 분야별 대응 전략을 깊이 있게 분석하였습니다. 또한, 개별 기업의 문제로만 보지 않고, 건설산업 생태계의 특성을 잘 반영하여 ESG 효과를 증진하는 전략을 실증적이고 이론적으로 접근하였습니다. 그 결과, 기존의 어떤 ESG 서적보다도 건설산업 생태계 참여자들에게 실질적으로 도움이 될 수 있는 사례 분석과 기술적, 재무적 전략 제언을 담아냈습니다.

ESG 경영의 최종 성과물은 한 개인이나 개별 기업의 힘으로는 달성되지 않습니다. 산업 생태계 이해관계자 모두의 합의와 노력만이 이러한 공동의 목표에 한 걸음 더 다가설 수 있음을 우리는 명확히 인식해야 합니다. 건설산업에 초점을 맞춘 우리의 이러한 고민이, 향후 산업별 맞춤형 ESG 전략을 끌어내는 중요한 마중물 역할을 할 수 있기를 기대하며 이 서적의 소개를 마칩니다.

서울대학교 경영대학(원) 교수

이 종 섭

목차

제1부

새로운 흐름, ESG 경영

01

ESG 경영과 그 영향

이제는 ESG와 관련된 내용을 책이나 뉴스에서 쉽게 접할 수 있으며
ESG를 주요한 경영 방침으로 채택하는 기업이 점차 증가하고 있다.
경제지나 일간지에서도 ESG를 중심 소재로 다루는 경우가 심심치 않게 발견된다.
나아가 국가나 정부 차원에서 ESG 경영의 중요성에 대해서 논하기도 한다.
어느덧 우리에게 익숙해진 ESG,
그 정확한 정의는 무엇이고, 어떻게 시작된 것일까?

1.1. ESG 경영이란 무엇인가?

블랙프라이데이는 11월 넷째 주인 추수감사절의 다음 날로 미국 최대 규모의 쇼핑이 이뤄지는 날이다. 수많은 물품이 큰 폭으로 할인하며 여러 상점에서는 물건을 보다 싸게 구입하기 위해 사람들이 영업 전부터 줄을 서는 등 진풍경이 벌어지기도 한다. 수많은 기업은 블랙프라이데이를 맞아 매출을 끌어올리기 위해 다양한 프로모션과 광고를 진행한다. 그런데 2011년 블랙프라이데이 기간에 미국 일간지 뉴욕타임스에 특이한 광고가 게재되었다. 광고는 단호하게 말하고 있었다. '이 재킷을 사지 마세요 Don't buy this jacket.'

출처 : Patagonia. (2011, November 25). Don't Buy This Jacket. https://eu.patagonia.com/gb/en/stories/dont-buy-this-jacket-black-friday-and-the-newyork-times/story-18615.html

그림 1-1 | 파타고니아의 '이 자켓을 사지 마세요' 광고

이 광고는 아웃도어 브랜드인 파타고니아 Patagonia에서 게재한 것으로, 파타고니아는 '소비를 줄이는 행동이 지구를 되살리는 해결책'임을 강조하면서 회사의 매출이나 규모를 성장시키는 것보다 지구를 살리는 것을 최우선 과제로 선택하였다. 이후에도 파타고니아는 꾸준히 소비 지양 캠페인을 전개하였으며, 2016년도에는 블랙프라이데이 기간에 온라인과 오프라인에서 발생한 매출 전액을 환경 단체에 기부하는 캠페인을 벌이기도 하였다.

역설적으로 파타고니아의 소비 지양 캠페인은 파타고니아의 성장으로 이어졌다. 앞에서 언급한 2016년도 블랙프라이데이 때는 평소보다 두 배 정도 많은 매출을 올릴 것으로 기대하였으나, 실제로는 다섯 배가 많은 100억 원 이상의 매출을 달성하였다. 파타고니아는 그 이후에도 지속해서 친환경적 경영 전략을 고수하였으며 지속해서 성장하여 미국 3대 아웃도어 브랜드로 자리 잡았다.

파타고니아의 눈부신 성공은 사람들이 기업에 대해 기대하는 바가 이전과는 달라졌음을 똑똑히 보여주는 하나의 현상이었다. 소비자들은 물론 기업이 자신의 영역에서 뛰어난 제품과 서비스를 제공할 것을 기대하면서도 한편으로는 자신의 소비가 공적 영역에서의 가치 창출로 이어지는 것에 주목하였다. 그리고 공적 가치에 대한 비전을 제시하는 기업의 상품이 경쟁 제품보다 조금 더 비싸더라도 거리낌 없이 구매하는 소비자들도 점차 증가하고 있다.

지금 우리가 살아가고 있는 시대는 비단 파타고니아뿐 아니라 수많은 기업이 환경과 사회에 대한 기업의 책임을 강조하며 지속가능한발전에 관해 이야기하고 있다. 폐품을 재활용하거나 업사이클링 등을 통해 자원의 낭비를 막기도 하고 제품 생산과정에서 발생하는 오염 물질을 줄이고자 하는 노력에 대해 홍보하기도 한다. 애플이 시작한 프로덕트 레드PRODUCT RED의 경우에 소비자들의 제품 구매가 에이즈를 비롯한 여러 난치병을 연구하고 환자들을 지원하는 데에 사용되었으며 소비자들의 열렬한 반응을 끌어냈다. 나아가 이제는 여러 기관이나 정부에서도 기업이 창출하는 공적 가치에 대한 관심이 증가하고 있다.

ESG 경영이 무엇인지 이해하기 위해서는 먼저 ESG가 무엇인지 명확히 할 필요가 있다. ESG는 환경Environment의 'E', 사회Social의 'S', 거버넌스Governance의 'G'를 모아 만든 단어이다. 이때, 거버넌스란 조직이나 시스템 속에서 주어진 목표를 달성하기 위하여 의사 결정을 내리고 집행하는 과정을 이르는 말로, 이 과정에서 효과적으로 목표를 달성하기 위해 관련된 참여자들의 행동을 조정하거나 이들 사이의 관계를 조율하는 과정을 포함한다. 거버넌스의 범위는 가족을 비롯한 소규모 집단에서부터 기업이나 비영리 단체, 국가에 이르기까지 폭넓게 적용될 수 있으며 때에 따라서 조직이나 시스템 자체를 거버넌스로 칭하기도 한다. 따라서 용어 자체만 살펴보면 ESG란 환경, 사회 그리고 조직의 의사 결정 및 집행 과정에 관심을 기울이는 것이다. 그러나 ESG 경영의 핵심은 이 세 분야에 대한 관심을 제고하고 관련된 문제를 해결함으로써 지속가능한 경영Sustainable Management을 이룩하는 데에 있다. 또한, 이 과정에서 투명성, 공정성, 책임성 등의 가치에 주목하고 이를 달성하기 위해 노력한다.

인류는 지난 수 세기 동안 눈부신 발전을 일구어 왔다. 그러나 그 과정에서 자원 고갈, 환경 오염, 공동체 해체 등 여러 환경적, 사회적 문제와 직면하게 되었고 이 상황이 개선되지 않는다면 추후 인류의 생존에 치명적인 결과를 낳을 수도 있다는 문제의식이 사람들 사이에 싹트기 시작했다. 이에 따라 현재 세대와 미래 세대가 모두 자신의 필요를 충족할 수 있는 토대를 마련하면서 발전을 도모하는 지속가능한 개발Sustainable Development에 대한 관심이 증가하였다. 지속가능한 경영은 이러한 흐름의 연장선에 있는 움직임으로 기업 경영의 방향이 현재 세대의 필요를 충족하면서도 앞으로 다가올 미래 세대를 위협하지 않게끔 해야 한다는 생각에 바탕을 두고 있다.

그렇다면 현재를 살아가는 우리와 앞으로 다가올 미래 세대의 공존을 위해서 기업이 추구해야 할 가치는 무엇일까? ESG의 관점에서는 미래 세대와의 공존을 위해 우리가 지금 해결해야 할 문제점을 크게 세 가지로 분류한다. 앞서 말했던 환경(E), 사회(S), 거버넌스(G)이다. 이 세 부문에 존재하는 여러 문제점을 파악하고 이를 해결함으로써 미래 세대와의 공존을 위해 노력할 수 있다고 보았고, 이 과정에서 기업이 담당해야 할 역할이 존재한다고 말한다. 이러한 역할을 충실히 수행해 내는 방식으로 기업을 경영하는 것을 ESG 경영이라고 부를 수 있다. 기업은 적극적으로 환경(E)과 사회(S), 그리고 거버넌스(G)에 관심을 가지고 적절한 행동을 취함으로써 균형 잡히고 지속가능한발전을 모색해야 하며, 이는 곧 기업이 지구와 사회에 대해 가지는 책임을 강조하는 것이기도 하다. 기업이 사회에 대하여 가지는 사회적 책임Corporate Social Responsibility, CSR이 중요하다는 인식은 이전부터 있었다. 기업의 의사 결정이 오로지 자사의 이윤 창출만을 목표로 하는 것이 아니라 기업이 몸담은 사회의 건전한 발전을 추구해야 한다는 생각에서 출발한 사회책임경영이 강조되기도 하였다. ESG 경영은 사회책임경영에서 한발 더 나아간 것으로 사회적 문제에 더해 환경과 의사 결정 과정 전반에 걸친 책임을 인식하고 이와 관련된 경영방침을 수립함으로써 우리가 살아가는 공동체와 관련한 다양한 문제를 해결하는 능동적 주체로서 기업의 역할에 주목한다. 이와 관련하여 한국표준협회Korea Standards Association에서는 ESG 경영을 '조직과 이해관계자의 의사소통을 증진하고 조직원의 경제적, 사회적, 환경적 지속가능성을 추구하여 조직의 가치를 제고하는 경영 활동 일체' 라고 정의하고 있다.

그렇다면 ESG 경영에서 주목하는 각 분야와 관련된 이슈에는 어떤 것이 있을까? 먼저 환경(E) 분야에서 주로 다루는 이슈로는 기후 변화와 탄소 배출, 대기 및 수질 오염, 생물 다양성 보존, 산림 파괴, 에너지 효율성 및 친환경 에너

Environmental Conservation of the natural world	Social Consideration of people & relationships	Governance Standards for running a company
- Climate change and carbon emissions - Air and water pollution - Biodiversity - Deforestation - Energy efficiency - Waste management - Water scarcity	- Customer satisfaction - Data protection and privacy - Gender and diversity - Employee engagement - Community relations - Human rights - Labor standards	- Board composition - Audit committee structure - Bribery and corruption - Executive compensation - Lobbying - Political contributions - Whistleblower schemes

출처 : Cfa institute. (2024). What Is ESG Investing? CFA Institute. https://www.cfainstitute.org/en/rpc-overview/esg-investing

그림 1-2 | ESG 관련 세부 항목[01]

지 개발 등이 있으며, 사회(S) 분야에서 다루는 이슈로는 소비자 만족도 증가, 자료 및 개인정보의 보관과 처리, 성별 다양성 확보, 직원 친화적인 근무 환경 조성, 지역 사회와의 관계 개선, 인권 및 노동권 보장 등이 있다. 마지막으로 거버넌스(G)와 관련해서는 이사회와 감사위원회의 구성, 부정부패 방지, 임직원에 대한 적절한 보상, 로비 및 정치자금 지원, 내부 고발 체계 마련 등이 중요한 이슈로 다뤄진다. 이 외에도 다양한 문제가 ESG와 관련하여 다뤄지며 사람들의 관심이 커지는 만큼 다루는 사안도 점차 다양해지고 있다.

1.2. ESG는 어떻게 시작되었는가?

ESG의 등장은 하루아침에 아루어지지 않았다. 사회가 발전하고 복잡해지면서 사회 속에서 기업이 수행해야 할 역할과 책임에 대한 논의 역시 활발히 이루어졌다. ESG의 등장과 성장을 이해하기 위해서는 먼저 기업에 대한 사람들의 생각이 어떻게 바뀌어 왔는지를 살펴보아야 한다. ESG의 기원을 살펴봄으로써 우리는 ESG가 무엇인지, 그리고 앞으로 ESG가 나아갈 방향이 어디인지에 대해 더욱더 나은 이해를 시도할 수 있다.

ESG의 시작

과거 전통적인 기업론Theory of the Firm에서는 기업을 다양한 이해관계자들 간 계약 관계Nexus of Contracts로 인식하였다. 기업 경영에는 주주뿐만 아니라 경영자, 임직원, 노동자, 소비자, 채권자, 하청업체 등 무수한 이해관계자Stakeholders가 관여하고 있으며, 이해관계자 간의 긴밀한 협업이 요구된다. 그리고 교통과 통신, 운송 등의 발달로 인해 기업 경영과 관련된 이해관계자의 범위는 앞서 언급한 대상을 넘어서 지역 사회, 국가, 대륙에 걸쳐 존재하는 무수히 많은 주체와 연관되는 것으로 확장되었으며, 기업은 이러한 다양한 이해관계자들의 총체적인 협업을 통해 가장 효율적인 방식으로 경제적 가치를 추구해야 했다.

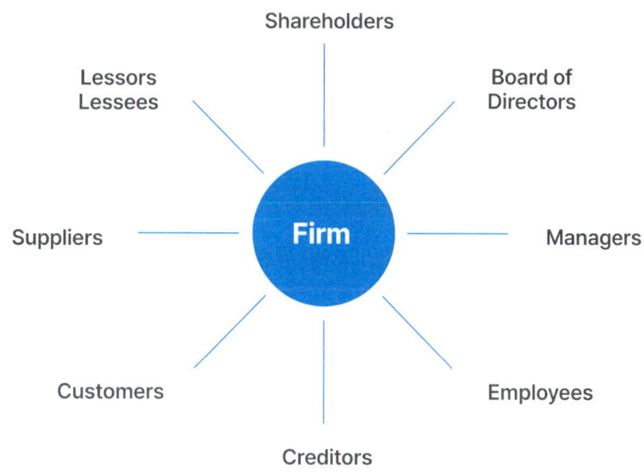

그림 1-3 | 기업과 이해관계자의 관계

그러나 기업 경영과 관련된 이해관계자가 늘어난다는 것은 곧 이들 사이의 이해 관계가 일치하기 더욱 어려워졌음을 의미하였다. 그렇기에 기업이 상충하는 이해 관계 속에서 발생하는 문제를 효율적으로 해결하면서도 경제적 가치를 창출하고 나아가 이를 극대화할 필요성이 훨씬 더 높아졌다. 따라서 이 시기의 기업론 연구[02, 03, 04, 05, 06]는 복잡한 계약 관계에서 발생할 수 있는 경제 주체 간의 마찰 비용 최소화가 경영 효율성 확보에 핵심적인 요소라 피력하였다.

과거 주주 우선주의Shareholder Primacy에서는 기업이 내려야 하는 가장 효율적인 의사 결정은 다양한 이해관계자 중에서도 특히 기업의 주인인 주주의 부, 즉 주가를 극대화하는 방향으로 이루어지는 의사 결정이라고 주장하였다. 1976년 노벨 경제학상을 받은 미국의 경제학자 밀턴 프리드먼Milton Friedman의 독트린으로 알려진 "The only responsibility of corporations is to make profits[07]" - 즉, "기업이 해야 하는 유일한 사회적 책임은 수익 추구이다"라는 주장은 주주 우선주의를 효과적으로 대변하는 표현이기도 하다. 그러나 주주 우선주의의 태도를 보이더라도 개별 주주들의 성격에 따라 기업의 수익에 대한 기대가 다르므로 기업이 이러한 주주들을 모두 동등하게 바라보아야 하는가에 대한 의문이 제기되기도 하였다. 어떤 주주는 장기적 관점으로 투자하기도 하지만 누군가는 기업의 단기 성과에만 초점을 맞추기도 한다.[a] 기업의 의사결정이 이러한 단기 주주들의 부를 극대화하는 방향으로 이루어지는 것이 정말 가장 효율적인 경영 방식이라 이야기할 수 있을까?[08]

이와 관련해 발생할 수 있는 다양한 문제점 중 가장 주목할 만한 것은 주주의 부를 극대화하는 과정에서 발생하는 단기 성과주의Managerial Myopia다. 기관투자자들은 각 기업에 대해 분기별 성과 예측치를 발표하고, 경영진은 주가를 부양하여 이들이 발표한 기대치를 만족하는데 온 힘을 쏟는다. 이는 곧 다가올 분기의 실적에만 집중하게 하므로 기업 경영의 목표는 단기적으로 기대되는 성과를 내는 것에 맞춰지며 이는 결국 장기 혁신 사업에 대한 투자 감소 및 지속가능한 성장과 추가적인 고용 창출의 기회를 저해하는 결과로 이어진다. 그리고 이는 곧 장기적 관점에서 보았을 때 기업의 경쟁력 약화로 이어지기도 하였다. 따라서 상술한 문제를 보완하기 위해 단기적 성과뿐만 아니라 장기적 관점에도 초점을 맞춘 경영전략이 필요하다는 의견이 대두되기 시작한다.

이 외에도 일부 경영진은 전체 주주의 이익을 대변하기보다는 사익을 추구하는 모습을 보인다. 즉 대리인 문제Agency Problem가 빈번하게 발생한다는 점이다. 경영진의 대리인 문제를 해소하기 위해 지배구조를 개선하기 위한 여러 방안이 제안되었고 적절히 실행되었다. 일례로, 경영진을 견제하고 감시하기 위해 경영진과 친분이 있을 가능성이 비교적 높은 사내 임원보다는 사외이사 위주로 구성된 이사회를 선임하거나, 회사의 주가에 따라 경영진의 보상 수준

---

a 특히 초단기 주주(High Frequency Trader, HFT)나 기관투자자는 단기적 관점으로 투자를 결정하여 단기적 성과를 통해 부를 창출하고자 한다. 초단기 주주들은 1 나노세컨드라는 매우 짧은 시간 동안만 주식을 소유한다.

을 결정하는 보상 체계를 적절히 도입하는 방안이 그것이다. 주가에 따라 임원에게 상여금을 제공하거나 스톡옵션을 제공함으로써 주가의 상승이 곧 경영진 개인의 이익과 연결되도록 하여 경영진이 주가 상승을 위해 최선을 다할 수 있게끔 유도한다. 그러나 이러한 내부적 지배구조 정비 및 개선 노력에도 불구하고 기업과 시장 사이에는 해결하기 힘든 근본적인 정보 비대칭Information Asymmetry이 존재한다. 정보 비대칭 하에서는 시장 투자자들이 역선택Adverse Selection하려는 경향이 생기므로 주식의 실제 가치보다 주가를 하향 평가하는 결과를 초래했다. 시장의 비효율성으로 인해 저평가된 주식의 가치는 기업의 재무적 선택에 제약을 가져와 결국 투자의 비효율성으로 이어지게 된다. 결국, 주주 우선주의가 일으키는 문제는 비단 단기적 성과주의에 따른 장기적 투자 부재뿐만 아니라 투자의 비효율성에 따른 경영 침체 등까지 이르게 된다.

이처럼 주주 우선주의의 다양한 문제점이 지적되면서 기업이 어떻게 이해관계자들 사이에 발생하는 이해 상충의 문제를 해결해야 하는지에 대한 논의가 활발히 이루어졌으며, 해결 방법의 하나로 비재무적인 접근법이 제시되었다. 점차 고갈되는 자원, 기업과 지역 사회의 이해 상충, 노사 관계 악화 등 사회가 직면한 여러 문제를 해결하기 위해 기업이 지녀야 할 사회적 책임Corporate Social Responsibility, CSR을 강조하였다. CSR은 단순히 단기적 주주 가치를 극대화하기보다는 다양한 이해관계자의 갈등 구조를 파악하고 그 안에 존재하는 근본적인 문제를 해결함으로써 기업이 사회적 가치를 추구하는 것에 중점을 둔다. 기업 경영의 초점을 단기적 성과에 기반한 일시적인 주가 상승에서 이해관계자 사이의 협력과 신뢰를 바탕으로 한 지속가능한 장기적 성장 동력 창출로 확장을 한다. 이러한 경영 철학을 이해관계자 이론Stakeholder Theory이라고 하는데, 이 이론은 최근 런던 정치경제대학의 알렉스 에드먼즈Alex Edmans 교수에 의해 'Grow the Pie'[09]라는 개념으로 확장되며, 그 효율성에 대한 논의가 점점 활발히 이루어지고 있다.

이후 지구온난화로 인한 전 지구적 환경 문제가 대두되면서 기업의 사회적 책임은 환경 보전 문제에 대한 기업의 책임 강화로까지 확장되었다. 2015년 파리기후협약Paris Agreement을 통해 세계 모든 국가가 참여하는 신기후체제가 등장하는데, 파리기후협약 이후 환경 보전의 의무가 개발도상국을 포함한 전 세계 모든 국가로 확대 적용되었다. 파리기후협약에 서명한 국가들은 2020년까지 국가 자발적 기여Nationally Determined Contribution, NDC 제출을 완료하는 것에 합의하였고, 이후에도 5년마다 NDC를 보완 및 수정하여 제출하는 데 동의하였다.

그뿐만 아니라 국제 연합United Nations, UN등 국제기구 등도 적극적으로 전 세계적인 탄소 저감 정책을 추진하는 등 환경 보전에 대한 사람들의 관심이 매우 커지고 있었다. 이러한 상황에 발맞추어 그동안은 주로 사회(S)와 거버넌스

그림 1-4 | NDC 제출 유형별 현황[10]

(G)에 초점이 맞춰져 있던 기업의 사회적 책임 강화 운동에서 환경(E)에 대한 책임이 추가되어 ESG라는 담론이 본격적으로 등장하게 되었다. 그렇게 탄생한 ESG는 지난 수십 년간 전 세계적으로 폭발적인 관심을 받았으며 관련 산업에 대한 투자도 매우 활발히 이루어졌다.

주주 우선주의 (Shareholder Primacy) ▶ **CSR** (Corporate Social Responsibility) ▶ **ESG** (Environment, Social, Governance)

ESG의 성장

미국 포춘 지가 선정하는 미국 상위 500개 기업인 포춘 500 Fortune 500 기업들은 매년 150억 달러를 지속가능경영에 투자하고 있다[11]. 이는 비단 미국만의 일은 아니어서 2017년 기준 160개국 9,500개 이상의 기업이 기업 전략과 경영을 인권, 노동, 환경, 부패 청산과 같은 사회적 가치를 실현할 수 있도록 추진하는 국제 협력 프로그램인 'UN Global Compact'에 참여하였다. 2019년에는 비즈니스 라운드 테이블Business Roundtable, BRT에서 181명의 미국 주요 기업 CEO들이 고객, 근로자, 공급자, 지역 사회 등 이해관계자에게 이바지할 것과, 주주들에게 장기적 가치를 제공할 것을 약속한 내용이 담긴 '회사의 목적에 관한 성명서Statement on the Purpose of a Corporation'를 발표하였다. 블랙록BlackRock은 물론 아마존, 마이크로소프트, AT&T, 씨티그룹, 코카콜라, BP British Petroleum, 포드, 월트디즈니 등 미국을 대표하는 기업 CEO들이 BRT 선언에 참여하며 재계와 학계 모두에 큰 영향을 미쳤다.

기업의 ESG에 대한 관심 증대의 이면에는 세계적 자산 운용사들의 ESG 행동주의ESG Engagement가 존재한다. 블랙록, 뱅가드Vanguard, 스테이트 스트리트State Street Corporation 등 미국의 3대 글로벌 자산 운용사들은 ESG 관련 펀드를 출시하고, 주주 행동주의 운동을 통해 기업의 ESG 경영에 깊이 관여하며 기업의 ESG 경영으로의 전환을 유도하였다. 이러한 자산 운용사들의 행보는 2020년 코로나-19 팬데믹 발발 이후에도 글로벌 경기 침체와 경제 양극화를 해결하기 위해 국제 사회 차원의 공조에 대한 필요성이 강조되며 여전히 지속되고 있다. 2020년 초 이들은 친환경 기업에 17.1조 달러 규모의 투자를 집행하였는데 이는 코로나 직전인 2018년 말 대비 42%나 증가한 규모이다. 친환경 기업에 대한 투자는 지금도 꾸준히 이어지고 있으며 이들 기업은 매우 빠르게 성장하고 있다.

ESG 경영의 세계적인 확산과 발맞추어 국내 기업들도 환경경영 및 사회적 가치에 대한 기업관을 정립하고 기업 재무 투명성을 높이는 등 국제표준에 부합하려는 변화를 꾀하고 있다. 녹색기술에 대한 투자와 환경친화적 경영 및 생산관리 체계 수립을 위한 민과 관의 관심이 증가하는 추세이다. 아국 정부는 ESG를 경제성장 동력으로 활용하고자 하며, 국내 연기금 및 민간 기관투자자들 또한 ESG 친화 투자를 강조한다. 아국 정부는 이러한 세계적 ESG 관심과 기후변화 위기에 적극적으로 대응하기 위해 ESG를 적극적으로 활용하고 있다. 경제 대전환 전략으로 ESG를 통해 경제성장 동력을 창출하는 것을 목표로 하기도 하고, 지난 5년 간 정부가 추진해 온 저탄소 경제 목표, 수소 경제 활성화 등을 포함한 K-뉴딜 그린정책이 그 대표적인 예라고 볼 수 있다.

최근 들어 국민연금과 같은 국내 연기금, 민간 기관투자자들 또한 ESG 통합전략 가이드라인을 수립하며, 보다 적극적인 ESG 친화 투자 계획을 선언하고 추진하고 있다. 국민연금의 경우 투자 기업별 ESG 요인을 고려할 수 있도록 내부 평가체계 및 분석 시스템을 구축하여 운용역이 투자의사결정 과정에서 ESG 요인을 적극적으로 반영할 수 있게 한다. 일례로, 국민연금은 매년 2회 정기 ESG 평가와 ESG 컨트러버셜 이슈 평가를 통해 투자기업에 ESG 경영 문화가 정착할 수 있도록 유도한다. 정기 ESG 평가 결과 종합 등급이 2등급 이상 하락하여 C등급 이하로 떨어질 경우, ESG 행동주의를 통해 기업과 조율을 시도하고 있으며[12] 이를 해외 주식, 해외 채권으로까지 확대 적용하고자 시도 중에 있다. 이는 ESG의 대한 사람들의 관심과 영향력이 결코 일시적인 현상이 아님을 보여준다.

1.3. ESG 경영은 기업 성과에 어떤 영향을 미치는가?

ESG를 경영전략으로 채택함으로써 달성하고자 하는 가장 기본적인 목표는 앞서 이야기한 바 있듯이 기업의 단기적인 경영 성과에 기반한 주가 부양을 통해 투자 성과를 거두는 것을 넘어, 모든 이해관계자 간 이해 상충을 최소화함으로써 지속가능한 성장을 끌어내는 것이다. 이때 기업이 환경(E)과 사회(S), 거버넌스(G)에 주목하고 이와 관련된 문제를 해결하기 위해 비용과 인력을 투자하는 것은 일견 기업이 재무적 성과를 거두는 것과는 관련이 없어 보일 수 있다. 하지만 결과적으로 ESG에 입각한 경영은 지속가능한 경영을 바탕으로 기업의 토대가 되는 시스템을 개선함으로써 장기적인 재무 성과를 거두는 데에 도움이 된다. 즉 기업 자체가 아닌 시스템에 투자함으로써 기업이 더 안정적이고 건전하게 성장할 수 있는 기반을 마련하며 이는 최종적으로 주주 가치를 제고하는 것을 목표로 한다. 따라서 ESG 경영은 장기적 관점에서 바라본다면 기업이 이윤을 창출해야 한다는 전통적인 주장과 크게 어긋나지 않는다.

그러나 한 가지 고민할 사항이 있다. 바로 ESG 경영은 실제로 쏟아지는 관심을 충분히 만족시킬 정도로 주주 가치를 제고하는 데 효과적일까? 하는 것이다. ESG 경영의 기대효과에 대한 의견은 긍정론과 부정론으로 나눌 수 있다. 긍정론과 부정론은 기본적으로 ESG 경영전략 추진의 결과로 기업의 주인인 주주의 가치가 증가하느냐 혹은 감소하느냐에 대해 입장을 달리한다. 그러므로 두 입장은 모두 ESG 경영의 성과에 대한 평가의 기준으로 기업의 재무적 성과를 활용하는 것이며 이는 기업의 목표는 이윤 창출이라는 전통적인 기업관에도 부합하는 결정이다. 기업의 경영전략의 효과에 대한 평가를 기업이 창출한 이윤에 근거하여 내리기 때문이다.

ESG 부정론[12]

2021년 12월, 많은 국가와 수많은 기업이 ESG에 대해 고민하는 와중에, 미국에서 한 상장지수펀드ETF가 등장했다. B.A.D ETF라는 이름을 가진 이 펀드는 반(反) ESG 관련주를 담고 있다. ESG를 크게 고려하지 않는 업종만을 골라 투자하는 ETF로 카지노, 주류, 의료용 대마 관련 산업 등을 대상으로 하며, 그 이름도 '나쁜'이라는 뜻을 지닌 말을 이용해 만들었다. 이는 ESG가 큰 관심을 받은 것은 사회적 흐름에 의한 것일 뿐 기업의 가치 자체를 제고하는 것과는 크게 관련이 없다는 생각에서 출발한 상품이다. 이러한 상품의 출시는 ESG가 실제 기업의 가치를 높이고 장기적인 재무 성과를 거두게 하는 효과가 없을 것이라는 ESG 부정론에서 기인한다. 그뿐만 아니라 ESG 부정론을 뒷받침하는 근거를 제시하는 연구도 이루어진 바 있다.

Hong and Kacperczyk(2009)[13]는 죄악주 프리미엄Sin Stock Premium에 관한 연구를 통해 ESG 경영에 입각하지 않은 기업이 더 큰 경제적 가치를 창출한다고 주장하였다. 소위 '죄악주' Sin Stocks로 불리는 주류, 담배, 게임 산업과 관련된 주식이 연기금처럼 사회적 가치를 추구하는 투자자들에게는 외면 받지만, 실제로는 이들 기업에 투자함으로써 연평균 10%에 달하는 투자 이익을 거둘 수 있었다고 한다. 그러므로 죄악주 프리미엄은 실재하며 죄악주로 분류되는 주식이 그렇지 않은 주식보다 더 높은 투자 수익률을 보장한다는 것이다.

한편 ESG 투자로 인한 효과는 주주에게 환원되지 않고 단지 ESG 투자 결정을 주도한 경영진, 특히 최고경영자의 개인 평판을 향상하는 효과만 낳는다고 주장하는 의견도 있다. 이는 ESG 투자를 경영진의 대리인 문제Agency Problem로 인식한다. 이러한 대리인 문제 관짐 외에도 경영진의 재무 성과와 상관없는 개인적 정치 성향에 의해 ESG 투자 결정이 이뤄질 수 있음도 지적하고 있다. Di Giuli and Kostovetsky(2014)[14]는 미국 기업 대상으로 민주당 성향의 경영자들이 이끄는 기업과 공화당 성향 경영자들이 이끄는 기업을 비교했을 때, 민주당 경영진이 ESG 투자에 더 적극적이며 경영진의 정치적 성향이 ESG 경영 전략을 선택하는 데에 영향을 미칠 수 있다고 말한다. 기업의 ESG에 대한 투자 결정이 기업 가치의 제고가 아니라 경영진의 개인적인 정치적 목표의 달성을 위한 것일 수 있다. 이처럼 ESG 부정론은 기업이 ESG에 대한 투자를 늘릴 때 그 결과로 반드시 기업 가치가 제고되지는 않으며 오히려 통계적으로 무의미하거나 혹은 부정적인 주가 반응으로 이어질 수도 있음을 지적한다. 이를 기업의 사회적 가치 혹은 ESG 가치 추구에 관한 대리인 이론Agency Theory of CSR 혹은 Agency Theory of ESG이라고 통칭한다.

ESG 경영의 효과를 측정하려는 방법으로 주식 수익률을 통한 간접 증명법이 아닌 ESG와 기업 가치 간의 관계를 기업의 거버넌스(G) 개선 과정을 통해 직접 밝혀내기 위한 연구도 있다. Cheng, Hong, and Shue(2023)[15]의 연구를 대표적인 예로 꼽을 수 있는데, 기업의 의사 결정 및 집행 과정을 개선한 후 해당 기업의 ESG 평가지표가 개선되는지를 준실험설계법Quasi-experimental Economics을 통해 검증하였다. 구체적으로 지배구조의 개선에 관련된 사항이 주주 투표로 통과한 경우, 기업의 사후적 사회 참여지수가 증가 또는 감소하였는지에 대해 실증 분석하였으며, 분석 결과 예상치 못한 투표 결과로 기업의 지배구조가 개선된 경우, 그렇지 않은 경우에 비해 사회 참여지수가 사후적으로 유의미하게 감소함을 발견했다. 이 연구는 ESG 투자가 기업의 가치 제고에 도움이 되는 방향이 아닌 오히려 그 반대 방향으로 나타날 수 있음을 보였으며 ESG 부정론을 뒷받침하는 강한 실증 근거로 제시되고 있다.

ESG 긍정론: ESG 경영과 기업 가치 제고[12]

이번에는 반대로 ESG 긍정론에 대해 알아보자. ESG 경영이 주가 상승을 끌어내는 이유는 여러 가지로 나눌 수 있는데, 대표적인 요인으로 지목된 것은 임직원 만족도다. 기업의 대표적인 무형 자산인 인적 자원에 대한 관리를 통해 이들의 잠재적 가치가 극대화하고 이를 기업의 성장으로 연결하여 기업 가치를 높인다.

에드먼즈Alex Edmans 교수가 2011년에 Journal of Financial Economics[16]에 게재한 논문은 이러한 주장을 뒷받침하는 대표적인 연구이다. 에드먼즈 교수는 미국 직장인이 선호하는 100대 기업 리스트Fortune's 100 Best Companies to Work For에 포함된 기업의 주식에 투자할 경우, 그렇지 않은 기업의 주식 투자보다 연 3.5% 위험 조정 초과 수익을 달성할 수 있음을 발견했다. 직원 친화적인 조직 문화를 보유한 기업은 분기별 영업 수익의 측면에서도 시장에 형성된 기대를 크게 초과하는 등 임직원의 만족도 고취가 회사의 인적 자본이 가진 잠재력을 최대한 끌어올릴 수 있는 전략적 수단이 될 수 있음을 시사한다. 또한, 에드먼즈 교수의 연구 결과는 금융 위기 이전의 자료를 분석 대상으로 삼은 것인데 Green, Huang, Wen, and Zhou(2019)[17]의 연구에서는 자료를 추가로 확보하여 금융 위기 이후의 상황도 분석하여 비슷한 결과가 도출됨을 재확인했다. 해당 논문에서는 기업 임직원들의 응답을 바탕으로 한 기업 만족도 지수를 활용하여 현 직장에 대한 사원들의 만족도가 높을수록 기업의 향후 주식 수익률과 영업 이익의 증가를 예측할 수 있다고 하였다.

ESG 긍정론은 벤자민 프랭클린Benjamin Franklin의 유명한 격언인 "Doing well by doing good"로 잘 요약된다. ESG에 대한 관심과 투자Doing good는 결국 기업 성과에 긍정적 영향을 끼친다Doing well는 것이다. ESG에 대한 투자를 통해 다양한 이해관계자의 갈등이 해소됨으로써 기업이 그들의 계약 관계 유지를 위해 지급했던 비용Transaction Cost을 절감할 수 있으며, 이러한 비용 절감 효과는 주주 가치로 환원된다는 것이 ESG 긍정론의 이론적 토대이다.

또한, 에드먼즈 교수는 최근 들어 앞서 언급했던 'Grow the Pie'[09] 개념을 제시하기도 하였는데, ESG에 입각한 기업 경영이 단순히 기업의 이윤에 대한 공정한 재분배 효과만 가지는 것이 아니라 시스템이 작동하는 방식이나 혹은 사회가 구성되는 토대가 지닌 근본적인 문제점을 해결함으로써 결국 기업과 사회에 돌아갈 이익의 총량을 늘릴 수 있다는 주장이다. 이러한 의미에서 Grow the Pie 관점 또한 기업이 ESG 관련 투자를 늘리면 주가 부양으로 이어짐을 시사하는 ESG 긍정론에 속한다.

Deng, Kang, and Low(2013)[18]의 연구에서는 사회적 책임지수가 높은 기업일수록 그렇지 않은 기업에 비해 인수 합병을 공시한 후 주가의 상승폭이 크고, 합병 후 높은 재무적 성과를 빨리 달성한다는 사실을 발견했다. 특히 주가의 상승에 있어서 합병 발표 당시의 단기적인 주가 반응뿐만 아니라 장기 주식 수익률의 측면에서도 사회적 책임지수가 높은 기업이 인수 합병을 주도할 경우가 그렇지 않은 경우보다 더욱 긍정적인 결과를 가져왔다고 말한다. 이러한 Deng et al.의 연구 결과는 ESG 투자가 기업의 이해관계자, 특히 인수 기업과 피인수 기업의 이해 상충 가능성을 줄이고 조직의 자원Organizational Capital을 효율적으로 병합하여 빠른 시너지 효과를 실현함을 보여준다.

기관 투자자들의 ESG 행동주의를 통해 기업의 ESG 성과 향상이 촉진되며 그 결과 더욱 큰 기업 가치 상승이 기대된다는 연구도 존재한다. 기존의 연구에서는 주로 임직원 만족도라는 기업 내부적 요인에 중점을 두었으나 기관 투자자라는 기업 외부의 주체가 ESG 경영에 미치는 영향에 주목하여 관련 연구에서 중요한 전환점이 되기도 하였다. ESG 경영 문화가 확산하는 데에는 기업 내부의 결정과 경영진의 경영전략 수립도 중요하지만, 기업 밖으로부터의 영향도 상당히 중요함을 보였기 때문이다.

관련된 대표적인 연구 중 하나로 Dimson, Karakas, and Li(2015)[19]의 'Review of Financial Studies'가 있다. 1999년부터 2009년까지 미국의 상장 기업에서 발생한 ESG 행동주의 자료를 모두 취합한 것으로, 자료에 따르면 성공적인 ESG 행동주의 캠페인은 기업의 주식 수익률을 연 7.1%가량 향상할 수 있다고 한다. 게다가 ESG 행동주의 캠페인 성공 후에도 기업은 꾸준히 환경(E), 사회(S), 거버넌스(G)에 대한 투자를 늘려가는 경향을 보였다고 한다.

ESG 긍정론: ESG 경영과 기업의 하방 위험 관리

기업의 직접적인 주식 가치 상승 및 이윤 증대 이외에도 ESG 경영의 긍정적인 면을 찾아볼 수 있다. ESG에 대한 투자는 기업의 위험 관리 지표에도 유의미한 영향을 끼친다. 조금 더 자세히 말하자면 기업의 다양한 ESG 관련 활동은 기업 평판을 높이는 데에 도움이 되며 이는 곧 실적 악화 등의 하방 위험을 효과적으로 관리하는데 큰 도움을 줄 수 있다. 하방 위험Downside Risk은 주가가 하락하거나 기업 실적이 악화되는 상황에서 발생할 수 있는 잠재적 손실을 의미한다. 예를 들어, 한 기업이 시장에서 좋지 않은 평가를 받거나 경제 환경이 악화하여 수익이 줄어들 수 있는 상황에서는 주가가 떨어질 위험이 있다. 이때,

하방 위험이 클수록 그 기업의 주가가 더 많이 하락할 가능성이 높아지며, 투자자들은 더 큰 손실을 볼 수 있다. ESG 경영은 이러한 하방 위험을 줄이는 데 이바지할 수 있다. 예를 들어, 환경 규제를 잘 준수하고, 사회적 책임을 다하며, 투명하고 공정한 지배구조를 유지하는 기업은 시장에서 신뢰를 얻고 평판이 높아질 수 있다. 이는 기업이 외부 충격(예: 법적 제재, 소비자 불매운동 등)으로 인해 실적이 악화하거나 주가가 급락할 위험을 줄여준다. ESG에 대한 투자는 하방 위험을 측정하는 주요 통계치 중 하나인 'Value-at-risk'와 같은 위험관리 지표에도 유의미한 영향을 준다는 실증 연구결과도 존재한다.

Hoepner, Oikonomou, Sauter, Starks, and Zhou(2022)[20]는 ESG 투자가 주가 수익률의 하방 위험 관리에 중요한 임무를 수행함을 확인했다. 특히 기관 투자자들의 ESG 행동주의를 경험한 기업의 경우 주식 수익률의 하방 위험치가 유의미하게 감소하였으며 그중에서도 특히 환경(E)과 관련한 캠페인이면 하방 위험 관리에 탁월한 효과를 보여준다는 사실을 보였다.

ESG 경영이 하방 위험 관리에 도움이 된다는 사실은 2008년 세계 금융 위기와 2020년 코로나-19 팬데믹을 통해 경험적으로 증명되기도 하였다. Lins, Servaes, and Tamayo(2017)[21]는 2008~2009년 금융 위기에 사회적 책임지수가 높은 기업이 그렇지 못한 기업에 비해 4~7% 높은 주식 수익률을 보였다는 것이다. 그뿐만 아니라 이들 기업은 영업 이익과 매출 성장 속도의 측면에서도 뛰어난 성과를 나타냈었고, 직원당 매출 역시도 사회적 책임지수가 낮은 기업에 비해 높게 나타났다. ESG 경영이 이해관계자와 신뢰 관계를 형성하게 함으로써 세계적인 위기 상황에서도 효과적으로 위험을 관리할 수 있음을 방증한다.

2020년 코로나-19 팬데믹 기간 자료를 이용한 최근 연구에서도 비슷한 위험 관리 효과가 확인된다. Ding, Levine, Lin, and Xie(2021)[22]에서 전 세계 61개국 6,700개 기업을 대상으로 분석한 결과, 사회적 책임지수가 높은 기업은 2020

년의 전 세계적 위기에도 상대적으로 안정된 주가를 유지하였음을 발견했다.

ESG 경영의 주요 목적은 이처럼 모든 이해관계자 간의 이해상충을 최소화하고, 이를 통해 지속가능한 성장을 도모하는 것이다. 이러한 목표를 달성하기 위해서는 경영진의 개인 평판을 향상하는 과정에서 발생할 수 있는 대리인 문제를 최소화하고, 또한 ESG 투자를 통해 주가의 하방 위험을 효과적으로 관리하며, 이를 통해 기업의 안정성과 지속가능성을 향상해야 한다. 지속적인 환경, 사회, 지배구조에 대한 논의를 통해 기업은 장기적인 재무 성과를 실현하고 주주 가치를 증대시킬 수 있음을 긍정론을 통해 살펴보았다. 요약하면 결국, ESG 경영은 단기적인 이익보다는 장기적인 가치 창출에 중점을 두어, 모든 이해관계자의 이익을 균형 있게 고려하는 경영 방식을 추구하고자 하는 것임을 이들 연구 결과가 공통적으로 제시하는 시사점이다.

02

ESG 경영의 평가

앞장에서는 ESG가 무엇인지 그 개념을 소개하고
여러 사례와 연구 결과를 바탕으로 ESG 경영의 기대효과가 무엇인지 알아보았다.
이견의 여지는 있으나 빠르게 커 가는 ESG에 대한 관심과 시장만큼
그 영향력도 커지면서 기업에 ESG 경영은 선택이 아닌
필수적인 요소가 되어가고 있다. 많은 투자사들은 투자를 결정할 때
ESG를 중요한 요소로 고려하겠다고 밝히고 있으며,
각국의 정부는 자국의 ESG 목표를 달성하기 위해 기업에
여러 당근과 채찍을 제시한다. 그리고 기업은 이에 대응하여
그들의 ESG 경영전략을 준비하고 실행한다.
그렇다면 ESG 경영을 잘한다는 것은 무엇이며, 어떻게 평가할 수 있을까?

2.1. ESG 평가 기관

전 세계에서 ESG를 평가하는 기업은 100여 개가 넘는다. 비재무적 정보 및 이해관계자 중심의 사회적 가치 추구에 대한 관심이 날로 커짐에 따라 기업의 ESG 평가지표에 대한 수요도 증가하고 있다. 이미 데이터 제공 기업, 신용 평가사 등 다양한 ESG 평가 기관은 연기금이나 자산 운용사에게 각 기업의 ESG 성과 평가 결과를 제공하고 있다. 국내의 경우는 2025년부터 자산 2조 원 이상인 KOSPI 상장 기업 대상으로 그리고 2026년부터는 전체 KOSPI 상장사를 대상으로 지속가능경영 보고서 공시를 의무화할 예정이기 때문에, 이에 발맞추어 ESG 성과 평가에 대한 관심이 높아지고 있다.

국내에서는 한국ESG기준원, 서스틴베스트 등이 주요 ESG 평가 기관으로 알려져 있다. 평가 기관은 기업의 지속가능경영(ESG 성과)을 평가하기 위해 개별적으로 지표와 모델을 만들고, 국내 기업의 ESG 경영 보고서, ESG 데이터

표 2-1 | 국내·외 주요 ESG 평가 기관

분류	평가 기관			
국내	한국ESG기준원 (구. 기업지배구조원)	서스틴베스트	한국ESG연구소 (구. 대신경제연구소)	
해외	LSEG (구. Refinitiv Asset4)	S&P Global (DJSI CSA)	Sustainalytics	MSCI

등을 평가의 주된 데이터로 활용한다. 국내 ESG 평가 기관(한국ESG기준원, 서스틴베스트)의 ESG 평가 항목은 환경, 사회, 거버넌스 부문별로 비슷한 평가지표를 공유하고 있으나, 세부 평가지표는 상당히 다르다.

해외에는 LSEG, MSCI, 서스테이널리틱스Sustainalytics, S&P 글로벌S&P Global 등의 다수의 ESG 평가 기관이 존재한다. 이들은 기업의 ESG 성과를 확인하기 위해 자체적인 평가 방법론 및 항목별 가중치를 개발하여 평가하고, 그 결과를 연기금, 자산 운용사, 신용 평가사 등에 제공한다[b]. 더 나아가 해외 ESG 평가 기관은 정보 자산 수집 및 평가 체계의 정교화를 위해 다양한 파트너십 구축을 시도하기도 한다. 특히 해외 평가 기관은 ESG 평가에 대한 신뢰도 향상 및 대외적 트렌드 반영을 위해 평가지표 및 평가 방법을 지속해서 개선 및 발굴하여 고도화하고 있으나, 대부분 평가사는 자체적으로 구축한 가중치를 공개하고 있지 않고, 세부 지표 역시 데이터를 구매해야 확인이 가능하다.

표 2-2 | 주요 ESG 평가 기관의 평가지표 및 방법 공개 여부 [23, 24, 25, 26]

	주요 ESG 이슈	세부 지표	가중치	점수화 방법론
LSEG (구. Refinitiv Asset4)	O	X	X	O
S&P 글로벌 (S&P Global)	O	O	O	O
서스테이널리틱스 (Sustainalytics)	X	X	X	O[c]

b 다수의 ESG 평가 기관이 존재하지만, 데이터 권한 제한으로 인하여 이후 분석에서는 LSEG 와 서스테이널리틱스 데이터를 활용한다. 평가 방법론에 대해서는 S&P 글로벌까지 포함한다.

c 서스테이널리틱스는 2018년부터 발표한 ESG risk rating에 대한 방법론은 공개하고 있으나, 그 이전 데이터인 ESG rating에 대한 방법론은 공개하고 있지 않다.

2.2. ESG 경영의 평가 기준

수많은 평가 기관은 각각 자체적으로 구축한 데이터와 평가 기준을 통해 국가 혹은 기업의 ESG 등급을 매긴다. 이는 곧 한 기업이 서로 다른 평가 기관에서 받은 평가의 결과가 다를 수 있다는 뜻이다. 평가 기관의 기준은 큰 틀에서는 비슷하나 세부 기준은 상당히 차이를 보이는 경우가 많으므로 점차 ESG 평가 결과가 상당한 영향력을 가진다는 사실을 고려할 때 세부 기준이라고 해서 그 차이를 결코 무시할 수 없다. 기업이 평가 기관에 평가지표와 방식을 공개할 것을 끊임없이 요청하는 이유도 여기에 기인한다. 그렇다면 평가 기관은 과연 ESG 경영의 성과를 어떤 기준을 활용하여 평가하는 것일까? 이와 관련하여 국내와 국외의 사례를 두루 살펴보고자 한다.

국내 평가 기관의 평가지표

ESG 평가지표는 크게 환경(E), 사회(S), 거버넌스(G) 부문으로 구분되어 있으며, 각 부문은 세부 지표를 가진다. 국내 평가 기관의 주요 ESG 평가지표 현황에 따르면, 평가지표는 환경(E), 사회(S), 거버넌스(G) 세 분야를 균형 있는 비중으로 평가할 수 있게 구성되어 있으며 해외의 평가 기관과 비교하였을 때 목표 수립이나 공시 여부 등을 중점적으로 살피고 있어 실제 성과보다 과정에 대한 평가를 더 강조하는 경향을 보이기도 한다.

표 2-3 | 국내 ESG 평가 기관의 평가지표[27]

기관	지표	Environment (환경)	Social (사회)	Governance (거버넌스)
한국ESG 기준원	18개 항목, 281개 세부 지표	1. 환경경영 2. 환경 성과 3. 이해관계자 대응	1. 근로자 2. 협력 업체 및 경쟁사 3. 소비자 4. 지역 사회	1. 주주 권리 보호 2. 이사회 3. 감사 기구 4. 정보공개 5. 주주권리 보호 6. 이사회 7. 감사기구 및 내부통제 8. 정보공개 9. 최고경영자 10. 보수 11. 위험관리
서스틴베스트	14개 항목, 95개 세부 지표	1. 혁신 활동 2. 생산 공정 3. 공급망 관리 4. 고객 관리	1. 인적 자원 관리 2. 공급망 관리 3. 고객 관리 4. 사회 공헌 및 지역 사회	1. 주주의 권리 2. 정보의 투명성 3. 이사회의 구성과 활동 4. 이사의 보수 5. 관계 회사의 위험 6. 지속가능경영 인프라

환경(E) 부문 평가지표

환경(E) 부문 세부 평가지표에 따르면, 대부분의 ESG 평가 기관이 친환경 관련 기술 개발 투자 및 역량, 사용 에너지 절감, 온실가스 관리 등에 대해 평가한다. 일부 평가 기관은 직접적인 기술 개발과 에너지 자원 절약 이외에도 기업의 친환경 활동을 위한 별도의 조직 운영 및 임직원 대상 교육 여부를 평가지표로 삼기도 한다. 기업이 당장 자원을 절약하는 것도 중요하지만, 장기적으로 환경을 보존하기 위해서는 지속적인 교육을 하는 것도 중요하다. 그러나 산업 분야마다 주어진 환경이 다르고 산업 특성에 따른 특수성을 띠는 경우가 많으므로 보통의 경우 부문별 세부 지표는 산업 분야별로 작성하여 반영하거나 혹은 지표는 같게 활용하되 가중치를 다르게 적용하여 산업 분야의 차이에서 기인하는 특징을 적절히 반영하여 평가를 진행하고자 한다.

표 2-4 | 국내 ESG 평가 기관의 환경(E) 부문 평가지표[28, 29]

평가지표		
친환경 혁신 역량	친환경 연구 개발	기업이 수행하고 있는 연구 개발 활동에 산업별 핵심 환경 이슈 관련 연구개발 활동을 포함하고 있는지 평가
	친환경 관련 특허 보유	기업의 친환경 연구-개발 결과로 특허를 보유하고 있는지 평가
	환경 관련 기술 인증	기업이 환경 관련 기술 역량을 보유하고 있는지 평가
환경성 개선 성과	친환경 제품 인증	기업의 친환경 제품 개발 활동의 성과로서 자사 주요 제품군에 친환경 제품 인증을 받았는지 평가
	제품 환경성 개선	기업의 친환경 제품 개발 활동의 성과로서 제품의 전 과정 단계에서 환경성 개선이 이루어졌는지 아닌지를 평가
환경경영 시스템 인증	환경경영 시스템 인증	기업이 전사적 환경경영 시스템을 갖추고 있는지 평가
환경 사고 예방 및 대응	환경 사고 예방	기업의 생산 공정 중 발생할 수 있는 환경 사고 예방 체계 수준을 평가
	환경 사고 대응	기업의 생산 공정 중 발생한 환경 사고의 피해 규모를 줄일 수 있는 대응 체계 수준을 평가
공정관리	에너지 사용 저감 활동	기업의 생산 공정 중 에너지 사용량을 감축할 수 있는 관리 수준을 평가
	용수 사용 및 폐수 배출 저감 활동	기업의 생산 공정 중 용수 사용량을 감축할 수 있는 관리 수준을 평가
	화학 물질 사용 및 배출 저감 활동	기업의 생산 공정 중 유해 화학 물질 사용량 및 배출량을 감축할 수 있는 관리 수준을 평가
	대기 오염 물질 배출 저감 활동	기업의 생산 공정 중 대기 오염 물질 배출량을 감축할 수 있는 관리 수준을 평가
	폐기물 배출 저감 활동	기업의 생산 공정 중 폐기물 배출량을 감축할 수 있는 관리 수준을 평가

온실가스 관리	온실가스 관리 전략 공시	기업이 CDP와 TCFD에 대응함으로써 온실가스 관리 및 관련 리스크 정보에 대해 이해관계자에게 상세히 설명 및 소통하고 있는지 및 수준을 평가
	온실가스 배출 저감 활동	기업의 생산 공정 중 온실가스 배출량을 감축할 수 있는 관리 수준을 평가
	온실가스 배출 저감 성과	기업의 생산 공정 중 실제로 온실가스 배출량을 얼마나 감축하였는지 평가
	탄소 중립을 위한 온실가스 관리	기업이 생산 공정 중 온실가스 배출량을 감축할 수 있는 것과 더불어 배출한 온실가스를 흡수, 제거함으로써 탄소 중립을 달성할 수 있는지 관리 수준을 평가
친환경 공급망 관리	협력 업체 운영에 있어 환경 관련 평가	기업이 협력 업체 선정/평가 시 운영상 환경경영 실행 여부를 고려하는지 평가
	협력 업체의 공급 제품에 대한 평가	기업이 협력 업체로부터 부품 또는 제품 구매 시 제품의 환경성을 고려하는지 평가
그린마케팅	제품 환경 성능 광고	기업이 자사 제품의 환경 성능을 광고하는지를 평가
	기업환경 이미지 광고	기업이 자사의 환경에 대한 인식과 노력에 대해 광고하는지를 평가

기타 평가지표
환경경영을 위한 별도의 실무 추진 조직 및 환경경영을 위한 전사적인 의사 결정 조직의 공개 여부 임직원을 대상으로 하는 환경 교육 실시 여부 환경 방침의 수립 여부 및 공개 여부와 당해 연도 환경 목표, 세부 추진 계획, 이행 실적의 공개 여부 지역 사회를 위한 환경 영향 저감 활동과 생물종 다양성 보전 활동의 이행 여부

사회(S) 부문 평가지표

사회(S) 부문 세부 평가지표에 따르면, 대부분의 ESG 평가 기관은 근로자의 근로 조건, 고용 평등 및 다양성, 공급망 관리, 고객 관리 등에 관련된 지표를 공통으로 활용한다. 특히, 공급망 관리 지표에서는 협력 업체들과의 상생 협력 수준이 포함된다. 이는 대형 협력 업체들이 중소 협력 업체들의 ESG 성과 향상을 위해 교육 및 자금을 지원하도록 하여, 지속가능경영 생태계가 빠르게 확산되도록 하기 위함이다. 일부 평가 기관은 내/외부 이해관계자의 신고 제도 여부, 자발적 이직률의 공개 여부 등 더 세부적인 항목을 포함하기도 한다. 사회(S) 부문 역시 환경(E) 부문과 같이 세부 지표에 산업별 특수성이 반영되어 있고, 산업마다 가중치가 다르게 부여된다.

표 2-5 | 국내 ESG 평가 기관의 사회(S) 부문 평가지표[28, 29]

평가지표			
인적자원 관리	근로조건	일과 생활의 균형을 위한 프로그램	법정 근로시간 준수 외에 탄력근무, 재택근무, 리프레시 휴가 등을 통해 일과 생활의 균형을 도모하는 제도가 있는지 평가
		해고자 또는 퇴직자 지원 프로그램	근로자의 퇴직 이후 삶에 대해 안정성을 보장하여 줌으로써 근로자들의 충성도 및 사기 향상 등을 기대할 수 있는지 평가
		가족친화기업 인증	가정생활과 직장 생활을 조화롭게 병행할 수 있는 가족 친화적인 환경 조성을 촉진하기 위하여 도입한 제도를 인증받았는지 평가
		1인당 급여	근로자 1인이 평균적으로 받는 급여
		매출액 대비 복리후생비	매출액에서 복리후생비가 차지하는 비중을 평가

인적자원 관리	근로 조건	평균 근속연수	회사에 대한 만족도가 높을수록 근속연수가 길 것이며 이에 따라 장기적으로 근로자들의 전문성 향상을 가져와 생산성에 긍정적인 영향을 미치는지 평가
	고용 평등 및 다양성	고용 다양성 증진 프로그램	고용에 있어 상대적으로 불리한 위치에 있는 다양한 계층을 포괄하여 고용했는지 평가
		여성 직원 수 비율	전체 근로자의 수 대비 여성 근로자의 수가 어느 정도 되는지 평가
		장애인 고용 저조 기업 여부	우리나라의 장애인 의무고용제도를 따르고 있는지 평가
	노사 관계 관리	노사문화 우수기업	매년 상생의 노사문화를 실천한 기업을 고용노동부에서 노사문화 우수기업으로 선정되었는지 평가
	근로자 보건 및 안전	보건안전 정책	보건안전 정책 또는 방침 등을 수립하여 공개함으로써 안전 문제 해결에 대한 경영진의 의지가 전사적으로 전달되었는지 평가
		보건안전 전담 부서	실제 전담조직 또는 인력이 배치되어 안전에 대한 경영진의 의지를 실질적으로 드러냈는지 평가
		안전사고 예방을 위한 프로그램	안전 훈련, 캠페인 및 기타 프로그램을 통해서 근로자의 안전 의식을 높였는지 평가
		보건안전 프로그램에 사내 하청 업체 근로자 포함 여부	회사가 운영하는 보건안전 프로그램을 사내 하청 업체 근로자에게도 적용되는지를 평가
		안전 보건 경영 시스템 인증	체계적인 안전 보건 활동이 이루어지는지 평가
		산업 재해 발생 사업장 여부	고용노동부가 발표한 산업 재해 발생 건수 등 공표와 원/하청 산재 통합관리제도에 따른 원청 사업장 명단 공표에 기재되었는지를 평가
		산업 재해 지표 공시여부	산업 재해 지표를 공시함으로써 이해관계자 의사 결정에 참고할 수 있도록 하는지, 실제 발생한 지표를 공시함으로써 기업 스스로가 재해율을 관리하고 있는지 평가

<table>
<tr><td rowspan="8">공급망
관리</td><td rowspan="5">공정 거래</td><td>공정 거래 원칙</td><td>공정 거래 원칙을 지켜 협력 업체들의 경쟁력을 훼손시키지 않는지 평가</td></tr>
<tr><td>거래대상
선정원칙</td><td>동 지표에서 협력 업체 선정 시 공정하고 합리적인 기준으로 결정하는지 평가</td></tr>
<tr><td>공정 거래 자율준수 프로그램</td><td>전자공시시스템에 공정거래자율준수 프로그램 운영현황으로 공시되었는를 평가</td></tr>
<tr><td>공정 거래 중요성에 대한 임직원 교육 및 인식 제고 활동</td><td>불공정거래를 예방하기 위해 실제 거래를 담당하는 임직원의 윤리의식 제고 활동이 있는지 평가</td></tr>
<tr><td>동반성장지수</td><td>매년 동반성장지수를 산정하여 공표하는지 평가</td></tr>
<tr><td rowspan="2">상생 협력</td><td>상생 협력
전담조직</td><td>상생 협력이 지속해서 추진되기 위해 이를 전담하는 조직이 있는지 평가</td></tr>
<tr><td>기술협력, 금융지원, 교육 훈련, 마케팅 지원</td><td>금융, 기술 등의 지원으로 협력 업체의 경쟁력 향상에 도움을 주고 있는지 평가</td></tr>
<tr><td>공급
사슬관리</td><td>협력 업체 대상
사회적 기준 수립</td><td>수립한 사회적 기준으로 협력 업체를 정기적으로 평가하고 평가결과를 적용하여 개선하고 있는지 평가</td></tr>
<tr><td rowspan="5">고객관리</td><td rowspan="2">고객
정보보호</td><td colspan="2">고객정보보호 전담 조직</td></tr>
<tr><td>고객정보보호
시스템 인증</td><td>정보보호시스템에 대하여 공식적인 인증을 획득하였는지를 평가</td></tr>
<tr><td>소비자
만족 경영</td><td>소비자중심
경영제도 인증</td><td>기업이 소비자 중심 경영 제도 인증을 획득하였는지를 평가</td></tr>
<tr><td rowspan="2">품질관리</td><td colspan="2">품질관리시스템 인증</td></tr>
<tr><td>협력 업체 품질
향상 지원
프로그램</td><td>협력 업체의 품질 수준 향상을 지원함으로써 자사 제품의 품질 수준을 올리고 있는지 평가</td></tr>
<tr><td colspan="2">사회 공헌 및 지역 사회</td><td>국제 이니셔티브
가입 및 활동</td><td>UN Global Compact에 가입하여 지속가능 경영에 대한 의지를 대외적으로 천명하였는지를 평가</td></tr>
</table>

사회 공헌 및 지역 사회	사회 공헌 활동	기업의 전체 매출액 대비 기부금의 비중이 어느 정도인지 평가
	지역 사회 관계	지역 일자리 창출, 산학협력 등을 통해 지역 사회 경제에 이바지하는지 평가
금융기관 ESG 관리	대출과 투자 심사 시 ESG 고려 여부	금융기관이 공급망 ESG 고려하며 ESG 관련 리스크를 적절히 관리하고 있는지 평가
기타 평가지표		
노동조합의 설치 여부 및 근로자의 노동조합 가입 비율의 공시 여부 근로자의 인권침해 예방 프로그램의 시행 여부와 인권 경영정책의 공개 여부 내/외부 이해관계자의 신고제도 및 신고자 보호체계의 공개 여부 기간제 근로자의 고용 비중과 산업평균의 비교 수치 및 근로자의 자발적 이직률의 공개 여부		

거버넌스(G) 부문 평가지표

마지막으로 거버넌스(G) 부문 세부 평가지표에 따르면, 대부분의 ESG 평가기관이 정보의 투명성, 회계의 투명성, 이사회의 구성 및 활동 관련 지표에 집중한다. 기업에서 조직 시스템의 개선을 위해 관련 정보를 투명하게 공개하고 있는지를 넘어 실제 건전한 지배 구조 형성과 관련된 활동을 수행하지 않았거나 심지어 위반한 때도 있는지를 조사하여 포함하며, 마찬가지로 산업별 특수성을 반영하여 가중치가 다르게 부여된다.

표 2-6 | 국내 ESG 평가 기관의 거버넌스(G) 부문 평가지표[28, 29]

평가 지표			
주주의 권리		경영권 보호장치	법률로 강제하거나 법적으로 불허하는 경영권 보호장치 이외에 명시적인 법적 규제가 없으며 정관에 근거한 경영권 방어장치를 중심으로 평가
		주주총회	주주총회 공시시기, 집중투표제도 여부, 주주 의견 수렴장치, 주주총회 집중일 외 개최여부를 평가
		주주가치 환원	주주가치환원율, 과소배당 여부, 주식소각 여부, 주주환원정책 통지 여부를 평가
정보의 투명성	공정공시	잠정 영업 실적 공시 횟수	각 분기별 보고서 공시 이전에 경영실적에 대한 전망 정보를 제공하는 것을 긍정적으로 평가
		영업 실적 전망 공시 횟수	당기 매출액, 판매량, 실적목표 등 주요 경영사안에 대한 정보를 공시한 횟수를 평가
		장래 사업 및 경영 계획 공시 횟수	매출계획, 투자계획, 주요 신규사업 계획 등을 공시한 횟수를 평가
	공시위반	불성실공시법인 지정 및 공시의무 위반 여부	볼성실공시법인 지정 여부를 평가, 공시의무 위반 제재 내역에 있는지를 평가
	회계 투명성	회계 기준 위반 여부	현행 회계기준을 위반하여 금융감독원 및 증선위의 제재를 받은 내역이 있는지 평가
		외부감사인의 비감사용역 제공 비율	비감사용역 제공내역이 없거나 제공비율이 낮을수록 외부감사인의 독립성 확보에 긍정적이라고 평가
이사회의 구성과 활동		이사의 선임	사외이사후보추천위원회 설치 여부 및 구성, 기업가치 훼손 및 주주권익 침해 이력이 있는 임원 선임 방지 정책 수립 여부를 평가
		이사회의 구성	이사회 의장의 독립성, 이사의 과도한 겸임 여부, 이사의 횡령 및 배임 이력, 이사회의 사외이사 구성 현황, 이사회의 성별 구성 현황을 평가

<table>
<tr><td colspan="2" rowspan="2">이사의 보수</td><td>이사 보수의 적정성</td><td>이사보수 변동의 적정성, 이사 보수한도의 소진율을 평가</td></tr>
<tr><td>보상위원회</td><td>보상위원회 설치여부 및 구성을 평가, 사외이사에 비해 보수 비중이 큰 사내이사의 보상체계 객관성 확보를 위해 보상위원회 내 사외이사 비중을 평가</td></tr>
<tr><td colspan="2" rowspan="3">관계사 위험</td><td>관계사 우발채무</td><td>순자산 대비 우발채무 비중이 높을수록 관계사 부실로 인한 관계사 위험이 높다고 평가</td></tr>
<tr><td>관계사 거래</td><td>매출액 대비 관계사 매출액, 매출원가 대비 관계사 매입액을 평가</td></tr>
<tr><td>내부거래 위반</td><td>부당내부거래 행위 건수, 대규모 내부거래 공시 위반 건수를 평가</td></tr>
<tr><td rowspan="6">지속가능경영 인프라</td><td rowspan="2">지속가능경영 거버넌스</td><td>이사회 내 지속가능경영위원회 설치 여부</td><td>이사회 내에서 지속가능경영 이슈를 전담하거나, 점검할 수 있는 체계가 있는지 평가</td></tr>
<tr><td>지속가능경영 조직 및 소속</td><td>기업의 지속가능경영을 총괄 및 코디네이팅하는 조직이 있는 지와 그 위상을 평가</td></tr>
<tr><td rowspan="2">지속가능경영보고</td><td>ESG 정보 공개 여부</td><td>기업이 지속가능경영과 관련된 정보를 보고서, 홈페이지 등을 통해 공개하는지 평가</td></tr>
<tr><td>ESG 보고서 누적 발간 횟수</td><td>최근 5년 이내 ESG 보고서 발간 이력이 있는 기업의 CSR 보고서 발간 횟수를 평가</td></tr>
<tr><td rowspan="2">윤리경영</td><td>윤리규범 수립 여부</td><td>윤리 문제를 예방하기 위한 기초가 되는 전사적인 윤리규범이 수립되어 있는지 평가</td></tr>
<tr><td>윤리교육 프로그램 운영 여부</td><td>임직원의 윤리의식을 향상시키기 위한 교육 또는 기타 활동을 시행하는지 평가</td></tr>
<tr><td colspan="4">기타 평가지표</td></tr>
<tr><td colspan="4">최대 주주 및 특수관계인의 지분율 합계, 최대주주 및 특수관계인을 제외한 등기임원의 지분율 합계 및 계열회사의 지분율 합계
중/장기 배당정책의 수립 여부 및 공개여부, 배당 수준의 적절성</td></tr>
</table>

해외 평가 기관의 평가지표

해외 ESG 평가 기관의 평가 항목을 살펴보면, 지금까지 다룬 국내 평가 기관의 주요 ESG 평가지표의 항목과 비슷하게 나타난다. 크게 환경(E), 사회(S), 거버넌스(G) 부문으로 나누고 세부 지표를 마련하여 각 분야에서의 성과를 평가하며 세 부문 모두 개선을 위한 목표가 있는지 확인한다. 이 과정에서 공시 등이 적절히 이루어지고 있는지도 평가 항목에 포함한다.

먼저 환경(E) 부문에서는 친환경 생태계를 구축하기 위한 노력을 평가한다. 자원 절약과 친환경 에너지와 관련된 내용이 평가지표로 활용되며 친환경적인 기술 개발 등도 중요히 다룬다.

사회(S) 부문에서는 기본적인 인권이 잘 지켜지고 있는지, 임직원의 안전과 건강이 지켜지는 근로 환경을 충분히 제공하는지를 공통으로 다룬다. 이외에도 사회 공헌, 포용 금융 등 지역 사회 발전을 위한 정책 실행 여부가 포함되어 있다. 해외 평가 기관의 지표에서도 이해관계자 관리에 대한 지표가 마련되어 있기는 하나, 국내의 경우와 같이 협력 업체의 ESG 성과 개선 등 공급망 내 상생 협력이 두드러지게 강조되지는 않는다.

마지막으로 거버넌스(G) 부문에서는 기업의 부패를 방지하기 위한 정책을 비롯해 정보 보호, 투명성을 공통적으로 강조하고 있으며, 특히 정부 및 정치로 인해 촉발되는 문제도 여기서 다룬다. 해외의 경우에는 평가 기관마다 ESG 평가지표가 다르나, 각 부문 항목의 수는 대체로 비슷하게 나타난다. 다만 세부 지표의 수는 기관별로 크게 차이가 나기 때문에 이 점이 각 평가 기관에서 산출한 항목별 점수가 차이를 보이는 원인으로 지목된다.

표 2-7 | 해외 ESG 평가 기관의 평가지표[27]

기관	지표	Environment (환경)	Social (사회)	Governance (지배구조)
LSEG (구. Refinitiv Asset4)	10개 항목, 186개 세부 지표	1. 자원 이용 2. 배출 3. 혁신	1. 인적자원 2. 인권 3. 지역 사회 4. 제품 안전	1. 경영진 2. 주주 3. CSR전략
Sustainalytics	20개 항목	1. 배출, 폐수 및 폐기물 2. 탄소-자체 운영 3. 탄소-제품 및 서비스 4. 토지이용 및 생물 다양성 5. 토지이용 및 생물 다양성-공급망 6. ESG 통합-금융 7. 탄력성 8. 자원이용 9. 자원 이용-공급망	1. 제품 및 서비스가 사회, 환경에 미치는 영향 2. 인권 3. 데이터 프라이버시 및 보안 4. 기본서비스 접근성 5. 커뮤니티 관계 6. 인권-공급망 7. 인적자원 8. 근로자 건강 및 안전 9. 제품 거버넌스	1. 비즈니스 윤리 2. 뇌물수수 및 부패
S&P Global	31개 항목, 106개 세부 지표	1. 기후환경 전략 2. 환경 정책 관리 3. 목표 및 공시 4. 운영 친환경 효율성 5. 제품 스튜어드십	1. 비용 관리 2. 사회 공헌 3. 포용 금융 4. 건강 수준 향상 5. 인적자원 개발 6. 인권 7. 고용 관행 8. 임직원 건강/안전 9. 목표 및 공시 10. 의약품 접근성 11. 인재유지 및 유치	1. 반부패 정책 2. 업무 행동 강령 3. 기업 지배구조 4. 고객 관계 관리 5. 금융 안정성 6. 정보 보안 7. 혁신 관리 8. 마케팅 관행 9. 중요성 10. 정책 11. 개인정보 보호 12. 제품품질 및 관리 13. 리스크 위기 관리 14. 개발도상국시장 15. 공급사슬 관리

2.3. 평가 기관별 ESG 평가 체계

일반적으로 평가 기관은 평가 대상의 공시 자료나 뉴스, 방송 등 보도자료를 통해 ESG 관련 데이터를 수집한다. 이를 토대로 평가 후 세부 평가 및 기업 인터뷰 등을 통해 조정이 이루어진 후 최종적으로 ESG 등급을 부여한다. 평가 방식은 일반적으로 비슷하지만, 세부적인 평가 체계는 기관마다 다르다. 수집하는 데이터의 범위나 항목별 부여하는 가중치, 평가 후 조정하는 과정과 부여하는 ESG 등급 단계 등 평가 기관이 저마다 마련한 기준과 체계에 따라 평가가 이루어진다. 그러므로 각 기관에서 채택한 체계가 다르다면 평가 결과도 다르게 나타날 수 있다.

국내와 해외의 평가 기관 모두 각자 다른 방법으로 부문별 점수를 산출한다. 다만 국내 평가 기관에서는 ESG 성과의 평가 방법에 대해 자세히 공개하고 있지 않으므로 세부적으로 살펴보기에는 한계가 있다. 대신 국내 평가 기관은 해외 평가 기관보다 더 많은 국내 기업을 평가 대상으로 삼고 있어, 포괄적인 국내 ESG 성과 현황을 살펴보기에는 더 유용하다.

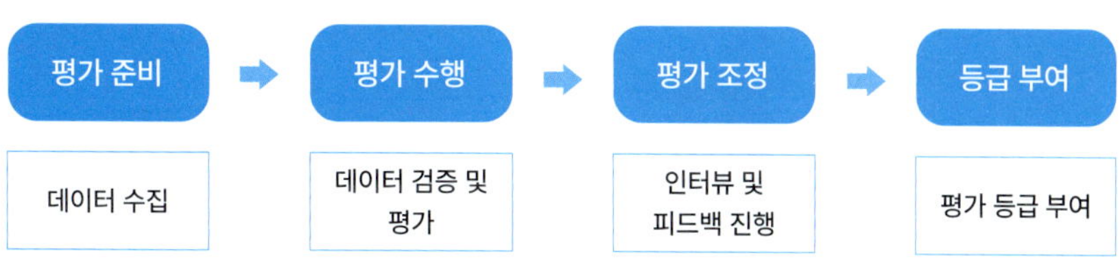

그림 2-1 | ESG 평가 과정

아래에는 국내외의 여러 평가 기관에서 사용하고 있는 평가 체계를 표로 정리하여 제시하였다. 더욱 자세한 내용은 표를 참고하여 확인할 수 있다.

표 2-8 | 한국ESG기준원의 평가 체계[27, 28, 30]

<table>
<tr><th>구분</th><th>한국ESG기준원 (KCGS)</th></tr>
<tr><td>대상</td><td>국내 약 9백 개 상장회사 및 비상장 주요 금융기관</td></tr>
<tr><td>산업 분류</td><td>FnGuide가 개발한 28개 WICS(Wise Industry Classification Standard) 산업 분류</td></tr>
<tr><td>평가 절차</td><td>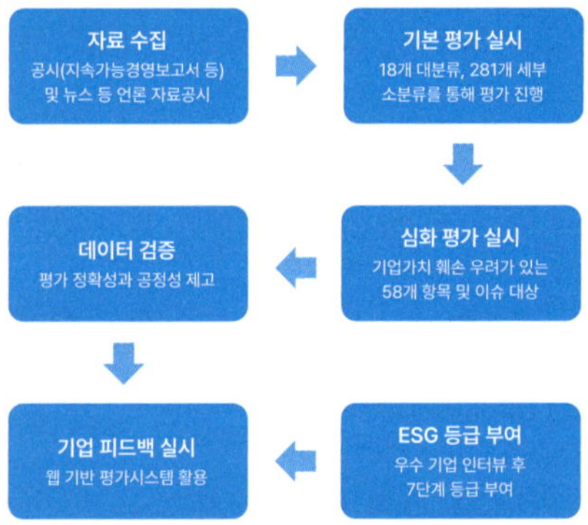
</td></tr>
<tr><td>기타 특징</td><td>- 금융사들의 지배 구조는 별도로 평가(7대 대분류)
- 한국거래소 ESG 테마지수(KRX ESG Leaders 150, KRX Eco Leaders 100) 등에 평가 활용
- 정기 등급 부여 이후 ESG 쟁점 발생 시 분기별 등급 조정</td></tr>
<tr><td>평가 체계</td><td>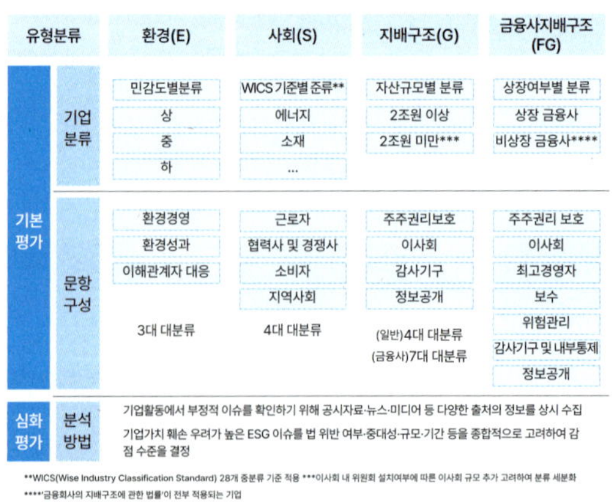
</td></tr>
</table>

표 2-9 | 서스틴베스트의 평가 체계[27]

<table>
<tr><th>구분</th><th>서스틴베스트</th></tr>
<tr><td>대상</td><td>국내 약 1천 개 상장회사</td></tr>
<tr><td>산업 분류</td><td>61 GICS®- 산업 분류 (MSCI와 S&P Dow Jones Indices 공동개발)</td></tr>
<tr><td>평가 절차</td><td>
</td></tr>
<tr><td>기타 특징</td><td>- ESG 전체 등급과 규모별 ESG 등급 발표
- 기관 투자자 등 이해관계자 대상 정보 제공</td></tr>
<tr><td>평가 체계</td><td>
</td></tr>
</table>

표 2-10 | LSEG의 평가 체계[23, 27]

구분	LSEG (구. Refinitiv Asset4)
대상	약 9천 개 기업
산업 분류	LSEG 자체 개발 TRBC 산업 분류

평가 절차

기타 특징

기업에서 ESG와 관련된 부정적 사건 발생 시, 기업 규모 및 언론 노출 정도 등을 반영하여 논란 점수 산출 및 점수에 반영 (관련 부정적 사건이 없다면 ESG 점수와 ESGC 점수가 동일)

평가 체계

Water& Related Utilities	Environmental Weights				Social Weights					Governance Weights				
Industry Group	Emis-sion	Inno-vation	Re-source Use	Environ-mental Score	Human Rights	Product Respon-sibility	Work-force	Comm-unity	Social Scores	Manage-ment	Share-holders	CSR Strategy	Gover-nance Scores	ESG Scores
Category weight	0.15	0.13	0.15		0.05	0.04	0.13	0.09		0.17	0.05	0.03		
ABC	0.66	0.00	0.44	0.16	0.05	0.58	0.89	0.34	0.17	0.99	0.84	0.56	0.23	0.56410
JKL	0.50	0.73	0.74	0.28	0.00	0.78	0.43	0.93	0.17	0.62	0.89	0.26	0.16	0.60936
LMN	0.76	0.31	0.56	0.24	0.00	0.47	0.48	0.48	0.12	0.17	0.24	0.26	0.05	0.41140

ABC Corp. = 0.56410 / B- 등급 (점수에 따라 D-부터 A+까지 12단계 ESG 등급 적용)

= 0.16 (E Score) + 0.17 (S Score + 0.23 (G Score)

= {(0.15×0.66)+(0.13×0)+(0.15×0.44)} + (0.05×0.05)+(0.04×0.58)+(0.13×0.89)+(0.09×0.34)} + (0.17×0.99)+(0.05×0.84)+(0.03×0.56)}

Score range	Grade	Description
0.0 <= score <= 0.083333	D-	"D" score indicates poor relative ESG performance and insufficient degree of transparency in reporting material ESG data publicly.
0.083333 < score <= 0.166666	D	
0.166666 < score <= 0.250000	D+	
0.250000 < score <= 0.333333	C-	"C" score indicates satisfactory relative ESG performance and moderate degree of transparency in reporting material ESG data publicly.
0.333333 < socre <= 0.416666	C	
0.416666 < score <= 0.500000	C+	
0.500000 < score <= 0.583333	B-	"B" score indicates good relative ESG performance and above-average degree of transparency in reporting material ESG data publicly.
0.583333 < score <= 0.666666	B	
0.666666 < score <= 0.750000	B+	
0.750000 < score <= 0.833333	A-	"A" score indicates excellent relative ESG performance and high degree of transparency in reporting material ESG data publicly.
0.833333 < score <= 0.916666	A	
0.916666 < score <= 1	A+	

ESG laggards

ESG leaders

표 2-11 | S&P 글로벌의 평가 체계[25]

<table>
<tr><th>구분</th><th>S&P 글로벌</th></tr>
<tr><td>대상</td><td>약 1만 1천 개 기업</td></tr>
<tr><td>산업 분류</td><td>61 GICS®-산업 분류 (MSCI와 S&P Dow Jones Indices 공동 개발)</td></tr>
<tr><td>평가 절차</td><td>자료 수집: 공시(지속가능경영보고서 등) 및 뉴스 등 언론 자료
→ 질문 가중치 설정: 항목 내 질문 개수 대비 세부 분류 내 질문 개수로 평가
→ 질문 점수 평가: 자료공개 투명성, 동종업계 내 성과점수를 기반으로 평가
→ 항목별 가중치 적용: 항목별 백분위수 순위를 적용
→ 대분류 가중치 적용: 산업별 주요항목 선정 및 대분류 가중치 적용</td></tr>
<tr><td>평가 체계</td><td>
<table>
<tr><th>'Environmental' dimension (13%)</th><th>Environmental Reporting-Coverage' criteria (23%)</th><th>Question Weight</th><th>Question Score</th><th></th><th>Criteria Weight</th><th>Criteria Points</th><th>Dimension Weight</th><th>E score</th></tr>
<tr><td rowspan="3">Blue Sycamore Bank</td><td></td><td>0.5</td><td>100</td><td>50</td><td></td><td></td><td></td><td></td></tr>
<tr><td></td><td></td><td></td><td>50</td><td>0.23</td><td>11.5</td><td></td><td></td></tr>
<tr><td></td><td></td><td></td><td></td><td></td><td>11.5</td><td>0.13</td><td>1.50</td></tr>
</table>
</td></tr>
</table>

표 2-12 | 서스테이널리틱스의 평가 체계[d, 24, 27]

구분	서스테이널리틱스(Sustainalytics, 현 Morningstar 계열사)
대상	약 1만 3천 개 기업
산업 분류	서스테이널리틱스 자체 개발 산업 분류
평가 절차	1. 산업별 주요 ESG이슈를 선정하고 산업별 리스크 노출 점수를 산출 2. 매년 산업별 관리가능한 리스크 요소(MRF, Managerial Risk Factor)를 갱신 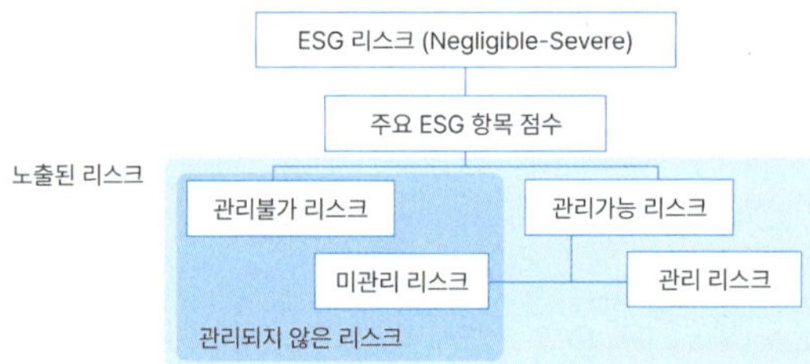 ESG 리스크의 분류[27] 3. 공시 및 언론 자료를 통해 기업과 관련된 주요 ESG 이슈를 파악하고 기업의 리스크 노출도 및 관리 수준을 산출 - 관리되지 않은 리스크(Unmanaged Risk)를 통해 ESG 영역별이 아닌 통합적 리스크를 평가 = 리스크 노출(Risk Exposure)-관리 리스크(Managed Risk) - 리스크 노출=기업이 속한 산업의 노출 점수(산업 레벨)x이슈 베타(기업 레벨의 리스크 노출을 파악하기 위해 기업 고유 정보인 기업의 비즈니스 모델, 사건 연루 정도 등을 고려하여 산출) - 관리 리스크=관리가능 리스크 x 관리 점수 (경영시스템, 인증 등 관리지표와 탄소배출량 등 성과지표를 활용하여 산출)
기타 특징	- 통합적 리스크를 평가하여 관리되지 않은 리스크(Unmanaged Risk)를 수치화하여, 같은 산업군이 아니더라도 기업 간의 비교가 가능 - 기업지배구조 리스크 영향력이 큰 경우에는 기업 노출 점수 조정 - 사회환경적 영향력이 큰 사건이 발생한 경우에 추가 리스크 부여
평가 체계	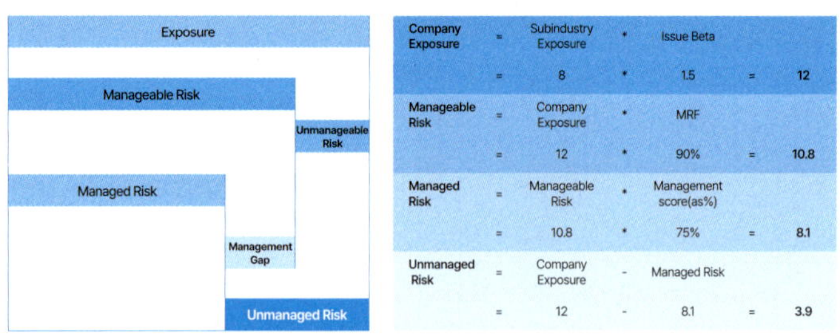

d Sustainalytics 의 평가 체계는 2017년을 기준으로 크게 변화하였다. 기존에는 타 평가기관과 동일하게 산업군 별 상대평가 방식으로 점수를 산출하였으나, 2017년 이후부터는 표 2-12의 평가 체계를 활용하여 ESG Risk Rating 을 평가한다. 상이한 방법론으로 인한 차이를 최소화하기 위하여 데이터 분석에서는 기존 방식을 활용하여 산출한 ESG Rating(legacy data)을 사용하였다.

위의 평가 체계를 살펴보면 평가 기관마다 다른 방법으로 평가하는 것을 확인할 수 있다. 평가 기관은 산업 분야마다 특성이 다르다는 점을 인식하고 이를 고려하여 더 정확한 평가를 하기 위해 다양한 방안을 마련한다. 첫째로 평가 대상인 기업들을 산업 분야에 따라 분류하고 분류 결과에 따라 같은 분야에 속하는 기업들끼리 상대 평가를 함으로써 산업 유형의 차이에서 발생하는 문제를 최소화하고자 한다. 여러 평가 기관은 이를 위한 산업 분류 체계를 마련하고 있다. 하지만 아래 평가 체계 비교 현황에 따르면, 대표적인 미국의 3대 ESG 평가 기관은 모두 자체 개발한 산업 분류 체계를 사용하고 있다. LSEG의 TRBCThe Refinitiv Business Classification는 산업을 약 30개 분야로, 서스테이널리틱스는 약 40개 분야로, S&P 글로벌과 MSCI가 공동 개발한 GICSGlobal Industry Classification Standard는 약 61개 분야로 분류한다. 그리고 동일한 산업 분야로 분류된 기업들 사이에서 상대 평가를 진행한다. 이러한 차이는 평가 기관 간 ESG 평가의 불일치를 일으킨다.[31]

표 2-13 | 평가체계 비교 현황[31]

	LSEG (구. Refinitiv Asset4)	Sustainalytics	S&P Global
산업 분류	TRBC (The Refinitiv Business Classifications)	Sustainalytics Classification	GICS (Global Industry Classification Standard)
산업별	질문	위험 노출도	질문 및 카테고리
질문 점수	O	-	O
질문 가중치	-	-	O
카테고리 점수	O	-	O
카테고리 가중치	O (E/S 부문 적용)	-	O
부문 가중치	-	-	O

둘째로 산업별로 평가지표를 달리하거나 가중치를 조정함으로써 산업 분야의 특성을 반영한 평가를 하기 위해 노력한다. 하지만 ESG점수 산출 시 산업의 특성이 반영되는 단위나 가중치에서도 차이를 보인다. 그렇기에 특정한 지표에 대한 절대적인 수치가 같다고 해서 같게 평가되지는 않는다. 예를 들어, 금융업으로 분류되는 A 기업의 탄소 배출량과 제조업으로 분류되는 B 기업의 탄소 배출량의 절대적인 수치는 동일하더라도 업계의 특성에 맞추어 한 기업은 탄소 배출량이 많은 것으로, 또 다른 기업은 탄소 배출량이 적은 것으로 평가될 수 있다. 가중치를 부여하는 방법은 평가 기관마다 조금씩 다른데 S&P 글로벌의 경우 ESG 종합 점수 산출 시 E/S/G 부문별 가중치도 산업별로 적용한다. 서스테이널리틱스는 산업별로 세부 점수를 결정하는 것이 아니라 각 ESG 이슈와 관련된 위험에 노출된 정도를 산업별로 부여한다.

이와 같이 동종업계 내 상대 평가 방식은 동일하나 평가 지표나 가중치 등 최종 ESG점수를 산출하는 방식 자체가 다르다. 이 경우에는 기관의 평가 결과를 신뢰하기 어려워지며 이를 절충적으로 활용하는 데에도 한계가 있다. 최근 연구에서도 재무적으로 중요한 평가 사항Material Issues을 결정하는 과정에서 산업 특성을 적용하는 것이 중요함을 밝히고 있다.[32] 따라서 산업별 평가 기준과 접근법의 상이함은 ESG 평가기준 확립에 있어 중요한 고려 사항이다. 그뿐만 아니라 ESG 평가 기관 간의 점수 불일치 현황은 최근 Berg, Koelbel, and Rigobon(2019)의 연구에서도 강조된 사항으로, 이처럼 대표적인 ESG 평가기관별 지표가 달라 투자자 및 규제 관계자들의 혼동을 야기하고 있는 것이 현재 상황이다.[33]

기업으로서도 모든 평가 기관에서 좋은 결과를 얻기 위해서는 각 기관의 산업 분류 체계와 세부 지표를 고려한 맞춤형 대응을 해야 한다는 어려움이 따르게 된다. 나아가 평가 기관이 사용하는 세부 지표와 가중치를 기업이 정확하게 파악할 수 없다면 평가 준비에 걸리는 시간과 자원이 배가된다. 따라서 평가 기관은 업계 분류 기준과 동종업계 내 상대 평가 기준을 명확하게 제시해야 한다. 평가 기관이 왜 자체 산업 분류 기준을 도입하고 있는지 밝히는 것이 중요하다. 특히, 가중치는 평가 기관의 판단에 따라 부여되기 때문에 투명성이 동반되어야 할 필요가 있다. 또한, 해외 평가 기관의 경우 국내 대형사들만 평가 대상으로 삼고 있어 국내기업 전반의 ESG성과 평가 확인이 어렵다. 따라서 국내 ESG 평가 기관은 규모별 ESG 평가 기준을 수립하고 특성에 맞는 평가 방법론을 적용할 필요가 있다.

따라서 신뢰성 있는 ESG 평가를 위해서는 평가 기관 간의 평가지표 산출 기준에 대한 어느 정도의 일치가 이루어져야 한다. 이를 위해서는 정부 주도로 국내 산업 특수성과 각 협력 업체들의 실정을 반영한 산업별 가이드라인과 맞춤형 ESG 평가 모델이 개발되어 모든 기업이 동일한 레벨에서 ESG를 평가받고 대비할 수 있는 환경이 마련되어야 한다.

제2부

건설산업과 ESG

03

건설산업과 ESG의 현황

여러 평가 기관에서 ESG 성과를 평가하면서 산업의 특성과
그에 따른 차이를 반영한다는 것은 ESG 경영에 대해 이야기할 때
개별 산업의 특성을 반드시 고려하여야 함을 의미한다.
그러므로 이제 우리는 단순히 일반론 입장에서 ESG에 대한 이야기를 하기보다는
건설산업에서 ESG가 어떤 영향을 미치고 있는지를 본격적으로 살펴볼 필요가 있다.
이에 앞서 먼저 우리나라의 건설산업에 대한 여러 평가 기관의 평가 결과를
확인해 보고자 한다. 이를 바탕으로 현재 우리나라가 다른 나라와 비교하여,
그리고 우리나라의 건설산업이 다른 나라의 건설산업이나 우리나라의 다른 산업
분야와 비교하여 어느 정도 ESG 성과를 내고 있는지 알 수 있다.
이후에는 건설산업 전반에 걸쳐 ESG가 어떻게 적용되고 있는지
그 현황을 파악할 것이다.

3.1. 우리나라 건설산업의 ESG 평가 결과

한국건설산업연구원의 건설산업 ESG 경영 실태 조사에 따르면, ESG 평가 기관이 건설산업에서 ESG 성과를 평가할 때 환경(E) 부문에서는 환경 관련 법 또는 규제 위반 여부, 폐기물 배출량, 온실가스 배출량, 폐기물 재활용 비율 등의 지표를 특히 중요시한다고 한다. 사회(S) 부문에서는 산업재해율, 사회 관련 법 또는 규제 위반 여부, 공정거래 여부, 품질관리, 노동 관행 등의 지표가 중요하게 다뤄진다. 이는 건설 현장에서 산업 재해가 자주 발생하고, 이에 따라 현장의 안전이 중시되는 건설산업의 특성이 반영된 것으로 보인다. 거버넌스(G) 부문에서는 중대 사고 위험 관리, 감사 기구의 전문성, 공정 공시, 윤리 경영 및 위반 사항 공시 등의 지표가 중요하게 여겨진다. 이 지표 중 중대 사고 위험 관리 항목을 제외하고는 전반적으로 모든 산업에서 중요하게 다뤄지는 지표이다. 그렇기에 거버넌스 부문은 다른 부문에 비해 산업별 차이가 크게 두드러지지 않으며, 대신 국가별 제도의 영향을 직접 받는 경향을 보인다.

그렇다면 현재 우리나라에서 건설산업의 ESG는 어떻게 이루어지고 있을까? 건설산업과 ESG를 묶어서 다루기에 앞서 먼저 간단하게 국내외의 평가 기관이 우리나라의 건설산업의 ESG를 어떻게 평가하고 있는지 살펴보도록 하자.

여기서는 국가별 ESG 평가 결과와 함께 국내 건설산업에 대한 국내외 평가 기관의 평가가 어떠한지를 실펴본다. 평가 결과를 바탕으로 현재 우리나라의 건설산업의 ESG 수준을 진단해 보고 각 평가 기관의 결과를 참고할 때 유의해야 할 점에는 어떤 것이 있는지도 살펴봄으로써 기관에 따라 발생할 수 있는 왜곡이나 오해를 최소화할 수 있다.

해외 평가 기관

우선 해외 평가 기관인 LSEG의 주요국에 대한 결과를 살펴보면, 대한민국은 전세계 평균을 상회한다. 반면 서스테이널리틱스[e]의 평가에 따르면, 대한민국의 ESG성과는 전 세계 평균에 미치지 못한다.

건설산업에 대한 평가는 조금 다르다. LSEG와 서스테이널리틱스[e]가 공통적으로 전 세계 건설산업 ESG 평가 현황에서 한국 건설산업 분야 ESG 점수가 전 세계 평균을 상회한다고 평가한다. 건설산업 부문별 점수에 따르면 환경(E)과 사회(S) 부문에서의 성과가 두드러진다. 많은 국가에서 건설산업 평균 ESG 점수가 국가 점수보다 낮으나 우리나라의 건설산업 ESG 점수는 국가 점수보다 높다. 이는 해외 평가 기관의 국내 건설산업에 대한 평가가 주로 대형 종합건설기업에 초점이 맞춰져 있기 때문이며, 따라서 이러한 자료를 참고할 때에는 한국의 건설산업 전반에 대한 충분한 조사를 포함한 결과가 아니라는 사실에 주의를 기울여야 한다.

한편 2장에서 언급한 것처럼 해외 평가 기관의 평가 결과에 상당한 차이가 존재함을 확인할 수 있다. LSEG와 서스테이널리틱스가 한국의 건설산업에 대해 각각 52.7점, 59.5점을 부여하고 있으며 이렇게 평가 기관마다 상이한 결과

e 2장에서 언급하였듯이 서스테이널리틱스의 ESG risk rating은 LSEG의 ESG rating과 방법론이 매우 다르다. 이후 분석은 ESG에 대한 전반적인 평가를 비교하기 위해 서스테이널리틱스가 2018년도 이전에 발표한 legacy rating을 사용한다.

표 3-1 | 해외 평가 기관의 주요국 ESG 점수(2018년 횡단면 기준)

	LSEG[34]		서스테이널리틱스[35]	
	전체	건설산업	전체	건설산업
캐나다	40.1	45.73	57.0	55.22
중국	33.8	30.1	50.3	46.71
프랑스	59.4	61.45	67.1	61.71
독일	51.3	65.24	63.3	66.77
이탈리아	55.5	50.97	64.4	-
일본	47.3	37.21	56.8	53.18
한국	45.5	52.7	55.0	59.5
영국	47.4	42.47	61.3	62.99
미국	36.5	35	55.9	55.70
전세계 평균	42.4	43.33	58.9	57.90

를 내보이기에 기업이 평가 결과를 바탕으로 ESG 경영 전략을 재수립하여 더 나은 성과를 거두는 데에 있어 어려움이 발생한다. 그러나 한편으로는 평가 결과의 불일치가 어디에서 기인하는지 분석하고 검토함으로써 향후 평가에서 개선을 이루기 위해 적극적으로 대응할 필요도 있다.

표 3-2 | 해외 평가 기관의 주요국 건설산업 부문별 점수

	LSEG[34]			서스테이널리틱스[35]		
	E	S	G	E	S	G
캐나다	39.03	43.20	58.62	51.07	51.89	63.82
중국	20.79	19.64	57.96	43.93	43.55	53.55
프랑스	68.44	63.25	49.83	61.79	61.52	62.16
독일	68.70	69.12	54.09	61.34	67.84	70.40
이탈리아	48.53	59.29	44.32	-	-	-
일본	41.99	30.90	39.31	57.09	50.63	52.79
한국	56.37	50.01	51.24	57.18	58.49	63.20
영국	37.51	40.39	52.60	59.11	60.88	69.66
미국	27.30	34.20	46.62	49.33	51.36	67.85
전세계 평균	40.73	42.07	48.90	54.43	56.43	63.37

표 3-3 | 해외 평가 기관의 국내 산업별 ESG 점수

	LSEG[34]	서스테이널리틱스[35]
Aerospace & Defense	28.6	51.6
Automobiles	45.8	56.2
Banks	63.6	55.1
Chemicals	53.0	57.7
Construction & Engineering		59.5
Construction Materials	52.7	
Food Products	21.9	50.3
Household Products	45.9	69.2
Insurance	44.3	58.2
Media	18.9	47.8
Oil & Gas Producers	74.8	56.5
Pharmaceuticals	17.7	44.0
Software & Services	49.3	49.3
전세계 평균	45.2	56.2

국내 평가 기관

그렇다면 국내 평가 기관의 평가 결과는 어떨까? 한국ESG기준원에 따르면, 국내 건설산업의 ESG 점수는 전체 산업 평균을 상회한다. 특히 환경(E)과 사회(S) 부문에서 높은 점수를 받았다. 국내 건설산업은 전체 산업 중 중상위권에 위치하며, 해외 기관의 산업별 평가 결과와 비교하였을 때 국내 평가 기관의 평가 결과는 상대적으로 일관성을 띤다.

국내 평가 기관의 분석에는 해외 평가 기관과는 다르게 대형 종합건설기업이 아닌 건설기업도 대상에 포함되어 있다. 한국ESG기준원의 경우 유가 증권 시장과 코스닥 시장에 상장된 기업들을 평가 대상으로 삼고 있어 남광토건, 삼부토건, 범양건영 등 해외 평가 기관에서 다루고 있지 않은 국내 건설기업들도 ESG평가 등급을 부여받는다.

건설산업이 산업 평균보다 좋은 ESG 점수를 받은 것은 해외 평가 기관이나 국내 평가 기관 모두 비슷하나, 해외 평가 기관의 결과에서는 산업 평균을 훨씬 상회하는 점수를 받은 데에 반해 국내 평가 기관의 결과에서는 건설산업의 점수가 산업 전체의 평균값에서 크게 떨어져 있지 않다. 이는 아마도 중견 건설기업을 비롯한 중소 건설기업이 추가된 평가 표본의 차이로 인한 것으로 예상한다. 하지만 국내 평가사의 경우에는 개별 기업에 부여하는 ESG 등급 평가 방법론을 외부에 부분적으로만 공개하고 있어 평가 내용에 대한 구체적인 비교가 어렵다는 한계가 있다.

표 3-4 | 국내 평가 기관 '한국ESG기준원'의 산업별 ESG 평가 현황[f](2011-2019년)[36]

		표본수	ESG score	E score	S score	G score
1	농업, 임업 및 어업	43	2.27	1.56	2.53	2.63
2	광업	12	1.75	1.58	2.08	2.08
3	제조업	6096	2.84	2.91	2.87	2.77
4	전기, 가스, 증기 및 공기조절 공급업	103	3.37	3.14	3.61	3.39
5	수도, 하수 및 폐기물 처리, 원료 재생업	18	2.56	3.06	3.00	2.28
6	건설산업	354	2.98	3.00	3.18	2.87
7	도매 및 소매업	849	2.78	2.25	2.91	2.90
8	운수 및 창고업	206	3.05	3.01	3.20	2.95
9	숙박 및 음식점업	29	2.62	2.21	2.91	2.38
10	정보통신업	848	2.77	1.89	2.82	2.87
11	금융 및 보험업	579	3.38	2.18	3.40	3.92
12	부동산업	13	2.00	1.31	2.31	2.38
13	전문, 과학 및 기술 서비스업	673	2.96	2.43	3.14	3.13
14	사업시설 관리, 사업 지원 및 임대 서비스업	96	2.62	1.85	3.01	2.70
15	-					
16	교육 서비스업	42	2.95	1.76	2.96	3.03
17	-					
18	예술, 스포츠 및 여가관련 서비스업	45	3.09	2.36	3.33	3.06
19	협회 및 단체, 수리 및 기타 개인 서비스업	9	4.33	5.22	5.44	3.22
	전체 산업 평균	**589**	**2.84**	**2.45**	**3.10**	**2.86**

f 한국ESG기준원(KCGS)에서 제공한 산업별·연도별 지표 자료를 바탕으로 표를 재구성

3.2. 건설산업의 ESG 경영 활성화를 위한 각국의 제도적 장치

ESG 경영은 분명 기업의 기업 경영 활동과 밀접하게 관련되어 있다. 그러나 1장에서도 살펴본 것처럼 ESG에 대한 관심은 비단 기업의 전유물은 아니다. 특히 정부 차원에서도 지속가능한 개발을 달성하기 위해 ESG를 강조하는 경우가 많다. 그리고 이를 뒷받침할 만한 다양한 제도적 장치를 마련하여 기업이 ESG에 입각한 경영 전략을 수립할 수 있게끔 돕거나 압력을 가한다. 예컨대 ESG 경영이 활성화된 기업에 공공 조달의 기회를 우선하여 제공하거나 인센티브를 제공함으로써 기업이 자발적으로 환경(E)과 사회(S), 거버넌스(G)를 고려한 경영 전략을 마련하게 하기도 하며, 한편으로는 다양한 규제 사항을 두어서 기업에 책임의 이행을 강제하기도 한다. 여기서는 세계 여러 나라는 건설산업에서 ESG 경영을 활성화하기 위해 어떠한 제도적 장치를 활용하고 있는지 살펴보고 정부 차원에서 기업의 ESG 경영 활동을 촉진하기 위해 어떤 정책이 수립되고 시행되어야 할지를 논의해 보고자 한다.

대한민국

대한민국은 ESG를 경제 성장 동력으로 활용하고자 하며, 국내 연기금 및 민간 기관 투자자들 또한 ESG 친화 투자를 강조하고 있다. 그동안 정부가 추진해

온 저탄소 경제 목표, 수소 경제 활성화 등을 포함한 K-뉴딜 그린 정책이 대표적인 예이며, 다양한 투자자도 ESG 통합 전략 가이드라인을 수립하여 더욱 적극적인 자세로 ESG 경영을 추구하는 기업에 더 많은 투자를 하려는 움직임을 보인다.

국내에서는 건설산업을 대상으로 ESG 활성화를 위해 각종 인증 제도를 통한 평가가 이루어지고 있고, 세금 및 건축 기준 완화 등의 정책을 다방면으로 활용하고 있다. 국내에서는 녹색건축물 관련 인증을 받을 경우, 재산세 및 취득세 감면과 같은 세제 혜택과 함께 용적률이나 건물 높이 등의 건축 기준을 완화해 주는 등 기업이 ESG 경영에 관심을 가질 유인을 제공한다.

또한, 주택 건설 사업 기반 시설의 기부채납 부담을 낮춰 주거나, 녹색기술 인증을 획득한 건설기업을 대상으로 3년간 조달청의 건설기업 PQ 심사에 가산점을 부여하고[37], 개별 인증에 따른 건축 기준 완화 혜택을 합산하여 최대 15%까지 중복 적용을 허용하고 있다.[38] 다양한 세액 공제 혜택도 제공하고 있어 대기업이 협력 업체 임직원을 대상으로 ESG 교육을 제공하면 소요된 비용

표 3-5 | 녹색건축물 대상 건축 기준 완화 조건 및 비율

<table>
<tr><th rowspan="2">완화 조건</th><th colspan="2">최대 완화 비율</th></tr>
<tr><th>개정 전</th><th>개정 후</th></tr>
<tr><td>녹색건축 최우수 등급</td><td rowspan="2">6%</td><td>6%</td></tr>
<tr><td>건축물 에너지 효율 1등급</td><td>-</td></tr>
<tr><td>제로에너지 건축물 5등급</td><td>11%</td><td>11%</td></tr>
<tr><td>건축기준 완화</td><td>가장 큰 최대 완화 비율 11%를 용적률과 높이에 나누어 적용
예: 용적률 6% + 높이 5%</td><td>항목별 최대 완화 비율을 15% 한도로 합산하여 용적률과 높이에 각각 적용
예: 용적률 15% & 높이 15%</td></tr>
</table>

에 대해 최대 2%까지 세금을 감면해 주고 있으며, 중견 기업의 경우 8%, 중소 기업의 경우 25%까지 세액을 공제해 주고 있다.[39]

한편 ESG 활성화를 위해 당근뿐만 아니라 채찍 또한 준비되어 있다. 최근 크고 작은 건설 사고가 발생하면서 품질과 안전 보장에 대한 요구가 커졌고 중대재해처벌법의 시행으로 안전 문제가 사업의 지속가능성을 평가하는 데에 더욱 큰 영향을 미치게 되었고 이에 따라 건설산업이 사회(S) 부문에 대해 갖는 책임도 무거워졌다.

중대재해처벌법은 기업의 안전 보건 조치를 강화하고 안전 투자를 확대하여 중대 산업 재해를 예방하고 종사자를 보호하는 것을 목표로 하는 법으로, 2022년 1월 27일에 시행되었다. 이에 따라 기업은 ①안전 보건 관리 체계의 구축 및 이행에 관한 조치, ②재해 발생 시 재발 방지 대책 수립 및 이행에 관한 조치, ③중앙 행정 기관 등이 관계 법령에 따라 시정 등을 명한 사항의 이행에 관한 조치, ④안전 보건 관계 법령상 의무 이행에 필요한 관리상의 조치에 대한 의무를 지게 된다.

KOSHA-MS는 안전보건공단에서 산업안전보건법의 요구 조건과 국제 표준 기준 체계 및 국제노동기구의 안전 보건 경영 시스템 구축에 대한 권고를 반영하여 독자적으로 개발한 안전 보건 경영 체제다. 이는 사업장으로부터 자율적인 인증 신청을 받아 인증서를 수여하는 제도로서, 안전 보건 경영 체제, 안전 보건 활동 수준, 안전 보건 경영 관계자 면담 등 총 47개 항목의 판단 기준에 의해 심사가 이루어진다. 이 제도의 실효성을 높이기 위해서는 실질적 안전 문화 실현을 위한 자원과 비용의 투자와 정부의 지속적인 노력이 필요하다.

미국

미국에서는 친환경 건축 자재의 사용 및 에너지 절감 주택 활성화를 목적으로 보상 정책과 규제 정책을 함께 사용한다. 각종 연계 대출 제도 등의 보상 정책을 추진하는 한편, 기준치에 미달하는 사업자나 사업을 대상으로 입찰 금지 및 벌금 부과 등의 규제 정책을 활용하고 있다. 미국은 "Buy Green Products, Services, and Vehicles"를 강조하여 환경친화적이고 지속가능한 제품과 서비스 등의 구매를 장려하는 방향으로 제도를 구축해 나가고 있으며, 구체적인 규제 및 상벌점 등은 담당 부처에서 개별적으로 정하고 있다.

캘리포니아주에서는 청정구매법Buy Clean Act에 따라 건축용 철강, 판유리 등 지정된 품목의 건축 자재에 대하여 최대 허용 탄소 배출량을 초과할 시 입찰을 금지하고 있다.[40]

뉴욕에서는 그린 뉴딜의 하나로, 기후동원법Climate Mobilization Act을 제정하여 기준치를 초과하는 프로젝트를 대상으로 탄소 배출량 1톤당 268달러의 벌금을 부과하고 있다.[41] 또한, 에너지 절감 주택을 적극적으로 도입하는 건축업자나 개인을 대상으로 HERSHome Energy Rating System를 통해 에너지 효율 등급에 맞게 장기 저리 융자 제도Energy Efficient Mortgage와 연계된 대출이 가능하도록 조치한다.[42]

연방 정부는 자체 발주 물량 중 사회적 약자가 소유한 기업에 대한 목표치를 기업 유형별로 구분하여 설정하고 있다. 중소기업 발주 목표치 설정Goaling program은 연방 정부에 대한 정부 조달에 대해 전체 발주 물량의 일정 정도 이상을 중소기업이나 사회적 약자가 소유한 기업에 할당하는 것으로, 중소기업은 전체 발주 물량의 23% 이상을 수주할 수 있도록 계획해야 한다. 사회적 약자나 여성이 소유한 기업에 대해서는 원도급과 하도급 계약을 포함하여 전체 발주 물량의 5% 이상을, 저개발 지역에 있는 기업이나 상이군인이 소유한 기업에 대해서는 3% 이상을 수주할 수 있게 해야 한다.[43] 또한, 세제 혜택도 마련하였는데, 코로나-19로 어려워진 기업과 개인에게 경제적인 구제책을 제공하는 'CARES Act'를 제정하여 기존에는 기업의 CSR 활동에 따라 수입에 대한 세금을 최대 10%까지 감면하던 것을 코로나-19 이후 25%까지 감면하여 기업의 사회(S) 부문에 대한 경영 활동을 장려하였다.[44] 미국환경보호청EPA은 청정수질법Clean Water Act에 따라 건설 현장의 우수 관리 요구 사항, 기름 유출 방지 및 통제 규정, 습지 규칙, 폐수 처리 및 해산물 가공 공장의 오염 배출 한계 위반시 벌금을 부과하기도 한다.[45]

영국

영국은 2010년에 '사회적가치법Social Value Act'을 제정하여 공공 조달에 대해 기업의 사회적 책임 주담을 강조하고 있다. 공공사업에 참여하기 위해서는 기업들이 환경(E) 및 사회(S) 부문을 반드시 고려 사항에 넣어야 하는 것이다. 브렉시트 이후로는 공공 조달에 참여하려는 기업에 대한 사회적 가치 평가를 의무화하고 탄소 배출 감축 조달에 대한 지침을 마련하는 등 공적 영역에서 기업들의 ESG 경영 활동을 유도하고 있다.

2021년 1월부터는 영국의 중앙 정부 및 하위 부속 기관은 계약 절차에 있어 사회적 가치에 관한 내용을 입찰 평가에 반영하는 것을 의무화하였다. 공공사업에 대한 모든 입찰에서 사회적 가치에 대해 최소 10%의 가중치가 적용되고[46], ESG 자격을 과장하거나 거짓으로 표시하는 입찰자들은 2015년에 제정된 공공 계약 규정에 따라 엄중한 처벌을 받을 수 있으며, 해당 입찰 프로세스에서 최대 3년까지 제외될 수 있다.

표 3-6 | 영국의 사회적 가치의 입찰 평가 반영

	개정 전	정책 산출물(Policy outcomes)
주제 1	코로나 상황으로부터 회복	지역 공동체가 코로나의 영향을 관리, 회복하도록 지원
주제 2	경제 불평등 해소	신규 사업, 일자리, 기술(skill) 창출
		공급망 회복과 가용량(capacity) 증대
주제 3	기후변화 대응	효과적인 환경관리
주제 4	기회 균등	장애인 고용 갭 축소
		근로자 차별 개선
주제 5	복지	보건 및 웰빙 개선
		공동체 통합 제고

또한, 민간 주택 분야에서도 환경(E)을 고려하도록 규제를 시행하고 있다. 2018년부터 발효된 이 규제에 따르면 민간 주택에 대해 집 소유주가 매매 계약이나 신규 임차 계약을 진행할 때 반드시 건축물의 에너지 효율성 평가를 통해 에너지 성능 등급 증서Energy Performance Certificate, EPC를 발급받아야 한다. 그리고 계약 전에 에너지 성능 등급 증서를 매수인이나 임차인에게 보여주어야 하는데[47], 해당 건물이 A~G 등급으로 구분하는 에너지 성능 등급에서 최소 기준인 E 등급 이상을 받지 못한다면 임차인은 집 소유주에게 에너지 효율 조치energy efficiency measures에 대한 동의를 요구할 수 있고 집주인은 이를 거부할 수 없다. 이로써 에너지 효율성이 낮은 주택의 개선을 장려하고, 보다 친환경적이고 효율적인 건물 운영을 촉진하는 데 노력을 기울이고 있다.[48]

EU

EU는 '녹색조달Green Public Procurement, GPP' 및 '지속가능조달Sustainable Public Procurement, SPP'을 도입하여 ESG 개념과 유사한 방식으로 공공 조달을 하고 있다. 이를 통해 환경과 사회적인 측면을 모두 고려하여 지속가능한 제품과 서비스를 선호하고 지원한다. 기본적으로 EU는 가이드라인을 제시하는 방식으로 권역 내 여러 기업이 녹색조달 및 지속가능조달에 참여하게끔 권고하고 있으며 최근에는 공급망 차원에도 관심을 기울여 공급망 전반에 걸쳐 환경(E), 사회(S), 거버넌스(G) 부문에 대한 실사를 진행할 수 있도록 법안을 수립하는 내용의 결의안을 채택하기도 하였다. 이 지침은 2024년 3월에 상주대표회의에서 최종 승인되었으며 추후 EU 권역에서 활동하는 기업과 그 공급망에 속하는 기업이 의무를 준수하지 않을 경우에는 해당 기업에 대해 과징금을 부과하거나 세부 지침을 담은 EU 회원국의 개별 법령에 따라 손해배상을 청구할 수 있다.

인도

인도에서는 신재생 에너지 프로젝트의 개발 및 구매 의무를 부여하여 기준에 따라 보상 및 처벌하는 규제안을 채택하고 있다.[49] 인도는 재생 에너지 구매 의무RPO를 준수하지 않는 배전 사업자에 대하여 벌금을 부과한다. 신재생 에너지 플랜트 개발자에 일반 고정자산 대비 높은 감가상각률을 적용하여 신재생 에너지 플랜트 개발을 가속하려는 움직임을 보인다. 가속감가상각세 혜택은 2017년 3월까지는 80% 수준이었으며, 이후 40%로 감소하였다. 또한, 태양열, 풍력 등 재생 에너지 프로젝트에 대하여 'must-run' 지위를 부여하였다. 따라서 이러한 프로젝트는 기술적 문제 발생과 같은 예외 상황 이외에는 재생 에너지 전력을 반드시 공급받아야 하며, 중단에 대비한 보상 규칙을 마련되어야 한다.

한편 지난 3년간 발생한 순이익 평균의 2%를 CSR 활동으로 지출해야 하는 규제도 동시에 갖추고 있다. 불이행 시 이사회 보고서에 사유를 명시해야 한다. 의무 위반 기업에 최대 250만 루피(4,000만 원 상당)의 벌금을 부과하고 회사 임원에 최대 3년 금고형 또는 최대 50만 루피(830만 원)의 벌금을 부과한다.[44]

중국

중국은 강화된 환경보호법을 근간으로 관련 기업의 위법 행위를 처벌하는 규제안을 사용한다.[50] 그러나, 시장 발전 현황과 표준 등의 차이로 인해 중국 기업에 대한 ESG 평가 체계는 전 세계적으로 사용되는 평가 체계에 완전히 부합하지는 않는 상황이다. 중국은 현재 맞춤형 ESG 지표를 주로 환경(E) 및 사회(S) 분야에서 구체적으로 실현하고 있는 단계에 있다. 2015년 이후 개정된 환경보호법의 강화된 위법 행위 처벌 기준에 따라 환경보호 주관 부서의 감독·검사를 거부 또는 방해하거나 허위 사실로 기만하는 경우(제81조) 해당 법률 규정에 따른 자체 검측을 진행하지 않았거나 자체 검측 설비를 설치하지 않은 경우(제82조) 최대 20만 위안 이하의 벌금을 부과한다. 오염물 배출 허가증을 취득하지 않았거나, 오수 배출 기준을 초과하여 오수를 배출하였거나, 지하 배관 무단 설치 등 방식으로 감측 데이터를 무단 수정 또는 위조하였거나, 예비 처리를 거치지 않고 오수집중처리 시설에 오수를 배출하였을 경우(제83조) 유류, 산성 액체, 염기성 액체, 유독 액체, 방사성 고체 폐기물 또는 폐수 등을 배출한 경우(제85조) 최대 100만 위안 이하의 벌금을 부과하고 있다.[51]

나라별로 ESG 규제의 방식과 적용 분야에는 차이가 있다. 그러나 대부분 국가에서 지속가능한 발전을 지향하고 환경과 사회적인 측면을 고려하여 정부의 공공 프로젝트에 ESG 관련 평가를 도입하려는 노력은 공통으로 이루어지고 있다. 각 국가는 지역적인 특성 및 시장 상황을 고려하여 ESG 규제를 조율하고 있으며, 향후 이러한 노력은 더욱 확대될 것으로 기대된다.

3.3. ESG 경영에 대한 건설기업의 대응

대다수의 대형 종합건설기업은 앞서 살펴본 바와 같이 빠르게 확대되고 있는 시장과 정부의 ESG 수요에 반응하여 적극적으로 ESG 경영을 추진하고 있다. 이들은 ESG 관련 데이터를 수집 및 보고하여 기업 내의 ESG 경영 활동을 홍보하거나, 체계적인 ESG 경영 관리를 위한 전문 조직을 신설하여 운영하기도 한다. 이처럼 기업은 기업의 성격과 각 부문의 이슈를 고려하여 다양한 방법으로 ESG에 대응하거나 ESG를 활용하고 있다.

여러 건설기업은 에너지 인증에 적극적으로 참여하고 탄소 배출을 저감할 방법을 고안하여 실행하고 있다. ESG에 주목한 펀딩을 바탕으로 ESG 경영을 위한 재원을 마련하기도 하며 정기적으로 지속가능성장 보고서를 작성하는 등의 노력을 하기도 한다. 그뿐만 아니라 ESG 경영에 대한 관심을 기업 외부로 돌려서 다양한 협력 업체가 함께 ESG 경영 전략을 수립하고 실천할 수 있도록 돕는 방안을 마련하기도 한다.

에너지 인증의 활성화

전 세계적으로 탄소 중립 달성을 목표로 선언하는 국가의 수가 급격하게 증가하고 있으며(2021년 10월 기준 총 55개국), 탄소 중립 선언은 국가 차원을 넘어 도시, 기업 등 민간 단위로 확산하고 있다. 대표적으로 UNFCCC 주도의 Race To Zero 캠페인이 있다.

이러한 추세에 발맞추어 다양한 방식으로 에너지 인증의 활성화가 나타나고 있다. 미국의 녹색건축위원회U.S. Green Building Council, USGBC에서는 모든 건물 유형에 적용이 가능하며 건물의 생애주기Life Cycle를 고려하였을 때 에너지 효율성이 높고 친환경적인 자재를 사용하는 등 지속가능한 방식으로 지어진 건축물에 대한 국제적 녹색건물 인증 제도인 LEEDLeadership in Energy and Environmental Design를 개발하여 활용하고 있다. LEED를 통해 ①임차인 유치, 성능 관리, ESG 목표 달성 등의 경제적 이점, ②실내 환경 품질, 오염 감소 등의 건강상의 이점, ③물 절약, 폐기물 감소, 녹색 재료 등 환경 지원 및 탄소 감소를 통한 환경적 이점을 도모한다. 미국의 에코 브루클린Eco Brooklyn에 의하면 LEED 인증을 받은 건물은 재고 증가에 따른 건설 시장 침체를 어느 정도 견딜 수 있을 것으로 전망된다. 또한, 2018년 USGBC에서 시행한 설문 결과, 노동자들은 LEED 인증을 받은 건물과 지속가능성을 포함한 가치를 지닌 고용주를 위해 일하는 것을 선호하는 경향이 나타났다. 또한, 구글, 애플 등 전 세계 다양한 기업은 RE100Renewable Electricity 100이라는 협약 프로젝트에 참여하여 온실가스의 배출을 최소화하려는 노력을 하고 있다. RE100은 기업 활동에 필요한 전력의 100%를 재생 에너지로 대체하자는 협약 프로젝트다. 이에 따라 국내에서도 SK그룹을 비롯한 총 14개의 기업에서 이 프로젝트에 가입하여 지속가능성 추세에 동참하고 있다.

생애주기 평가Life Cycle Assessment, LCA는 제품, 시스템의 전 과정에서 발생하는 환경 부하를 규명하고 환경에 미치는 영향을 평가하여 이를 저감, 개선하고자 하는 기법이다. 생애주기 평가는 ISO의 기준에 따라 행해지며 건축물의 경우 환경 영향을 줄이기 위해서는 기획, 설계 단계에서부터 평가를 도입하는 것이 가장 효율적이다. 국내에서는 환경부에서 27여 개의 건축 자재를 포함한 438개의 자재 및 부품에 대하여 전 생애 환경 부하(탄소 배출량 등)에 대한 데이터베이스를 구축하여 공개하고 있다. 정부는 2050 탄소 중립 시나리오를 제시하고, 탄소 중립을 추구하는 해외 선진 건설기업의 사례처럼 국내 기업도 탈탄소 선진 기업이 되기 위해 중장기 탈탄소 전략을 수립하고 추진해야 할 필요성이 있음을 강조한다.

국내의 경우에는 건축물 에너지 효율 등급 인증 시스템을 운영하고 있어서 발주자나 소유주, 혹은 이들의 동의를 받은 시공사가 인증을 신청할 수 있으며 인증 결과에 따라 다양한 혜택을 받을 수 있다. 설계 도서를 기반으로 하여 예비 인증을 받은 이후에 건축 완료 후 현장 실사를 바탕으로 본 인증을 실시하게 되며 현재 3만 개 이상의 건축물이 에너지 효율 등급 인증을 받은 것으로 확인된다.

탄소 배출량 저감

탄소 배출을 줄이는 일에 대한 관심도 뜨겁다. 다양한 기업에서 탄소 배출을 최소화하기 위해 재활용된 재료를 적극적으로 제품 생산에 사용하기도 하고 불필요한 포장 등을 제거함으로써 제조 과정에서 발생하는 탄소의 배출량을 줄이고자 한다. 이때 단순히 건축 현장에서 배출되는 탄소에만 신경을 쓰는 것이 아니라 건축물이 지어진 뒤 사용되는 과정에서 발생하는 탄소 배출량도 줄이기 위해 노력하는 생애주기적 관점으로의 접근이 주목받고 있다. 건축물이 지어지고 사용되는 과정에 대한 종합적인 접근을 수행하여 사업 과정 전반에 걸친 탄소 배출량 저감을 목표로 한다.

건설산업의 경우에는 건축물의 생애주기적 관점에서 살펴보았을 때, 건설 자재 제조 단계에서 탄소 배출 비중이 가장 높고 시공 단계에서는 비교적 탄소 배출량이 적다. 이에 따라 주로 시공을 담당한 개별 건설기업의 탄소 감축은 건설 자재 제조 기업보다는 쉬운 편이라고 볼 수 있다.

삼성물산은 2020년까지 전사적 온실가스 저감 목표를 수립하여 이행했다. 2020년 직간접 배출 목표량 297,782t 대비 실제 배출량은 189,180t으로 자체 목표를 기준보다도 36%를 더 줄였고, 그 결과 '2020 CDP Korea Awards'에서 5년 연속 명예의 전당에 이름을 올렸다. 또한, 온실가스 총배출량 및 매출당 배출량을 핵심 관리 지표로 설정하여 3년 내에 현 수준 대비 매출 당 배출량을 20% 이상 감축하겠다는 목표를 수립함으로써 감축 흐름을 더욱 가속하겠다는 의지를 보였다.

현대건설은 국제 금융안정위원회의 기후 변화 재무 정보 공개 태스크포스 Task Force on Climate-related Financial Disclosures, TCFD가 제시하는 기후 변화 프레임워크를 토대로 전사적인 기후 변화 대응을 전개해 나가고 있다. 기후 위기에 체계적이고 선제적인 대응을 하기 위해 Scope 1, 2 및 3을 포함하여, 2045년 탄소 중립을 목표로 수립하였다. 저탄소 건축 자재 개발, 이산화탄소 포집 및 저장CCS 기술력 확보 및 제로 에너지 빌딩 기술 개발 등의 저탄소 비즈니스로의 변화를 추진하여 온실가스 배출 감축을 계획하고 있다. 탄소 감축 목표는 SBTi 기준에 따라 Scope 1, 2는 기준연도인 2019년 대비 2030년 46.2% 감축, 2045년 손익분기점 도달을 목표로 설정하고 있다.

스칸스카Skanska는 스웨덴에 본사를 둔 다국적 건설 및 개발회사로서, 매년 지속가능경영 보고서 발간을 통해 이해관계자에게 회사의 ESG 경영 철학과 실행 내용 및 성과를 공유하고 있다. 이들은 파리기후협약을 준수하는 기업과 국가의 파트너십인 'Leadership Group for Industry TransitionLeadIT'에 참여하여 가치 사슬 전반에 걸친 탄소 배출량 감소에 노력을 기울이고 있다. 스칸스카는 2030년까지 프로젝트 개발에서 자체 탄소 배출량(Scope 1 및 2)을 70%, Scope 3 배출량을 50% 줄이고, 2045년까지 가치 사슬 전체에서 탄소 중립에 도달하는 것을 목표로 한다. 2015년부터 현재까지 이들은 46%의 탄소 발자국 저감률을 보여주었다.

ESG 펀딩

ESG 경영이 강화됨에 따라 ESG 채권 발행이 많이 늘어나고, 임팩트 펀드가 활성화되고 있다. ESG 채권이란 환경, 책임, 투명 경영 등 기업의 사회적 책임 투자를 목적으로 발행되는 채권이고, 임팩트 펀드란 재무적 가치와 사회적 가치를 동시에 해결하는 것을 목적으로 하는 기업과 단체 및 펀드에 대한 투자이다.

ESG 채권은 크게 자금의 사용이 특정한 ESG 기반 프로젝트에만 국한되는 자금용도 기반use-of-proceeds 채권과 자금 활용이 비교적 자유로운 목표 기반target based 채권으로 나눌 수 있는데, 전자에는 녹색 채권, 사회적 채권, 지속가능채권 등을 포함하는 일명 GSS 채권Green, Social, Sustainability Bonds이 있으며 후자로는 지속가능연계 채권Sustainability-Linked Bond, SLB이 있다.

GSS 채권은 채권 발행에 따른 자금이 낭비되거나 오용되는 것을 막기 위해 특정한 프로젝트에만 해당 자금을 투입할 수 있게 감시되므로 투자된 비용이 오롯이 ESG 사업에 사용된다는 장점이 있다. 그러나 한편으로는 펀딩으로 모집한 비용을 대상 프로젝트에 모두 사용해야 하므로 많은 민간기업의 경우 GSS 채권을 발행할 만큼 대규모의 프로젝트를 찾는 데에 어려움을 겪을 수 있다. 이에 따라 당장 자금을 사용할 만한 프로젝트가 없더라도 ESG 펀딩으로 마련한 자금을 ESG 경영 전략을 수립하고 실행하는 기업 활동 전반에 사용할 수 있는 유연성을 가진 지속가능연계 채권에 대한 관심이 점차 커지고 있다.[52]

국제적으로 ESG 채권의 시장 규모는 2016년 972억 달러에서 2020년 5,701억 달러로 매년 평균 1.6배씩 증가하고 있다. 국내에서는 2018년 0.6조 원에서 2022년 1월 19일 기준 159.7조 원으로 시장 규모가 성장하고 있으며, 민간기업보다는 특수 은행과 공사 등 정책 금융 부문에서의 ESG 채권 상장 비중이 높게 나타난다.

최근 수주 현장이 다소 줄어들고 있어 새로움이 필요한 건설 산업계에서 ESG 채권 발행은 기업 가치 제고와 사업 다각화에 큰 도움을 준다. 또한, 수많은 하청 업체와 협력 업체를 가진 건설기업의 입장에서 ESG 채권 발행은 상생 협력 강화를 위한 좋은 수단이다. 전 세계적으로 ESG 경영에 대한 관심이 높아지면서 건설기업도 ESG 경영 추진을 선언하고 ESG 채권을 발행해 친환경 건축물 공사, 환경 기업 인수 등에 활용하고 있다. 포스코건설은 2020년 국내 건설기업 최초로 1,200억 원 규모의 ESG 채권을 발행했다. SK 에코플랜트는 ESG 채권으로 조달한 자금을 친환경 건축물 관련 프로젝트에 투자하고 있으며, 한화건설 또한 ESG 채권을 통해 모집된 자금을 친환경 건축물 건설과 하수처리장 건설을 위한 출자금 등으로 활용할 계획을 세우고 있다. 또한, 이 자금을 별도의 ESG 계좌를 통해 관리해 투명성을 높인다는 방침도 세웠다.

임팩트 펀드 또한 에너지, 환경, 식량 등 다양한 분야에서 이루어지고 있다. 글로벌 임팩트 투자 네트워크Global Impact Investment Network, GIIN에 따르면 전 세계의 임팩트 투자로 분류되는 운용 자산의 총규모는 2013년도 460억 달러에서 2020년 7,150억 달러로 약 15배 증가하였다. 또한, 다양한 글로벌 기업이 임팩트 투자를 시작하는 모습도 확인할 수 있다.

2021년 9월, 포스코는 11억 유로의 녹색 채권 교환 사채 발행에 성공하였다. 2019년 7월에 5억 달러의 지속가능채권을 발행한 이래, 포스코는 구체적이고 확고한 지속가능경영 목표와 경영 방침을 효과적으로 알리고 다수의 ESG 전문 투자자의 관심을 끌어내며 ESG 채권 발행을 성공적으로 지속해 나가고 있다.

스칸스카는 2021년 기준으로 중앙 부채 포트폴리오의 100%를 녹색 양자 대출과 녹색 채권으로 구성하였다. 이는 스칸스카의 녹색 채권 프레임워크에 따른 것으로, 녹색 채권 프레임워크는 국제적으로 녹색 채권 프레임워크의 독립적인 검토를 주도하는 국제기후연구센터Center for International Climate Research, CICERO에 의해 제3자 검증이 되어 그 신뢰성 또한 확보하였다. 스칸스카는 일 년에 두 번 임팩트 보고서를 작성하고, 그 결과를 이해관계자에게 제공하고 있다.

지속가능경영 보고서 발간

전 세계적으로 기업의 경영을 더욱 안정적으로 지속시키기 위한 ESG 경영이 화두에 오르며, 대부분의 국내 대형 종합건설기업은 환경(E)과 사회(S), 거버넌스(G) 등 ESG 경영 활동을 보고하는 지속가능경영 보고서를 매년 발간하여 공개하고 있다. 국내 상위 10위 이내 건설기업의 최근 지속가능경영 보고서를 보면 모든 기업이 기업 외부의 이해관계자에게 투명하게 경영 활동을 보고할 수 있도록 표준화된 국제 보고 기준인 GRIGlobal Reporting Initiative기준에 맞추어 ESG 경영 활동을 보고하고 있다. 일부 기업에서는 SASB 및 TCFD Standard에 부합하는 성과 보고를 진행하고 있다. 기업별 보고서에는 이슈 별 중대성 평가를 통해 매년 기업 내외부에서 변화하는 트렌드를 반영하고 있으며, 평가에 사용된 데이터 또한 공개하고 있다. 또한, 기업마다 다루는 정도의 차이는 있으나, 중소 협력 업체와의 공급망 관리에 관련 내용 또한 모든 기업의 보고서에서 강조된다. 환경(E) 부문에서는 특히 탄소 배출 및 폐기물 문제가 주로 다뤄졌고, 사회(S) 부문에서는 현장 내 안전 관리 및 교육이, 거버넌스(G) 부문에서는 기업 내 최고 의사 결정 기구와 관련한 투명성과 소통이 강조된다.

협력 업체의 ESG 참여 유도 및 관리

ESG 경영에 대한 관심은 공급망에 있는 협력 업체에까지 미치고 있다. 앞서 이야기한 바 있듯이, EU에서는 ESG 관련 기업 실사 지침에 제품 생산 과정에 존재하는 업스트림 및 다운스트림 업체에 대한 실사 의무를 포함하였다. 또한, ESG 평가 기관에서도 협력 업체의 ESG 성과에 대한 지표를 마련하여 측정하기도 한다. 이에 따라 기업의 ESG 경영에 있어서 자사 중심의 경영 전략을 수립하는 것을 넘어서 협력 업체가 적극적으로 ESG 경영에 참여할 수 있게끔 유도하고 관리할 필요가 있다. 특히 대형 종합건설기업은 관련된 다양한 협력 업체가 전 세계적인 ESG 흐름에 동참할 수 있게끔 다양한 방안을 마련하여 지원하고 있다.

특히 유럽이나 미국의 경우에는 공급망에 대해서도 ESG와 관련된 규제가 지속해서 강화되고 있어, 해당 시장에 진출한 기업의 경우 공급망 차원에서의 ESG 경영 전략에 적극적으로 나설 필요가 있다. 협력 업체에 대한 관리가 필요함을 보여주는 대표적인 사례로 2021년 1월 로스앤젤레스 항에서 미국 관세국경보호청U.S. Customs and Border Protection, CBP은 유니클로Uniqlo의 남성용 셔츠를 압수한 사건을 들 수 있다. 해당 제품이 위구르인의 강제 수용 및 노동력 착취와 같은 인권 탄압에 대한 의혹이 있는 중국 신장 위구르 자치구의 '신장 생산 건설 병단Xinjiang Production and Construction Corps, XPCC'에서 제조한 셔츠라는 이유였다. 이 사례는 공급망 차원에서 ESG 기준을 만족하지 못하는 것이 기업의 불이익으로 돌아올 수 있음을 강력히 시사한다. 따라서 유럽 및 미국을 대상으로 하거나 해당 지역에 공급망을 두고 있는 기업들 관련 협력 업체는 ESG에 참여하지 않는다면 향후 높은 리스크에 직면할 가능성이 크다. 기업 스스로의 ESG 경영도 중요하지만, 기업이 국제적으로 큰 공급망을 구축하고 있다면 기업 외부의 공급망에 대해서도 ESG 관리가 필요하다.

국내 건설 산업계에서 대다수를 차지하는 중소 협력 업체는 가용 인력과 자본이 충분한 대형 종합건설기업과 다르게 자체적인 ESG 관리가 어렵다. 경영진이 ESG 경영에 대해 잘 알지 못하거나 관심이 없는 경우도 쉽게 발견할 수 있다. 따라서 대형 종합건설기업은 협력 업체의 ESG 경영 참여 유도와 확산을 위해 인력을 파견하거나 협력 업체 임직원을 초청하여 ESG 관련 교육을 하고 ESG 경영을 위한 컨설팅을 하는 등의 노력을 하고 있다. 나아가 자체적인 협력 업체 ESG 평가 모형을 개발하여 협력 업체 선정을 위한 최소한의 ESG 기준을 마련하고 좋은 평가를 받은 회사에 가산점을 주는 등, 협력 업체가 적극적으로 ESG 경영에 참여할 수 있게끔 독려하는 인센티브 수단으로 활용하고 있다. 아래에서는 국내 대형 종합건설기업이 어떻게 협력 업체가 ESG 경영을 유도하고 관리하는지 구체적인 사례를 함께 살펴보고자 한다.

포스코건설은 기업 신용 평가사인 이크레더블과 함께 국내 건설기업 최초로 건설산업에 특화된 ESG 평가 모형을 개발했다. 친환경 자재 구매 여부, 온실가스 배출량, 환경 법규 위반 여부 등 환경(E) 부문 10개 항목과 중대 재해 여부, 안전 시스템, 근로 조건 준수 등 사회(S) 부문 30개 항목, 채무불이행, 회계 투명성 등 거버넌스(G) 부문 10개 항목 등 총 50개 항목으로 구성되어 있으며, 협력 업체의 안전 관리 역량 강화를 위해 안전 관리 조직 및 시스템 등 안전에 대한 평가 항목 또한 대폭 강화했다.[53]

SK 에코플랜트 역시 협력 업체를 위한 건설산업 맞춤형 ESG 평가 모형을 개발하고 있으며, 해당 모형은 탄소 배출량, 안전 보건에 대한 관리, 고용 안정성, 경영 안정성, 회계 투명성 등 ESG 측면과 함께 건설산업 특성을 반영한 50여 개의 항목으로 구성될 예정이다. 개발될 모형을 통한 평가는 향후 신규 협력 업체 선정 시 활용될 예정이라고 한다.[54]

롯데건설은 건설 산업계 최초로 중소 협력 업체에 대한 ESG 안전 보건 역량 평가 제도를 도입했다. 안전 경영, 안전 관리, 안전 투자, 안전 성과 등의 비재무적 경영 성과를 19개 세부 항목으로 진단하고 1등급부터 7등급으로 평가하여 협력 업체 입찰 자격 기준으로 활용하고 있다.[55]

DL이앤씨, 한화건설, 삼성물산, HDC현대산업개발 등 ESG 경영을 위한 전문 조직이 갖춰진 일부 대형 종합건설기업에서는 최근 협력 업체를 대상으로 ESG 경영 교육 및 평가를 위한 파일럿 테스트가 이루어졌다. 이를 기반으로 기업별로 맞춤형 ESG 평가 모형을 구축할 예정이다.[56]

동반성장위원회와 호반건설은 2022년 7월에 '2022년도 협력 업체 ESG 지원사업 협약'을 체결하였다. 이들은 협력 중소기업에 ESG 교육(46개 사), 진단(40개 사), 컨설팅(20개 사)을 종합적으로 지원하였으며, 협약을 통해 상생 협력기금 총 1억 원을 출연하고 업종 및 기업별 맞춤형 ESG 평가지표 개발에도 힘쓰고 있다.[57] 호반건설의 협력 업체 ESG 지원사업 참여 결과 ESG 평가지표 준수율이 우수한 중소 협력 업체에는 동반성장위원회 명의의 'ESG 우수 중소기업 확인서'가 발급되며, 확인서를 발급받은 중소 협력기업은 KOTRA 수출지원사업의 우대 대상이 되고 신한은행, IBK은행, BNK경남은행에서 우대 금리가 제공된다. 또한, 협력 업체의 ESG 경영 참여 유인을 제공하기 위한 인센티브 수단으로서 자금 지원, 지급 조건 개선, 기술 지원, 상생협력기금 지원, 복리후생 프로그램 지원, 파트너사 정기 평가 시 가산점 부여 등의 방안을 고려하고 있다.[58]

현대건설은 표준화된 프로세스를 활용하여 우수 협력 업체를 선정하고 이들이 더욱 ESG 경영에 적극적으로 임할 수 있도록 지원한다. 특히 2021년 11월에는 안전, 품질, 구매, 수행 중심의 종합적 평가 체계를 마련하기 위해 협력 업체 평가 시 비재무적 영역에 대한 평가를 30% 수준까지 대폭 확대하여 재무적 요소와 비재무적 요소를 통합적으로 관리하기 시작했다. 이 평가 결과에 따라 협력 업체를 5개 등급으로 구분해 우수 협력 업체를 정예화해 나가고 있다. 2014년 국내 건설기업 최초로 '협력 업체 지속가능경영 평가지표'를 개발해 평가함으로써 공급망 내에서 발생할 수 있는 부정적인 리스크에 대한 관리를 도입했다. 2021년에는 345개 협력 업체를 대상으로 ESG 진단 평가를 시행하고, 이 중 30개 협력 업체에서 현장 실사를 추진하고 있다. 경제/윤리 11문항, 환경 15문항, 사회 29문항을 포함한 총 55개 평가지표로 구성된 ESG 진단 평가를 활용하여 공급망 리스크 평가 결과에 따라 개선이 필요한 협력 업체들에 성과 개선을 요구하는 한편, 전문기관을 통한 ESG 교육 및 진단, 컨설팅을 진행하고 있다.

04

국내 건설기업의 ESG 경영 분석

ESG가 주목을 받기 시작하고 기업을 평가하는 기준으로 활용되기 시작하면서
많은 건설기업이 ESG 경영 활성화를 위해 노력하고 있다.
국내 건설기업의 ESG 경영 현황과 문제점을 더욱 자세히 파악하기 위해
국내의 여러 건설기업의 ESG 관련 실무자를 대상으로
심층 인터뷰를 통해 알아보았다.

4.1. 건설기업과의 심층 인터뷰

심층 인터뷰를 위해 기업별 ESG 경영 및 비재무적 성과 보고의 주된 동기 및 기대 효과, 지속가능경영 보고서에 포함되는 지표 선정 및 데이터 집계와 관련한 질문을 준비했다. 또한, ESG 경영 현황을 파악하기 위해 기업 규모별로 질문을 달리하였다.

표 4-1 | 국내 대형 건설기업 심층 인터뷰 질문지

1. 귀사의 ESG 경영 및 리포팅의 주된 동기는 무엇입니까?
2. 귀사의 ESG 경영에 기대하는 주된 경영 효과는 무엇입니까?
3. ESG 리포트에 포함되는 토픽 및 지표의 선정은 어떤 기준으로 이루어집니까?
4. ESG 리포팅을 위한 데이터의 집계는 어떤 식으로 이루어집니까?
5. ESG 경영에 있어 협력 업체의 참여 유도 및 관리는 어떻게 진행됩니까?
6. ESG 경영에 있어 향후 방향성이나 계획이 있다면 어떤 것입니까?
7. ESG 경영 및 리포팅 과정에 있어 어려운 점은 무엇입니까?
8. 귀사 외부적 환경 측면에서 ESG 경영 활성화를 위해 필요하다고 생각하는 것이 있다면 무엇입니까?

* 세부 질문 내용 첨부 참조

표 4-2 | 국내 중소 건설 협력 업체 심층 인터뷰 질문지

1. 최근 화두가 되고 있는 ESG 경영 및 그 중요성에 대하여 얼마나 인지하고 계십니까?
2. 귀사의 ESG 경영에 있어 주된 동기는 무엇입니까?
3. 귀사의 ESG 경영에 기대하는 주된 경영효과는 무엇입니까?
4. ESG 경영을 위해 얼마나 많은 추가적 비용 및 인력이 투입되고 있습니까?
5. ESG 경영에 있어 향후 방향성이나 계획이 있다면 어떤 것입니까?
6. ESG 경영 참여에 있어 어려운 점은 무엇입니까?
7. 귀사 외부적 환경 측면에서 ESG 경영 활성화를 위해 필요하다고 생각하는 것이 있다면 무엇입니까?

* 세부 질문 내용 첨부 참조

국내 대형 종합건설기업 세 곳 및 일부 협력 업체와 위에서 간략히 제시한 질문 내용을 기반으로 하여 심층 인터뷰를 진행하였으며 인터뷰 내용을 종합적으로 정리하여 현재 우리나라의 건설산업 분야에서 ESG 경영이 어떻게 이루어지고 있는지, 그리고 기업 규모에 따른 기업의 입장은 어떻게 다르게 나타나는지 알아볼 수 있었다.

대형 종합건설기업

국내 대형 종합건설기업은 ESG 경영 및 보고를 대부분 기존부터 노력해 오던 지속가능경영의 연장선으로 보고 있다. ESG 경영의 주된 동기와 효과는 해외 사업을 수주하는 과정에서 요구되는 사전 심사에 효과적으로 대응하고 대외적인 기업 이미지를 높이어 장기적으로는 ESG 관련 비즈니스 구축 및 펀딩을 위한 하나의 경쟁력 강화 수단으로 활용하는 데 있다. 또한, ESG 관련 규제

가 강화되고 있는 상황에서 효과적인 리스크 관리 수단으로도 활용하고 있는 것으로 보인다. 그렇기에 기존의 과도기적 상황에서 사용해 오던 재무적, 비재무적 성과 지표를 ESG 경영에 맞게 재설정하는 과정에서 명확하고 세부적인 가이드라인의 부재로 인한 여러 문제를 겪고 있는 것으로 확인된다.

ESG 경영 보고 및 지표 선정 과정에서는 국내외 ESG 평가 기관 및 이해관계자들과 지속가능경영 보고서를 통해서 피드백을 주고받으며 교류하고 있다. 큰 틀에서는 GRI 기준에 부합한 지표를 선정하고 있으나 현재 건설산업의 특성이 제대로 반영되고 일반적으로 동의할 만한 세부적 가이드라인의 부재로 다소 다른 지표에 대한 개별 대응을 할 수밖에 없는 상황이다.

한편 대형 종합건설기업은 내부적 ESG 경영에 주목하면서도 공급망에서의 ESG 관리에도 관심을 충분히 기울이고 있었다. 중소 협력 업체를 대상으로 ESG 관련 교육 및 지원을 통해 ESG 경영 참여를 유도하여 중소 협력 업체와의 상생을 도모하고, ESG 협력 업체 평가 모형을 마련하여 지속해서 협력 업체를 관리할 수 있는 계획을 수립하고 있다는 응답을 얻을 수 있었다. 다만 아직은 협력 업체가 스스로 ESG 경영에 적극적으로 참여할 만한 유인이 부족하고, 다른 산업 분야보다 원청 의존도가 낮다는 점으로 인해 원청인 대형 종합건설기업이 협력 업체를 대상으로 직접적인 규제나 관리를 시행하기는 실질적으로 쉽지 않다는 문제가 있다. 또한, 공종별로 다양한 특성이 있는 협력 업체에 두루 사용될 만한 지표를 마련하는 것에도 어려움이 있다.

대부분의 건설기업은 2050 탄소 중립 참여와 함께 온실가스 배출의 산정 및 관리 범위를 Scope 3까지 확대할 계획을 하고 있음을 확인할 수 있었다. 이에 따라, 협력 업체의 탄소 배출량 데이터를 수집하고 협력 업체의 적극적인 감축 참여가 꼭 필요한 상황이나, 인력 및 자원, Scope 3에 해당하는 국가 생애주기 평가에서의 건설 자재 데이터베이스 부족 등으로 어려움을 겪고 있다. 사회(S)

부문에서는 현장 안전과 관련하여 중대 재해로 인한 사망 사고 감소 의지가 가장 큰 것으로 나타났으나 중대재해처벌법이 제정된 지 얼마 되지 않아 관련 판례가 부족하여 중대 재해 관리 및 대응을 위한 기준을 수립하기 어렵다는 점이 ESG 경영 지원을 위한 가이드라인을 제작하고 배포하는 데에 있어 매우 큰 리스크로 여겨지는 것으로 나타난다.

국내 종합건설기업이 외부적 차원에서 ESG 경영 활성화를 위해 바라는 점은 ESG 경영 성과가 기업의 재무적 이익으로 이어질 수 있도록 다양한 정책과 제도가 뒷받침되어야 한다는 것이다. 예를 들어, 자금 시장에서 ESG 기업 평가를 활용하거나, 발주처 및 공공사업 수주 시 인센티브를 부여하는 방식 등이 있다. 더 나아가 공공 건설사업의 사업자를 선정하는 과정에서 유효한 평가 기준으로 ESG 항목을 도입하여 ESG 경영을 선도적으로 추진하고 있는 기업이 더욱 많은 재무적 이익을 거둘 수 있도록 돕는 연계 방안이 필요하다는 입장이다. 세부적으로는 효율적인 ESG 경영 활동 보고를 위해 일관적이면서도 건설산업의 특성을 반영한 ESG 평가 기준을 제공해야 하며 이를 위해 정부 차원에서 건설 자재의 생애주기 평가 데이터 공시 확대 등의 지원이 필요하다는 의견도 있었다.

표 4-3 | 대형 종합건설기업의 심층 인터뷰 응답 결과

1. 기업 내 ESG 경영 및 보고의 동기 및 기업 외부 교류	
건설기업 A	기존 기업 시민으로서 노력해 온 지속가능경영 보고의 연장선으로 생각함. 장기적 동기로 ESG 관련 비즈니스 구축 및 펀딩 구축을 염두. 단기적 동기로 협력 업체 공급망 인프라 구축을 1차적 목표로 두고 있음. 중장기적 관점에서는 정부나 민간에서 ESG 요구 및 가점이 있을 것으로 기대함.
건설기업 B	기존 지속가능경영 보고를 ESG 트렌드에 맞게 규격화함. 당사 이해관계자와 원활한 소통을 위한 경영 활동의 일환임. 사회적 책임 경영에 관한 기업 이미지 관리의 목적도 존재. 주주들과 경영 철학 및 현장 안전 관리 이슈에 대한 피드백 요청 존재.
건설기업 C	건설산업 내 기업의 경쟁력 강화 차원에서 ESG 경영 도입 진행 중. 미주 및 유럽권의 발주에 대한 PQ 대응 차원. 해외 사업 수주 및 경쟁력 강화의 목표 존재. 금융계로의 기업 이미지 관리 차원에서 관리 중.
2. 기업이 ESG 경영에 기대하는 주된 경영 효과	
건설기업 A	중소 협력 업체와 함께 발전하려는 방안 중 하나임. 최근 중대재해처벌법에 관련 협력 업체의 리스크를 관리하기 위한 수단으로도 기대 중.
건설기업 B	추후 발주처의 ESG 평가 관련 리스크 대비. 국민연금의 경우 ESG 투자와 관련한 압박 대비.
건설기업 C	공공의 경우 토목에서 환경영향평가가 고도화되고 있어 관련 리스크 대응 차원. 발주처의 ESG 요구 사항 대비. 6개 ESG 평가사와의 교류 대비.
3. ESG 보고에 포함되는 토픽 및 지표 선정의 기준과 관련 외부 교류	
건설기업 A	기본적으로 GRI를 기준으로 작성함. 글로벌 지표와 건설산업 현황이 맞지 않는 경우가 많음. (GRI는 자본 투자 시장의 지표이므로 산업 특성에 맞는 기준으로 변형) 중소 전문 건설기업 특화 지표를 자체적으로 선정함. 종종 특성별로 세부 기준 또한 다르게 적용하고 있음.
건설기업 B	전체적으로 혼란 방지를 위해 공정별로 같은 지표로 보고하나, 내부적으로는 별도의 KPI 관리 중임. 큰 틀에서 GRI 기준을 사용하여 보고 중. TCFD 등에서 요구하는 별도 정보 공개도 수행 중. 매년 보고 수개월 전 건설산업 현황을 고려해 방향성을 잡고 지표 선정.
건설기업 C	기본적으로 GRI 기반이지만, 회사별 특색을 더한 지표를 활용함. SASB 및 TCFD 기준도 트랜드에 맞게 공개 중. 매년 사회적 상황에 맞게 공개 범위 확대 및 개편. 평가사 교류 결과 E보다 G 부문에서 건설산업의 부패도가 높다는 인식을 하고 있음. 담합 및 비리 행위에 대한 ESG 평가 기관의 평가 및 피드백 요구가 많음. S 부문 또한 중대재해처벌법 때문에 최근 관심도가 늘어남을 느끼고 있음.

4. ESG 보고을 위한 데이터의 집계	
건설기업 A	에너지 사용의 경우 기업 내부에서는 가능하지만, 협력 업체에서는 어려움이 있음. 수없이 많은 공정의 업체별 ESG 데이터 측정은 어려움이 있음. 탄소배출량: Scope 2까지 보고하고 있고, Scope 3 역시 보고를 위해 추진 중.
건설기업 B	탄소 배출량은 Scope 2까지 보고 중임. Scope 3의 경우 계획 중이나, 명확한 기준이 없어 구체적으로는 어려움이 존재함. 국내외 현장 및 공종별 전문사가 사용하는 기계 사용 등의 전력 사용을 집계 중임. 일부 타 건설기업의 방법론 벤치마킹 예정임. 협력 업체의 안전사고 역시 보고에 포함 중.
건설기업 C	탄소 배출량은 Scope 3까지 공개 중임. (협력 업체 배출량 모두 포함) 생애주기 평가와 관련해서는 국내 기준이 부재하여 일부 자재만 산정이 가능하였음. 협력 업체의 장비 사용 관련은 정확한 측정이 현실적으로 매우 어려움.
5. ESG 경영에 있어 협력 업체의 참여 유도 및 관리	
건설기업 A	협력 업체 동기 부여는 아래와 같이 단계별로 추진 중임. 1. 협력 업체 ESG 평가 모형 구축 2. 협력 업체별 ESG 개념에 대한 교육 프로그램, 안내 동영상 제작, 마인드셋 변화 유도 3.협력 업체별 ESG 평가 수준에 대한 평가 결과 제공과 보상 제공 페널티 및 인센티브를 통해 관리 예정임. (협력 관계 유지를 위한 가점 및 벌점)
건설기업 B	협력 업체는 ESG 관련 직접적인 투자 유인이 없어 참여 유도에 어려움이 있음. 협력 업체에 대한 평가 및 등록 시 협력 업체의 수행 능력 신임도와 더불어 ESG 관련 항목 평가 중. 평가 결과에 따른 인센티브 제공 중.
건설기업 C	건설산업은 협력 업체의 원청 의존도가 매우 낮은 분야여서 협력 업체에 ESG 평가에 대한 과도한 부담을 주기 어려운 상황임. 협력 업체가 ESG 평가에 대한 부담이 많으면 원청을 변경해 버리는 리스크가 존재함. 2년 전부터 협력 업체의 ESG 진단 평가 도입 및 시행 중. 240여 개 협력 업체 ESG 진단, 컨설팅 및 교육 진행 중.
6. ESG 경영에 있어 향후 방향성 및 계획	
건설기업 A	협력 업체와 상생하는 ESG 경영을 위해 협력 업체의 ESG 마인드셋 변화가 우선임. 협력 업체 ESG 평가에 대한 모든 비용 지원 등 중소 협력 업체의 ESG 허들을 낮추는 방향으로 계획하여 협력 업체의 자발적인 변화를 유도할 예정. 환경(E) 부문에서는 2050 탄소 중립 동참 계획 중. 사회(S) 부문에서는 사회적인 근로 기준 부여, 인권 보호, 동물 보호와 함께 중대 재해 사망 사고 감소 의지가 가장 큼.
건설기업 B	환경(E) 부문에서는 탄소 감축, 기후 변화 대응, 폐자원 리사이클 기여, 탈석탄 선언 및 탄소 배출량 감축 범위를 Scope 3까지 확대하는 계획을 하고 있음. 사회(S) 부문에서는 법적으로 구축된 현장 안전관리비에 관련 투자를 집중할 예정임. 거버넌스(G) 부문은 건설 분야에서 특별하게 신경 써서 관리할 부문이 많지 않아 건설 특화로 하고 있지는 않음.
건설기업 C	환경(E) 부문에서는 탄소 배출량 산정 및 감축 범위를 Scope 3까지 확대할 계획. 협력 업체의 ESG 이해관계 공유 및 참여 유도를 중점적으로 관리 중임. 협력 업체 ESG 평가 결과를 확대 및 인센티브, 페널티로의 활용으로 계획 중

7. ESG 경영에 있어 어려운 점	
건설기업 A	중소 협력 업체의 ESG 경영 관련 비용 부담으로 인한 소극적 태도 ESG 전문 인력의 부재 ESG 가이드라인 부재 협력 업체의 자발적인 동기 부여의 어려움
건설기업 B	협력 업체의 경우, 일반화된 지표 사용의 어려움 협력 관계를 맺는 시공사가 여러 군데인 경우가 많아 중복 평가 및 평가 기준의 통일성 부재가 문제 협력 업체의 ESG 경영 참여 유인의 부족 중대재해처벌법 등의 판례 부재로 인한 리스크 회사 특성상 4개 부문의 복합 운영으로 건설산업 기준으로는 평가 기준이 맞지 않음
건설기업 C	제조업과 달리 데이터 집계 및 관리가 어려움 공급망 모니터링의 기준 부재 협력 업체 공종별 통일된 지표 사용의 어려움 협력 업체의 원청에 대한 종속도와 낮은 의존도
8. 기업 외부적 차원에서 ESG 경영 활성화를 위해 바라는 점	
건설기업 A	자금 시장에서 ESG 기업 평가 활용 발주처 및 관급 공사로부터의 인센티브 정부 지침 및 관급 공사 발주 시 ESG 항목 도입 일관적인 도입과 운영 및 트렌드화 건설 업계의 표준 ESG 평가 모델 정립
건설기업 B	규제 및 페널티 등 강제력이 있는 방향으로 발전해야 할 것 도입 초기에는 인식 전환 및 참여 유도를 위해 인센티브 활용 필요
건설기업 C	정부 차원에서 생애주기 평가의 분야별 데이터 공시 발주 시장의 ESG 공감대 형성 공공사업의 ESG 요구 확대 필요

건설산업 관련 중소 협력 업체

그렇다면 ESG 경영에 대해 건설산업과 관련된 중소 협력 업체는 어떤 의견을 가지고 있을까? 대형 종합건설기업과 중소 협력 업체는 처한 상황과 주어진 조건이 상당히 다르다. 이에 따라 ESG 경영에 대한 생각도 다를 수밖에 없다. 국내의 중소 협력 업체를 대상으로 한 ESG 경영과 관련된 인터뷰의 내용은 다음과 같다.

중소 협력 업체는 언론과 주변 업체의 흐름으로 보아 장기적 관점에서 ESG 경영 참여의 필요성은 느끼지만, 관련 부서나 인원 부족의 한계로 인해 당장은 특별히 ESG 경영을 위한 활동을 진행하고 있지 않다는 의견이 대부분이었다. 원청에서 직간접적으로 지원하는 교육 및 컨설팅을 통해 ESG 경영의 의미와 내용을 이해하는 데 도움을 받고 있으나 한편으로 국내 중소 협력 업체가 ESG 경영에 참여하는 동기는 원청의 요구 사항이라는 이유가 가장 큰 것으로 나타난다. 다시 말해 국내 대형 종합건설기업이 중소 협력 업체를 대상으로 진행하는 ESG 평가와 인증이 다음에 인센티브나 페널티로 작용할 것이라는 생각이 ESG 경영 참여의 실질적인 동력이 된다. 예를 들어, 원청의 요구로 중장비 사용 등 사업 과정에서의 탄소 배출량 산정 데이터를 공유하는 것에는 거부감을 느끼고 있지 않은 것으로 확인된다.

ESG 경영 참여에 있어 중소 협력 업체가 느끼는 가장 큰 장애 요소는 추가적인 인력과 자원의 투입으로 인한 원가 상승의 부담이었다. 기업 내에 ESG 전담 부서나 인원이 마련되는 것이 중소 협력 업체의 규모상 실질적으로 어려우며 전문 인력 부족 또한 어려움으로 거론되었다. 포스코건설의 경우 중소 협력 업체의 현실을 고려하여 ESG 경영 관련 교육이나 컨설팅 및 데이터 취합에 소모되는 자원을 지원하고 있지만, 더욱 지속적인 ESG 경영 참여 유도를 위해서는 원청사와 중소 협력 업체 모두에게 ESG 경영 성과가 기업의 재무적 이익과 연계될 방안이 모색되어야 한다고 말한다.

국내 중소 협력 업체를 대상으로 한 ESG 경영 관련 설문을 통해 현재 중소 협력 업체의 ESG 경영 현황과 동기, 그리고 실행 과정에서의 난점을 파악하였다. ESG 경영 관련 교육과 지원을 이어나가고 있는 일부 대형 종합건설기업과 협력하고 있는 업체를 제외하고는 ESG 경영에 대한 정확한 인식이나 필요성조차 매우 부족한 실정임을 확인하였다.

4.2. 국내 건설산업이 마주한 ESG 경영의 문제점과 도전 과제

지금까지 국내 건설산업에서 ESG 경영 평가가 어떻게 진행되고 있는지 그 현황을 확인하고 심층 분석을 통해 건설산업 분야의 ESG 경영에 대해 알아보았다. 이를 통해 건설산업의 ESG 경영에서 크게 네 가지 문제점을 발견하였고, 이를 해결하는 것이 건설산업에서의 ESG 경영 활성화를 위한 도전 과제가 될 것이다.

① ESG 경영 참여 동력 및 유인의 부재

국내 건설산업은 일부 대형 종합건설기업을 제외하면 ESG에 대해 소극적인 인식을 두고 대응하고 있다. 이는 건설산업 관련 기업이 ESG 경영에 참여할 직접적인 유인이 부재하기 때문이다. 건설산업은 업종의 특성상 프로젝트 단위로 업무를 수행하기 때문에, 시간과 예산의 불확실성이 크므로 이에 대응하는 데에 집중하는 경우가 많다. 이러한 상황에서는 환경(E), 사회(S), 거버넌스(G) 등의 ESG 관련 문제보다는 공사 일정 관리, 안전 관리, 인력 운용 등 현장에서 맞닥뜨리는 실질적인 문제에 대한 우선순위가 높은 것이 현실이다. ESG 경영에 투자하는 비용이 미래에 어떤 경제적 효과를 가져올지 불확실한 상황에서, 기업은

ESG 경영을 하나의 경영 리스크로 인식하여 소극적인 대응에 머무르고 있다.

또한, 건설산업은 대체로 기업 사이의 계약을 통해 사업이 진행되므로 대중적 요구가 시장에 영향을 미치는 데에 더 오랜 시간이 소요된다는 점도 주목해 볼 수 있다. ESG 경영의 확산은 상향식 요구와 하향식 요구가 맞아떨어지면서 폭발적으로 이루어졌다. 다시 말해 ESG 경영을 바탕으로 한 지속가능한 개발에 대한 정부 수준의 관심도 적지 않았지만, 환경(E)과 사회(S), 거버넌스(G)를 고려한 건전한 발전을 바라는 대중적 관심 역시 ESG의 성장에 큰 영향을 미쳤다. 따라서 대중의 선호가 기업의 매출과 직결되는 산업 분야에서는 더 적극적으로 ESG 경영을 추진하고 있다. 그러나 건설산업의 경우는 하향식 요구에는 강력하고 즉각적인 영향을 받지만, 상향식 요구가 반영되기까지는 상당한 시간이 필요하다. 이로 인해 실제 기업이 느끼는 ESG 경영으로의 변화에 대한 압력의 세기가 다를 수 있으며 이는 건설산업 관련 기업의 ESG 경영 전략 채택에 영향을 미칠 수 있다.

건설산업과 관련한 체계적인 공시 제도가 마련되지 않았다는 점도 지적할 만하다. 산업 특성에 맞는 ESG 경영 전략 수립을 위해서는 폭넓은 기초 자료가 필요하다. 현재 국내의 ESG 공시 제도는 민간의 비영리 기관을 중심으로 표준을 마련하기 위한 노력이 지속되고 있으나, 통일된 양식이나 기준이 없고 평가 결과에 따른 정부 차원의 피드백이 부족한 실정이다. 그렇기에 대다수 기업은 정부가 나서서 거대한 ESG 정보인프라를 구축하고, 관련 법규를 정비할 것을 요구하고 있다.

건설산업에서의 ESG 경영 확대에서는 정부의 역할이 매우 크다. 기업이 ESG 경영에 적극적으로 참여하도록 동력을 끌어낼 수 있는 주체이기 때문이다. 가령, 공공사업 발주 과정에서 ESG 경영 활동과 성과를 바탕으로 가산점을 주어 ESG 경영에 따른 공공사업 수주 가능성을 높이거나, ESG 경영 성과를 바탕으로 장려금을 지원하고, ESG 관련 지표의 수집 및 분석에 대한 지원, ESG 경영에 대한 교육 등을 제공함으로써 각 기업이 적극적으로 ESG 경영에 참여할 수 있는 환경을 구축할 수 있다. 그러나 현재 정부 차원에서 이와 관련된 체계적인 ESG 이니셔티브 구축이 이루어지지 않고 있다. ESG 경영은 장기적인 관점에서의 가치 창출을 목표로 하므로 불확실성에 대한 리스크가 큰 건설산업 관련 기업이 적극적이고 자발적인 태도로 ESG에 참여하기 위해서는 장기적 투자를 수행할 수 있을 정도의 안정성이 제공되어야 한다. 따라서 정부 차원에서 ESG 활성화를 위한 체계적 이니셔티브를 구축하는 등 제도적 지원이 이루어지는 것이 중요하다.

물론 국가 차원에서 추진되는 정책이 전혀 없는 것은 아니다. 현재 K-SDGs 및 한국판 뉴딜 정책 등 국가가 건설산업에서의 ESG 경영을 독려할 수 있을 만한 정책을 추진하고는 있지만 집행 기관이 분산되어 있고 기관에 따라 기준이 다르게 적용되는 등 비효율적인 행정이 이루어지는 부분이 있어 여전히 정책의 효율성에 대한 걱정이 존재한다. 이러한 우려를 잠재우기 위해서는 통합적인 정책 설계 및 실천 방안 모색에 대한 필요성이 요구된다.[59]

건설산업 관련 기업 역시도 조금은 적극적인 관점을 취할 필요도 있다. 그동안 건설산업에서는 산업 재해, 미세먼지, 소음, 폐기물 등 환경 및 안전 문제와 관련한 ESG 리스크가 특히 높은 것으로 지적됐다. 이러한 문제를 해결하는 것을 오히려 새로운 기회로 삼아 적극적으로 대응한다면, 건설산업이 지닌 부정적인 이미지를 탈피할 수 있을 뿐 아니라 신재생 에너지로의 전환, 친환경 저탄소 도시 인프라 구축, 4차 산업혁명 신기술 도입 등으로 기업의 재무적, 사회적 가치를 창출해 나갈 수 있을 것으로도 기대된다.

해외에서는 기업의 자발적인 친환경 수주, 친환경 및 현장 안전 관리 관련 신기술 개발 등을 지속해서 추진하여, 기업 내외부의 ESG 리스크를 관리하는 것을 새로운 사업 확장 영역으로 보고 적극적으로 기회를 탐색하고 있다. 이에 국내 건설산업 관련 기업 또한 독자적인 기술 개발을 통해 사업성을 제고하고 다른 산업 분야나 다른 기업과의 협력을 통해 ESG를 기업의 경영 활동에 대한 제약이 아닌 새로운 기회를 창출하는 성장 동력으로 활용하려는 새로운 사고의 전환이 필요하다.

② ESG 경영 지표 대응의 어려움

건설산업 관련 기업들이 ESG 평가와 관련하여 맞닥뜨리는 난점은 크게 두 가지로 분류할 수 있는데, 하나는 평가 기관마다 서로 다른 지표를 사용하여 평가에 임하므로 기업으로서는 열심히 대응하더라도 평가 기관이 달라지면 이에 대해 다른 결과를 받게 되므로 ESG 성과 개선을 위한 전략 수립 방향 설정에 어려움을 느끼게 된다는 점과 서로 다른 평가 결과에 대응하기 위해서 불필요한 중복 지출이 발생한다는 점을 꼽을 수 있다. 다른 하나는 지표가 산업의 특성을 온전히 반영하지 못한다는 점이다.

우선 평가 기관별 평가 불일치에 대해 알아보자. 현재 많은 국내외 기관에서 ESG 평가를 시행하고 있으나, 평가 기관별로 평가 지표나 기준이 다르고, 세부 지표나 방법론 등이 완전히 공개되지 않아 ESG 성과를 평가받는 기업이 ESG 성과를 개선하거나 대응하는 데 어려움을 겪고 있으며 투자자로서도 어떤 평가 기관의 결과를 믿고 투자를 해야 할지에 대한 고민이 깊어지게 된다. 모든 평가 기관이 완전히 동일한 평가 결과를 제공하는 것은 현실적으로 불가능하지만, 체계적인 데이터 수집 시스템을 구축하고 평가 기준에 대한 상당한 합의를 하는 방향으로 움직일 때, 기업이 ESG 평가에 대응하기 위한 비용을 불필요하게 중복적으로 지출하는 비효율을 방지할 수 있다. 이 문제가 해결되지 않는다면 ESG 경영 활성화에 있어 치명적인 방해 요소가 될 수 있다.

또한, 같은 기업을 대상으로 한 ESG 평가 기관 간의 결과가 지나치게 다를 경우, ESG 경영 정보를 기준으로 한 투자를 결정하는 데에도 큰 걸림돌이 된다. 대표적으로 테슬라의 사례를 들 수 있는데, 테슬라는 MSCI라는 ESG 평가 기관에서 환경(E) 부문 평가 A등급을 달성했다.[60] 테슬라가 생산한 전기차가 탄소를 발생시키지 않는 친환경 기술을 가지고 있다는 이유로 긍정적인 점수를 받았다. 그러나 FTSE 러셀FTSE Russell로부터는 0점의 환경 평가 점수를 받았다. 테슬라가 탄소를 발생시키지 않는 전기차를 만드는 것과는 별개로, 전기차를 만드는 공장에서 발생하는 배출 가스에 대한 점수를 반영하여 0점을 부여하였다. 다시 말해 MSCI는 완성되어 출시된 제품을 중심으로 ESG 평가를 수행하였고 FTSE 러셀은 제품을 만드는 과정까지 고려하여 평가를 수행하였으므로 서로 다른 점수가 나오게 되었다.

이런 비일관적인 평가 기준이 지속해서 사용된다면 기업은 ESG 평가 대응에 많은 자원을 투입해야 하며, ESG 경영 계획을 수립하고 수행하는 데에서도 어려움을 겪게 된다. 그리고 ESG 경영 과정에서의 불확실성과 중복성으로 인한 과도한 투자를 피할 수 없다면 ESG 경영에 대한 기업의 수행 의지가 점차 약해질 수 있다. 비효율성으로 인한 손해가 ESG 경영이 가져올 장기적인 성과보다 클 수 있다는 전망이 제시된다면 이윤을 추구해야 할 기업으로서는 해당 경영 전략을 지속해서 수행하기 어렵기 때문이다. 합리적인 평가 기준의 제시는 추후 정부 차원에서 ESG 경영 지표를 통한 규제나 인센티브를 마련하기 위한 평가 데이터의 신뢰성과 관련해서도 중요한 문제가 될 수 있으므로 평가 체계에 대한 정리가 하나의 도전 과제가 될 수 있다.

ESG 평가 기관 간의 점수 불일치 현황은 Berg, Koelbel, and Rigobon(2019)의 연구에서도 강조된 사항이다.[33] ESG 평가 기관별 지표가 달라 투자자 및 규제

관계자에게 혼동을 일으킬 수 있으므로 평가 기관은 평가 기준을 명확하게 제시해야 한다는 것이 연구의 골자이다. 만약 평가 기관이 자체 산업 분류 기준을 사용하고 있다면, 왜 자체 산업 분류 기준을 도입하고 있는지 밝히는 것도 중요하며 특히 가중치는 평가 기관의 판단에 따라 부여되기 때문에 투명하게 공개될 필요가 있다고 말한다.

다른 하나의 지표 대응 어려움인 산업의 특성을 반영하지 못한 지표 문제에 대해 알아보자. 최근 연구에서는 재무적으로 중요한 평가 사항Material Issues을 결정하는 과정에서 산업의 특성을 적용하는 것이 중요함을 밝히고 있다(Khan, Serafeim, and Yoon, 2016).[32] 즉, 산업별로 다른 평가 기준과 접근법을 적용하는 것은 ESG 평가 기준 확립에 있어 중요한 고려 사항이다.[31]

또한, 동일한 산업으로 분류되더라도 업종 간의 차이가 상당히 나타나는 경우가 많음을 간과해서는 안 된다. 건설산업은 산업 내에서 다양한 업종이 존재하고 그 업종 간의 특성이 매우 다르게 나타난다. 그러나 현재 평가 체계 내에서 대부분의 정량적 지표는 건설산업, 농업, 제조업 등과 같은 대분류 상의 업종을 바탕으로 같은 대분류 내의 업계 평균치와의 비교를 통해 이루어지고 있다. 물론 수없이 많은 산업 분야에 대해 세부적인 추가 분류를 수행하고 이렇게 세분화된 각 업종의 ESG 성과를 평가하기 위한 지표를 작성하고 사용하는 것은 실제로 상당한 시간과 자원, 그리고 노력이 소요되는 일이다. 그러나 지속가능한발전의 의의를 생각해 본다면 산업 특성, 그리고 산업 내 업종 간의 특성까지 잘 반영하는 지표를 마련함으로써 ESG 경영에 대한 기업의 적극적인 참여를 끌어낼 수 있고 이는 곧 산업과 산업의 공존, 산업과 사회의 공존으로 이어진다. 따라서 평가 기관은 건설산업 내 업종에 따른 차이점을 인식하고, 각 업종에 대한 데이터 수집을 통해 상대평가의 대상으로 중소 분류상의 업종을 활용하는 방안을 모색해야 한다.

해외 평가 기관의 경우 국내 대형 종합건설기업만 평가 대상으로 삼고 있어 국내 기업 전반의 ESG 성과 평가 확인이 어렵다. 따라서 국내 ESG 평가 기관은 규모별 ESG 평가 기준을 수립하고 특성에 맞는 평가 방법론을 적용할 필요가 있다. 이는 추후 건설기업의 ESG 전략 수립에도 중요한 고려 요소가 될 수 있다.

구체적으로 살펴보면, 현재의 거버넌스(G) 부문 대다수의 지표는 건설산업에서 큰 비중을 차지하는 비상장 중소 협력 업체에 적용되지 못한다. 대표적으로 주주가치 환원에 관련된 지표나 집중 투표 제도 여부, 이사회의 독립성, 이사의 과도한 겸임 여부, 사외이사 보수 비중 등은 상장 기업이 아니라면 평가가 어렵다. 이에 따라 비상장 기업을 위한 평가 기준 수립이 필요하다.

또한, 환경(E) 부문에서 중요한 지표로 평가되는 제품의 환경적 성능 및 친환경적 자재의 사용 여부는 자재의 선택과 사용에 있어 제한적인 영향력을 행사하는 종합건설기업이나 전문 건설기업이 대응하기 어려운 지표 중 하나이므로 이 점을 고려한 기준 설정이 필요하다.

게다가 환경(E) 부문 주요 지표의 경우 전 세계적으로 측정 범위를 확대하는 것이 요구되고 있다. 이에 따라 많은 종합건설기업이 Scope 3까지 탄소 배출량 집계를 확대하려는 시도를 계획하고 있으나 Scope 3 집계에는 여러 현실적인 문제점이 있다. 먼저, 측정 범위 설정에 대한 기준이 명확하지 않다. Scope 3의 경우에는 다양한 업스트림과 다운스트림 활동에서 발생하는 탄소 배출량이 포함된다. 예를 들어, 업스트림의 경우, 구매한 건설 자재의 생산 과정이나, 협력 업체의 중장비 및 에너지 사용, 건설 자재의 운반, 건설 폐기물의 처리, 직원들의 출퇴근 및 출장 시의 교통 사용 등이 평가 지표에 포함된다. 다운스트림의 경우 완공된 시설물의 운영 및 유지 보수 등이 포함된다. 현재 국내의 많은 건설산업 관련 기업은 협력 업체의 중장비 사용 및 에너지 사용 부분을 Scope 3으로써 집계하여 보고하고 있으며, 건설 자재의 생산 부분을 Scope 3으로 포함하려는 계획을 세우고 있는 기업도 있다. 하지만 현재 이에 대한 명확한 협의가 이뤄진 기준이 없어 기업이 집계하기가 쉬운 부분만을 포함하게 하는 결과를 초래하고, 앞서 이야기한 바와 같이 비일관적인 측정의 문제가 발생할 수 있다.

또한, 측정 데이터를 확보하는 데 어려움이 존재한다. 탄소 배출량 혹은 에너지 사용량 등의 측정을 Scope 3까지 확대할 경우, 주로 협력 업체로부터 측정을 위한 데이터를 받아야 한다. 하지만 현재 협력 업체는 이러한 데이터를 수집, 계산할 시스템을 갖추고 있지 못한 것이 현실이다. 이에 따라 Scope 3을 측정하는 기업은 주로 자신들의 시스템 내에서 대략적인 집계치에 근거하여 측정한다. 예를 들어, 자신들의 프로젝트 관리 시스템에 보고된 중장비 이용 시간에 근거하여 협력 업체의 중장비에서 배출된 탄소 배출량을 측정한다. 하지만 시스템상의 중장비 이용 시간은 실제 이용 시간과 오차가 크고, 이용 시간에 근거한 에너지 사용량 및 탄소 배출량의 예측 역시 오차가 크게 나타난다. 또한, 국내 건설 자재 생산에서 발생하는 탄소 배출량을 포함하려는 경우, 그 탄소 배출량에 대한 신뢰성 있는 데이터베이스가 부분적으로만 존재하여 이를 정확히 집계하기에는 큰 어려움이 있다.

국내 대형 종합건설기업의 경우 ESG 경영 관련 조직을 운영하며 매년 ESG 관련 이슈에 대한 중대성 평가를 통해 ESG 리스크를 관리하고, 그 성과를 공유한다. 그러나 현재 기업의 ESG 관련 실질적인 전략 수립 및 데이터 수집은 해외 ESG 평가 기관 및 국제 표준의 평가 지표에 대한 대응 수준에 머무르고 있다. 그 기준과 지표 또한 국내 건설 산업계의 ESG 경영을 통한 핵심 가치의 창출과 국내 건설산업의 특성을 제대로 반영하기에는 한계가 존재한다. 그러므로 건설산업에서 ESG 경영을 효과적으로 정착시키기 위해서는 정부 주도하에 평가 지표 설정을 위한 협력체를 구축하여 건설산업의 특성을 반영하고 나아가 산업 내에서도 업종 간 차이를 고려한 지표를 제공해야 한다. 상당한 노력과 자금이 투입되어야 하겠지만 일관적인 평가 지표 제공이라는 도전 과제에 대한 성공적 대처가 건설산업에서의 ESG 경영의 확산에 중요한 역할을 할 것이기 때문이다.

③ 중소 협력 업체의 ESG 대응 역량 및 유인 부족

건설기업이 규모가 큰 대기업의 계열사면 ESG 경영 기준이 그룹 내의 타 업종의 기준에 맞추어 높게 형성되어 있어, 이에 따라 ESG 경영이 계열사에 내부적 압력으로 작용한다. 그러나 건설산업에서 이러한 기업은 많지 않다. 건설산업은 중소 협력 업체에 해당하는 전문 건설기업이 전체 산업에서 큰 부분을 차지하고 있으며 자체적으로 ESG 경영을 도입하고 실천하려는 의지가 대형 종합건설기업보다 상당히 낮다. 성공적인 건설산업 ESG 경영 활성화를 위해서는 산업 내에서 큰 비중을 차지하고 있는 중소 협력 업체의 ESG 경영에 대한 유인 부족 문제를 정확히 인식하고 이를 보완할 수 있는 동력이 마련되어야 한다.

국내 기준으로 중소기업이 종합 건설산업의 98.4%, 전문 건설산업의 99.9%를 차지하고 있으며, 중소 종합건설기업의 업체당 평균 종사자 수는 31명, 중소 전문건설기업의 업체당 종사자 수는 17명 수준으로 나타난다. 이러한 기업의 규모는 환경(E)/사회(S)/거버넌스(G) 모든 부분의 성과에 영향을 미치며, 특히 사회(S) 부문의 지표인 근로 조건, 고용 평등 및 다양성, 근로자 보건 및 안전 등에 큰 영향을 준다. 또한, 건설산업 종사자 중 임시직 또는 일용직의 비중이 50% 이상이라는 산업의 고용 관계적 특성은 사회(S) 부문의 성과를 측정하는 데에 큰 영향을 미치는 것으로 나타난다. 또한, 중소기업의 경우 대부분 비상장 기업이기에 주주나 이사회와 같은 의사 결정을 위한 법률적 구성체가 존재하지 않아 거버넌스(G)와 관련하여 대기업과는 다른 특성을 보인다.

전문 건설기업의 경우 업종이 매우 다양하며, 이에 따른 업종별 탄소 배출량, 에너지 사용량 등의 지표도 크게 다른 것으로 나타난다. 게다가 비상장 중소기업이 대부분인 건설 산업계에서 ESG 경영에 따라 체감할 수 있는 이점이 제한적이다. 이들은 기업의 지속가능성을 향상해 주주, 고객, 신용 평가사, 정부의 사회적 요구에 대응하고자 하는 ESG 경영의 목적과 그로 인한 효과를 체감하기 어렵다. 이들은 ESG 경영을 앞으로 다가올 ESG 규제 리스크에 대한 대응 정도로 인식한다. 그렇기에 규제 리스크가 표면화되지 않은 시점에서 ESG 경영에 대한 적극적 참여를 기대하기는 쉽지 않다는 문제점이 있다. 즉, ESG 경영보다는 제품 성능 보증과 같은 건설산업계 내의 기존 여러 인증 제도가 더 단기적이고 직접적인 가치를 지닌 것으로 인식되고 있다. 이는 ESG 경영에 대한 지식을 확보할 수 있는 채널이 제한적이고, 이러한 채널을 통해 얻는 정보도 단편적이기 때문으로 파악된다. 건설산업 내의 비상장 중소기업의 ESG 경영 활성화를 위해서는 ESG 경영의 목적과 실질적 효과에 대한 새로운 정의와 그에 대한 인식 전환이 필요하다.

현재로서 비상장 중소기업의 ESG 경영을 유도하는 가장 주된 요인은 바로 원청 업체에서 실시하는 협력 업체에 대한 ESG 경영 역량 평가이다. ESG 경영 성과를 성공적으로 거두기 위해서는 공급망에 존재하는 참여 협력 업체의 역량이 요구되는 건설산업 특성상, ESG 경영이 가능한 협력 업체의 확보는 곧 건설기업의 뛰어난 ESG 경영 성과로 연결된다. 이에 따라 각 대형 건설기업으로서는 자체적으로 협력 업체의 ESG 경영 역량을 평가하는 시스템을 구축하여 운영하는 것이 중요하다.

현재 종합건설기업에서 시행하고 있는 협력 업체에 대한 ESG 역량 평가는 주로 관련 시스템의 구축 여부를 판단하는 형식의 인증 시스템에 가까운 형태로, 협력 업체가 지속해서 ESG 역량 강화를 위한 노력을 수행하도록 끌어내기에는 제한적이다. 협력 업체의 능동적인 ESG 경영 참여에 대한 유인이 부족한 상황에서 원청인 대형 종합건설기업이 중소 협력 업체에 ESG 경영 활동을 지나치게 강제한다면 이는 자칫 중소 협력 업체의 이탈로 이어질 수 있으므로 협력 업체의 ESG 경영 역량 평가를 주기적으로 실시하는 등 다소 간접적인 방법으로 참여를 끌어내게 된다. 대형 종합건설기업으로서는 중소 협력 업체의 자발적 참여를 기대하기 어려우므로 추가로 자원을 투입하여 중소 협력 업체의 ESG를 독려할 만한 시스템을 구축하여야 하며, 시스템을 마련했다고 하더라도 그것이 곧바로 협력 업체의 ESG 평가에 대한 적극적인 협력으로 이어지지는 않는다는 점에서 어려움을 겪고 있다.

최근 종합건설기업 등에서 실시하는 협력 업체 ESG 평가와 교육이 이러한 인식에 큰 변화를 불러일으키고 있으나, 중소 협력 업체의 ESG에 대한 인식과 지식의 습득은 그 본질과 핵심 가치에 대한 이해에 입각한 것이라기보다는 원청의 ESG 평가 시스템에 대한 대응 전략의 일환인 것으로 확인되었다. 협력 업체는 ESG 평가 결과가 직접적으로 원청과의 관계에 영향을 주지 않을 것이라 생각하지만 원청에서 평가 결과를 향후 협력 업체 선정이나 인센티브 제공에 사용할 것이라는 인식이 존재하므로 ESG 경영에 참여한다. 그리고 협력 업체의 측면에서 보면 여러 종합건설기업의 프로젝트에 참여하고 있으므로 기업별 지표나 기준이 다른 ESG 경영 역량 평가에 각기 대응해야 한다는 어려움이 있다. 각각의 평가는 데이터 집계 및 관련 자료 제출을 요구하고 대응 인력이 필요하게 되므로 결국 다시 인적, 물적 자원이 제한적인 협력 업체에는 큰 부담으로 작용한다.

앞서 말했듯이 건설산업에서 전문 건설기업의 ESG 영향력은 크다. 건설 프로젝트에서 발생하는 대부분 탄소 배출량이나 에너지 사용량은 전문 건설기업의 생산 장비에 의한 부분이 크다. 따라서 실제 탄소 배출량과 에너지 사용량을 절감하기 위해서는 전문 건설기업이 생산 장비를 업그레이드하거나 적어도 주어진 자원과 장비를 효율적으로 운용함으로써 달성될 수 있다. 한 건설 프로젝트가 진행되는 동안 어떤 생산 장비를 어떻게 사용할 것인지 등은 기본적으로 종합건설기업의 공정 계획 및 관리에 큰 영향을 받지만, 실질적으로 프로젝트 진행 과정에서 발생하는 탄소 배출량과 에너지 사용량은 해당 장비를 사용하여 공사를 진행하는 전문 건설기업의 역량에 따라 크게 좌우된다. 그뿐만 아니라 종합건설기업의 탄소 배출량과 에너지 사용량은 Scope 3 탄소 배출량 혹은 간접 에너지 사용량으로 계산되기에 이에 대한 측정은 Scope 3을 적용할 때 매우 중요한 요소이다. 그러나 중소 협력 업체로서는 인적, 물적 자원의 제약으로 인해 공사 과정에서 발생하는 탄소 배출량과 간접 에너지 사용량에 대한 정확한 측정과 관리가 어려운 실정이다. 또한, 현재로서는 이러한 Scope 3 배출량 절감이 ESG 성과 평가를 높이는 데에 큰 역할을 하지 못하므로 결과적으로 건설산업 전반에 걸쳐 탄소 저감에 대한 적극적인 움직임을 끌어내기 힘들다.

건설기업 자체를 포함하여서 관련된 협력 업체의 ESG 성과도 요구되는 경향이 강해지고 있는 요즈음, 협력 업체의 ESG 경영 참여 유도와 지원은 반드시 해결해야 할 문제가 되었다. 이를 위해서는 중소 협력 업체가 ESG 경영을 통해서 실질적인 이득을 얻을 수 있도록 하는 것이 중요하며 동시에 대형 종합건설기업과 중소 협력 업체의 구조적 차이와 현장에서의 한계가 무엇인지 정확하게 파악하고 이를 반영해야 한다. 대형 종합건설기업 및 중소 협력 업체, 투자사와 정부 등 다양한 이해관계자는 이를 위해 노력해야 한다.

④ ESG 경영 비용에 대한 부담

건설산업 관련 기업이 ESG 경영을 추진하는 과정에서는 환경(E), 사회(S), 거버넌스(G) 각 부문에서 발생하는 여러 문제를 관리하기 위한 인력, 기술, 시스템 등을 구축하기 위한 큰 비용이 필요하다. 건설기업 처지에서는 ESG 경영 활동을 위한 추가적인 비용이 큰 부담으로 다가오는 것도 사실이다. 부문별로 살펴보면 환경(E) 부문에서는 건설 현장에서의 환경 오염을 줄이고, 에너지 효율을 높이는 등의 노력이 필요하다. 이를 위해 추가적인 환경 보호 장치나 재활용 시설, 에너지 절약 장치 등의 설치 비용이 발생할 수 있다. 사회(S) 부문에서는 건설 현장에서의 안전사고 예방, 노동자의 권익 보호, 지역 사회와의 소통 등의 노력이 필요하다. 이를 위해 추가적인 보안 장치나 안전 교육 비용, 노동자의 권익 보호를 위한 제도 마련 등의 비용이 발생한다. 거버넌스(G) 부문에서는 투명한 경영과 책임감 있는 경영을 위한 인력과 시스템 등을 구축하는 데에 비용이 발생한다.

현재 주된 ESG 경영에 대한 유인은 주로 국내 경영 환경의 변화에 발맞추고 사회적 요구에 부응하며, 변화하는 ESG 경영 관련 규제에 선제적으로 대응하고자 하는 중/장기적인 성격이 강하다. 기업의 단기적인 성과에는 가시적으로 영향을 미치지 않는 요인이 다수 존재한다. 즉, ESG 경영 성과가 시장 투자자를 통한 직접적인 재무적 성과로 환원되지 못했을 때, 기업은 ESG 경영을 실천하기 위한 추가적 비용의 집행을 단순히 비용 부담의 증가로 인식하게 된다. 실제로 대다수의 비상장 건설기업을 대상으로 진행한 설문 조사 결과, ESG 관련 부분에 사용한 비용을 투자가 아닌 지출로 인식하고 있었다.

하지만 동시에 현대건설처럼 ESG 투자 전략을 마련하고 있는 투자자의 비율이 높은 경우에는 ESG 경영 관련 지표가 투자자 유치나 해외 건설 입찰 시장에 영향을 줄 수 있다. ESG 경영 전략에 따른 기업 운영이 단기적인 재무적 이익의 실현에 영향을 줄 방법도 상당수 존재하므로 이를 잘 활용한다면 좋은 기회가 된다. 다만 국내 시장에 초점을 맞추는 대다수의 국내 종합건설기업은 이를 잘 활용하지 못하고 있다.

안타깝게도 이러한 ESG 경영 비용 부담은 종합건설기업이 기존에 이미 수행하고 있던 친환경 건설과 안전 관리 관련 경영 성과를 ESG 경영으로 재포장하는 데 초점을 맞추게 하며, 실질적인 ESG 경영을 위한 활동을 기획하고 실천하는 동력에 저해하는 효과를 가져올 수 있다.

더불어, 건설산업계에서는 그동안 기업의 ESG와 재무적 성과를 별개로 인식하는 분위기가 짙었다. ESG 관련 조직을 설치하여 운영하거나, 최고 안전 책임자를 선임하여 중대재해처벌법에 대비하는 등의 소극적 노력은 진행됐으나, CFO를 비롯한 기업의 재무 라인이 직접 참여한 사례는 찾기 어려웠다. 기업 재무 라인과 ESG 경영 라인의 독립적인 운영으로 인해 재무적 가치 창출이 어렵다는 점 또한 국내 건설기업의 ESG 경영에 방해 요인으로 나타난다.

그러나 이제는 ESG 이슈가 기업의 재무에 직접 영향을 미칠 수 있음을 이해하고, CFO를 비롯한 재무 라인의 의견을 ESG 관련 의사 결정에 반영하는 등 기업 내 의사 결정 구조에도 변화와 방안이 필요하다. 해외 건설기업에서는 이미 ESG 활동을 통해 매출 상승, 원가 절감, 리스크 완화 등 매우 실질적인 가치를 창출하고 있다. 일부 기업은 ESG 경영 활동의 장기적이고 간접적인 가치를 측정할 수 있는 구체적인 데이터까지 개발하여 활용하기도 한다. 해당 기업은 시장에서 통용되는 기준으로 평가가 가능한 재무적 가치를 창출하고 있는 것으로 조사되었으나, 국내 기업에서는 아직 ESG 관련 이슈를 기업의 재무 라인과 독립적인 조직에서 관리하는 것으로 확인된다.

그러므로 ESG의 활성화를 위해서는 ESG 경영에 드는 비용에 대한 부담을 줄이는 수단을 취해야 한다. ESG 펀딩 등이 활발해지면서 ESG 경영 활동을 통해 단기적인 재무적 이익을 얻는 방법도 고안되고 있으며 중/장기적 가치를 가시적으로 정량화할 수 있는 도구를 개발하는 것도 한 가지 방법이 될 수 있다. 국내 건설기업의 경우에는 조직의 구조를 조정함으로써 ESG 경영에 더욱 많은 인력이 관심을 두고 참여할 수 있는 환경을 조성하는 것도 해결해야 할 과제이다. 나아가 기업의 비용 부담을 절감하기 위하여 정부나 지자체가 줄 수 있는 도움에는 무엇이 있는지도 고민해 볼 필요가 있다.

다층적 차원의 대응 방안 모색

앞서 국내외 건설산업의 ESG 경영 현황 분석, 국내 건설기업 심층 인터뷰, 주요 선도 기업의 경영 사례 분석을 통해, 국내 건설 산업계의 ESG 경영 활성화를 위해 다루어져야 할 주요 문제점을 살펴보았다.

주요한 문제점으로는 건설기업의 ESG 경영 참여 동력 및 유인의 부재, ESG 경영 지표 대응의 현실적 어려움, 중소 협력 업체의 ESG 대응 역량 및 유인 부족, ESG 경영을 위한 추가적인 비용에 대한 부담이 있었다. 기업의 비재무적 성과가 주요한 지표로 평가되는 ESG 경영의 특성상 개별 기업 단위의 노력만으로는 이러한 문제에 대해 효율적으로 대응하기 어렵다.

이에 다음 장에서는 제기된 문제점에 대해 그 원인과 대응 방안에 대해 종합적인 관점에서 검토해 보고자 한다. 우선 건설산업의 ESG 경영에 있어 부문별로 산업적 특성에 따른 핵심 요소를 고려하여, 부문별로 어떤 대응 전략을 구축할 수 있는지 알아본다. 최종적으로 다음과 같은 다층적이고 체계적인 차원의 ESG 경영 대응 방안에 대해 정리해 보고자 한다.

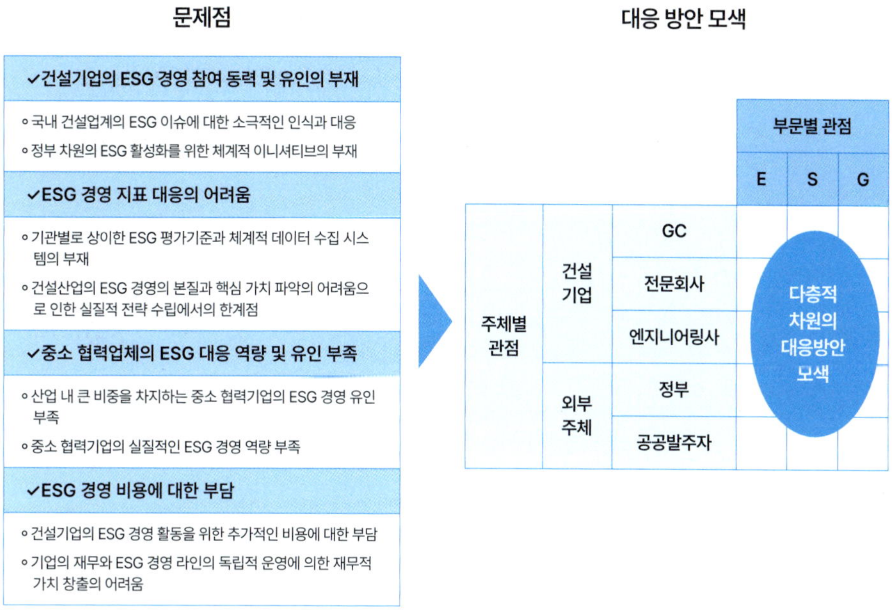

그림 4-1 | 건설산업 ESG 경영의 문제점에 대한 다차원적 분석을 통한 체계적 대응 방안

제3부

건설산업과 ESG 경영 전략의 제언

05

ESG 부문별 대응 전략

현재 국내외에는 ESG에 대한 600여 개 이상의 평가 및 공시 지표가 존재한다. 그러나 오히려 정보가 방대하므로 건설산업에서 ESG에 대해 논의할 때 어떠한 정보가 중요한지, 그리고 어떠한 정보를 바탕으로 ESG 경영 전략을 수립해야 할지 등에 혼선을 주어 논의의 초점을 흐리게 하는 주범이 되기도 한다. 이는 건설기업이 ESG에 관심을 기울이면서도 쉽사리 ESG 경영에 적극적으로 나서는 것을 꺼리게 하는 원인으로 작동한다. 이러한 상황을 개선하기 위해 우리는 환경과 사회, 거버넌스 각 부문에 대하여 건설산업에서 어떤 부분에 집중해야 하는지 살핌으로써 성공적인 ESG 경영을 위한 핵심이 무엇인지 알아보고 이를 위한 대응 전략에는 무엇이 있는지 이야기해 보고자 한다.

5.1. 환경 부문 대응 전략

건설산업은 건설 자재 생산 과정을 포함한 전체 가치 사슬과 이를 통해 만들어진 건물과 사회 인프라를 통해 전 세계 온실가스의 25%, 이산화탄소의 47%를 배출하고 있다. 이는 건설산업이 환경에 미치는 영향이 큰 만큼 건설기업의 ESG 성과를 평가할 때 상대적으로 환경(E) 부문에 대한 중요도가 높음을 의미한다. 더욱이 정부가 2050년 탄소 중립 달성을 목표로 설정하면서, 건설산업의 환경(E) 부문에 대한 사회적 요구는 더욱 강해질 것이며, 이에 대한 적절한 대응 전략이 필요하다.

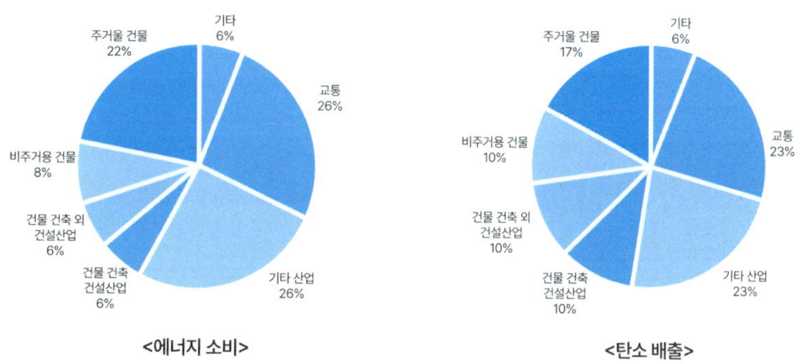

그림 5-1 | 주요 부문별 에너지 소비 및 탄소 배출 비중[61] [g]

g 세계 건축 및 건설연맹(Global ABC)에서 국제에너지기구(IEA)의 데이터를 기초로 분석한 결과이며, 최종 소비자(end users) 관점의 분류이다. 이산화탄소 배출 비중은 에너지(전기, 열 등) 생산 과정에서 배출된 이산화탄소의 배출 비중임. 건설산업에는 건설 자재 제조업이 포함된다.

앞서 살펴본 바와 같이, 현재의 ESG 성과 평가 중 환경(E) 부문에 있어서 대부분의 대형 종합 건설기업은 좋은 평가를 받고 있다. 이는 ESG 경영의 중요성이 대두되기 이전부터 시장에서 친환경 건설에 대한 높은 요구가 있었고, 관련 인센티브 및 규제가 존재했기 때문이다.

그러나 건설 생애주기를 살펴보면, 건설산업에서 탄소 대부분은 자재를 생산하는 과정과 건물의 운영 단계에서 배출되는 것으로 나타난다. 현재 평가 체계에서는 건설기업의 직접적인 탄소 배출 규제 범위가 전체 탄소 배출량의 약 2%에 불과한 시공 단계(Scope 1, 2)에 국한되어 있다. 이에 따라 건설기업이 ESG 경영 평가에서 환경(E) 부문의 높은 성과를 얻는 것이 상대적으로 어렵지 않다. 하지만 생애주기를 고려하지 않은 개별 기업에 대한 탄소 배출 규제는 결과적으로 산업 전체의 탄소 중립 목표 달성과는 거리가 있으며, 이는 산업 전체의 ESG 경영 목표 달성에 있어서 중요한 고려 사항이 된다.

이를 바탕으로 건설산업에서 환경(E) 부문의 주요 전략은 크게 두 가지로 집약될 것이다. 첫째는 건설 프로젝트 가치 사슬 전체에서 발생하는 환경 영향을 절감하는 것이며, 둘째는 친환경 건설 상품의 비중을 확대하는 것이다.

구분		자금조달	기획 및 설계	자재생산	시공	운영/유지보수	개축	합계
건물	탄소배출량 (GTCO2eq)	0.01	0.02	2.66	0.19	9.4	0.07	**12.35**
	탄소배출 비중 (%)	0.08	0.16	21.54	1.54	76.11	0.57	**100.0**
인프라	탄소배출량 (GTCO2eq)	0.01	0.01	1.22	0.08	0.01	0.03	**1.36**
	탄소배출 비중 (%)	0.74	0.74	89.71	5.88	0.74	2.21	**100.0**

주: IEA의 2018년 CO2 배출 통계를 기초로 분석한 McKinsey & Company 보고서 내용을 활용해 건산연 재작성.
자료: McKinsey & Company, 'Call for action: Seizing the decarbonization opportunity in construction'. 2021.7.

그림 5-2 | 건설 프로젝트 각 분야의 이산화탄소 배출량[62]

가치 사슬 환경 영향 절감

환경 부문에 있어서 중요하게 다루는 이슈 중 하나는 기후 변화이다. 따라서 건설 프로젝트의 가치 사슬에서 발생하는 다양한 환경 영향을 신뢰성 있게 측정하고, 기후 변화에 악영향을 가져오는 문제 요소를 줄이기 위한 노력이 중요하다. 건설산업과 관련하여서는 특히 온실가스 배출, 에너지 사용, 폐기물 배출 등이 지적된다. 그중 온실가스 배출과 에너지 사용은 상관관계가 크며, 현재의 사회적 요구를 고려할 때 온실가스 배출량을 줄이는 것은 매우 중요하다. 이를 위해서는 먼저 전체 온실가스 배출량을 신뢰성 있게 집계할 수 있는 시스템 구축이 필요하며, 매년 온실가스 감축 전략을 수립하고 실행하는 것이 필수적이다. 이러한 전략은 건설산업이 지속가능한 미래로 나아가는 데 있어 핵심적인 역할을 한다.

개별 건설기업에서 탄소 배출의 주요 원인은 세 가지로 구분할 수 있다.[58]

첫째는 기업이 보유하거나 사용하는 건물로 인한 간접적 탄소 배출이다. 이는 건설산업뿐만 아니라 모든 산업에도 같게 적용되는 사항으로, 주로 건물에서의 에너지 사용이 관련되며 이를 절감하려는 방법으로는 건물의 냉난방 및 조명 설비의 에너지 효율 개선, 사옥의 그린 리모델링 등이 있다.

둘째는 수송 부문이다. 이는 건설 자재 등이나 임직원의 수송을 위해 기업이 보유하거나 사용 중인 수송 수단에서 직접 배출되는 탄소를 말한다. 이 부문에서의 개선을 위해서는 전기차 활용하거나 노후화된 수송 수단을 개선하고 공유차나 카풀 제도의 활용 등이 고려될 수 있다.

마지막으로 건설 현장에서의 탄소 배출이다. 이는 현장 시설에서의 에너지 사용 또는 건설기업이 운용하는 장비 등에서 발생하는 직간접 탄소 배출이 관련이 있다. 이 부문에서의 탄소 배출 절감은 현장 시설의 에너지 효율 개선, 하이브리드 건설 장비나 에너지 효율이 높은 건설 장비 활용을 통한 작업 효율의 개선, 모듈을 활용한 OSC Off-Site Construction 공법 등의 저에너지 신공법 활용을 통해 이루어질 수 있다. 또한, 건설 자재의 내부 탄소 배출을 줄이기 위해서 설계 단계에서 시멘트와 같이 탄소 배출량이 많은 건설 자재의 사용량을 줄이는 방식을 채택하거나, 친환경 건설 자재를 선택하는 것이 중요하다. 건설 자재 수송에서의 탄소 배출을 줄이기 위해서는 수송 거리가 짧은 건설 자재 공급처를 선택하거나, 건설 자재의 중량을 줄이는 설계안을 채택하는 것도 하나의 방안이다. 실제로 이미 국내외 많은 건설기업이 가치 사슬상의 탄소 배출량 절감을 시도하고 있다.

이러한 조치는 건설기업이 탄소 배출을 줄이고 환경에 대한 책임을 다하는 데 있어 중요한 역할을 한다. 건설 프로젝트 가치 사슬의 범위를 확대할 때 주요 탄소 배출원은 건설 현장의 협력 업체가 운용하는 건설 장비에서의 탄소 배출, 건설 자재의 내부 탄소, 그리고 건설 자재 수송에서의 탄소 배출로 구분된다. 이러한 다양한 출처에서의 탄소 배출을 감소시킬 기회는 가치 사슬 전체로 범위를 확대했을 때 확보될 수 있다. 이는 향후 건설산업의 ESG 경영에서 환경 부문의 핵심으로 두드러진다. 지금부터는 가치 사슬을 고려한 탄소 배출량 저감의 실제 사례를 함께 살펴보도록 하자.

가치 사슬을 고려한 탄소 배출량 저감 사례(1): 오바야시 그룹[63]

일본 5대 대형 건설기업 중 하나인 오바야시 그룹은 이미 Scope 3 탄소 배출량을 집계하고 보고하고 있다. 2020년 기준 Scope 1,2는 38만, Scope 3은 459만 톤 정도의 탄소 배출량이 기록되었다. 그리고 현재 파리 협약의 감축 목표에 따라, 2031년까지 Scope 1, 2는 46.2%, Scope 3은 27.5% 절감을 계획하고 있다.

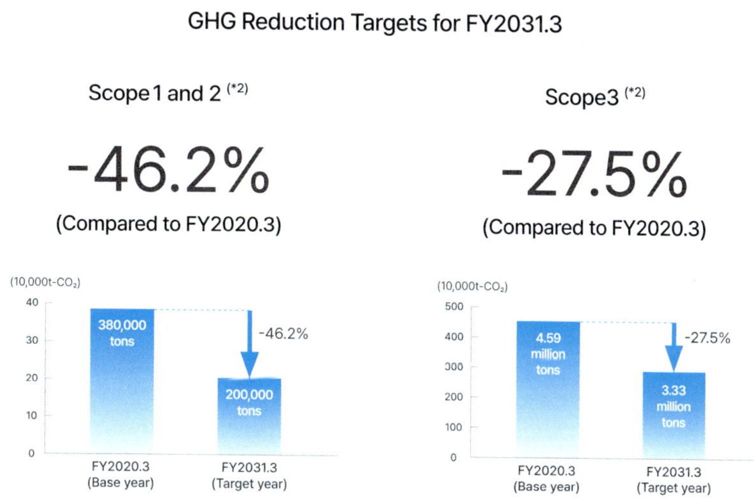

그림 5-3 | 오바야시 그룹의 탄소 배출 저감 목표[59]

오바야시 그룹은 Scope 1 탄소 배출을 줄이기 위해 건설 중장비의 연료를 기존에 사용하던 경유에서 바이오디젤이나 수소 연료로 대체하였다. 2030년까지 100% 대체 연료로의 교체를 계획 중이며, 또한 기존 건설 중장비를 하이브리드나 전기 모델로 변경하려고 계획하고 있다. Scope 2 탄소 배출 관련하여서는 건설 현장과 오바야시 그룹 사무실에서 재생 에너지 전력원을 이용하도록 계획 중이며, Scope 3 탄소 배출을 줄이기 위해서는 내재 탄소 배출량이 적은 건설 자재를 사용하는 방법을 고려 중이다.

오바야시 그룹은 탄소 배출량을 줄이기 위해 'Clean-crete'라 불리는 저탄소 콘크리트를 사용한다는 점이 주목된다. 'Clean-crete'는 선철을 만들 때 부산물로 만들어지는 고로슬래그 미분말 Ground Granulated Blast-furnace Slag을 콘크리트 혼화 재료로 활용함으로써, 기존 콘크리트 대비 80% 정도 이산화탄소 배출량을 줄일 수 있다. 오바야시는 'Clean-crete' 을 2010년부터 자신들의 자체 시설물과 동일본 대지진 복구 사업 등에 사용해 왔으며, 현재까지 총 19만m^3 이상의 'Clean-crete'을 사용하였다. 나아가 일본 내에서 탄소 배출 감축에 대한 크레딧을 부여하는 J-Credit 시스템을 활용하여 더 많은 'Clean-crete'을 사용하려는 계획을 하고 있다. 'Clean-crete'로 감축한 탄소 분량만큼의 크레딧을 J-credit 시스템을 통해 판매함으로써, 오바야시는 추가적인 이익을 얻을 수 있다. 'Clean-crete'의 생산 원가는 기존의 콘크리트에 비해 비싸나, 크레딧 판매를 통한 이익으로 높은 생산 원가로 인한 손실을 상쇄한다는 계획이다.[64]

가치 사슬을 고려한 탄소 배출량 저감 사례(2): 포스코건설

포스코건설은 자발적 탄소 배출 감축과 재생 에너지 사업을 통한 탄소 배출권 확보하고 사업 포트폴리오 및 공급망 변화를 통한 탄소 중립 달성을 목표로 하는 '2050 Carbon Negative' 전략[h]을 실행하였다. 포스코건설은 2020년 기준 Scope 1,2로는 4.7만 톤, Scope 3은 1.4만 톤의 이산화탄소를 배출하였으며 단기적 목표로 2023년까지 약 2천 톤의 탄소를 감축할 예정이다.

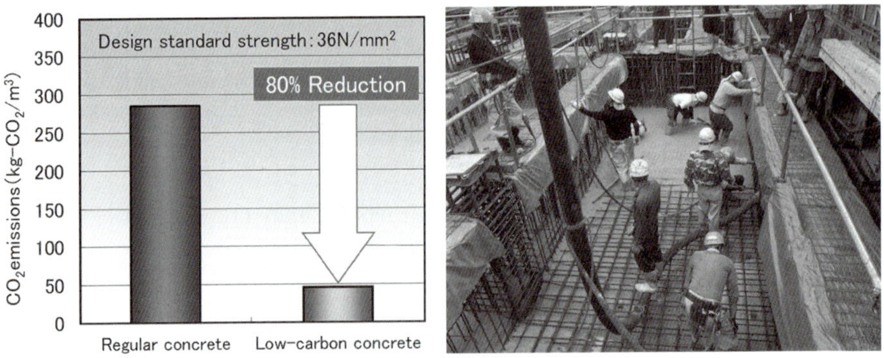

그림 5-4 | Clean-crete의 이산화탄소 배출량(왼쪽)
Clean-crete 타설 중인 오바야시 현장(오른쪽)[64]

h '2050 Carbon Negative'는 포스코건설이 기후 변화 대응 전략을 실현하기 위해 건설 업계 최초로 수립한 중장기 탄소 감축 로드맵이다.

포스코건설은 Scope 1의 탄소 배출량을 줄이기 위해 에너지 사용이 많은 공정에 대해 에너지 절감 활동을 먼저 추진하고 있다. 대표적으로 포스코 강건재를 활용한 프리팹Pre-fab 적용을 확대하고, 본사 차원에서는 불필요한 업무 차량을 감축하고 저탄소 차량인 하이브리드 차량으로 교체하여 운영 중이다. 또한, CNG 통근 버스를 추가 도입하여 공회전을 금지하고 냉난방 적정 온도 기준을 수립하였으며 야간 소등을 강화하는 등 직접적인 연료 사용을 줄이고 있다.

Scope 2의 탄소 배출량을 줄이기 위해서는 간접 전기 에너지 사용량을 줄이는 조치를 시행하였다. 현장 사무실의 등을 LED로 교체하고 현장의 숙소를 건설할 때 모듈 공법을 활용하여 전기 사용량을 줄일 예정이다. 또한, 태양광 발전 설비를 활용한 현장 사무실 운영 등을 계획하고 있다.

Scope 3의 저감을 위해서는 협력 업체와의 다양한 협약 체결을 통한 탄소 배출량 감소에 도전하고 있다.[65] 특히, 설비 제작사와 기업 신용 평가 전문기관과 함께 설비 제작 단계에서부터 탄소를 줄임으로써 가치 사슬 차원에서이 탄소 감축을 적극적으로 추진하고 있다.

일례로 2022년 송풍기 제조사인 시스템벤트와 기업 신용 평가 전문기관인 이크레더블사와 함께 '건축용 송풍기 탄소 산정 체계 구축' 관련 업무협약을 체결하였다. 해당 협약은 포스코건설이 자체적으로 배출하는 온실가스(Scope1,2)를 넘어 건설 과정에 납품되는 제품의 생산 과정에서 발생하는 온실가스(Scope3)를 줄이고자 하는 시도이다.

시스템벤트의 송풍기 일부를 기존 일반 철판에서 포스코가 자체 개발한 강판인 포스맥PosMAC으로 변경하고, 절단/용접/도장 등이 불필요한 벤딩 방식으로 변경함으로써 제작 과정 중 발생하는 온실가스 배출량을 90%까지 감축할 계획이다. 해당 협약을 통해 송풍기 제작 과정에서 발생하는 이산화탄소 중 24.9 톤가량을 감축할 수 있을 것으로 전망되며 이는 20년 된 소나무 약 6,284

그림 5-5 | 시스템벤트의 건축용 송풍기(왼쪽)[66] 포스코의 내식강 포스맥(PosMAC)[67]

그루가 연간 탄소를 흡수할 수 있는 양이다.

탄소 배출 저감량을 확인하기 위해, 포스코건설은 앞으로 2년간 시스템벤트에 약 1,900대가량의 건축용 송풍기 제작을 의뢰하고, 제작 기간 설비 제조사 맞춤형으로 탄소 발자국Carbon Foot Print, CFP을 산정하는 도구를 개발하여 탄소 배출량을 측정할 예정이다. 동시에 이크레더블사는 생애주기 평가를 통해 탄소 배출량을 산정하여 해당 제품과 제작사의 사업장 탄소 배출량을 산정할 예정이다.

포스코건설은 해당 송풍기 공급 업체와의 협약을 시작으로 타 협력 업체와도 ESG 경영을 위해 적극적으로 협업할 의지를 내보이고 있다. 탄소 배출 저감을 위해 자신들의 기술력을 협력 업체에 공유하여 설비 제조사가 자체적으로 탄소 배출량을 관리하고 환경부에서 발급하는 환경 성적 표지 인증을 받을 수 있도록 지원한다고 한다. 더불어 EU 집행위원회에서 발표한 공급망 실사 지침에 선제적으로 대응하는 것까지 고려하고 있다.

친환경 건설 상품 비중 확대

한편 환경(E) 부문에서는 기업이 생산한 상품이 얼마나 친환경적인지도 중요한 가치 평가의 대상이다. 친환경 전기차를 생산하여 환경 부문에서 높은 점수를 받는 테슬라와 같이 건설기업도 친환경 건설 상품을 생산함으로써 높은 평가를 받을 수 있다. 건설 산업계가 생산하는 건물, 플랜트, 사회 인프라 등은 전 세계 탄소 배출량의 30% 이상을 차지하기 때문에 각 기업은 제품 포트폴리오 내에서 친환경 건설 상품의 비중을 확대하는 것이 중요하다. 이런 상품은 Scope 3 탄소 배출원, 즉 기업의 가치 사슬을 통한 간접적인 배출원에 해당한다.

이미 건축물의 친환경적 성능을 측정하고 인증하는 시스템은 잘 정립되어 있다. 따라서 친환경 인증을 받는 건물을 수주하고 생산하는 것, 그리고 에너지 제로 건물ZEB이나 패시브 주택과 같이 기존 친환경 인증을 넘어서는 건축물의 기획과 개발을 추구하는 것이 중요하다.

플랜트 건설 분야에서는 신재생 에너지 플랜트 건설이 ESG 경영을 통해 얻을 수 있는 대표적인 신사업 기회로 여겨진다. 기존의 화석연료 중심의 플랜트 수주를 줄이고 신재생 에너지 플랜트 사업의 비중을 증가시킴으로써 환경(E) 부문에 이바지할 수 있다.

사회 인프라 부문에서는 해당 시설이 직접 사용하는 에너지는 물론, 그 시설을 통해 간접적으로 발생하는 에너지 소비량도 줄여야 한다. 예를 들어, 도로망의 계획이나 도로포장 및 라인 설계는 차량의 에너지 사용량에 영향을 줄 수 있다. 이러한 맥락에서 다양한 건설기업은 수주하는 프로젝트에서 탄소 배출을 줄이기 위해 친환경 사업 포트폴리오를 구성하고 있다.

환경에 부담을 줄 것으로 예상하는 프로젝트는 수주하지 않고, 도움이 될 것으로 예상하는 프로젝트에 적극적으로 참여함으로써 건설기업은 친환경적 포트폴리오를 구성할 수 있다. 혹은 기존의 상품에서 친환경적으로 개선할 수 있는 부분을 고쳐 나감으로써 친환경 상품을 확대할 수 있다. 이와 관련된 실제 사례를 함께 살펴보도록 하자.

친환경 건설 상품 확대 사례: 삼성물산과 DPR 건설

삼성물산은 2020년 10월 이사회를 통해 전사적인 '탈석탄' 선언을 하고, 석탄 관련 신규사업을 모두 중단했다. 이는 국내 비 금융회사 중 처음으로, 향후 석탄 및 석탄을 이용한 화력 발전 관련 사업에 투자하지 않고 관련 사업을 수주하지 않는 등 어떠한 형태로도 참여하지 않기로 한 결정이다. 이는 영국의 최대 기업 연금 운용사인 리걸앤드제너럴 그룹Legal & General Group, 노르웨이 연금회사인 케이엘피KLP, 핀란드의 노르디아Nordea 은행 등 유럽계 기관 투자자들이 삼성물산과 일본 미쓰비시 등 12개 기업에 베트남의 붕앙2 석탄 화력 발전 사업에 참여하지 않기를 요구한 후에 내려진 결정으로, 삼성물산은 탈석탄 선언을 통해 평판 리스크와 기후 관련 리스크에 적극적으로 대응하게 되었다. 또한, 신사업 포트폴리오 방향을 소형 모듈 원전SMR, 수소 에너지 등 친환경, 신재생 에너지 등으로 구성함으로써 ESG 가치 창출을 하고 있다.

삼성물산은 기존의 참여 중이던 강릉 안인 석탄 화력 발전소에서 시민단체와 환경 단체의 반발로 인한 민원과 이에 따른 보상 문제로 공정 지연이 일어

그림 5-6 | 기후 위기 활동가들이 독일의 화력 발전소 앞에서 탈석탄을 요구하며 벌이는 시위 모습[68]

나며 크게 비용이 증가하는 어려움을 경험한 바 있다. 이는 ESG 리스크가 실제 회사의 재무적 이익에 영향을 미친 경우로서 앞서 이루어진 '탈석탄' 선언을 통해 이러한 ESG 리스크에 대한 선제적 대응을 한 것으로 보인다.

또한, 미국의 대형 건설기업 DPR 건설DPR Construction의 경우, 진행 중인 모든 프로젝트에 지속가능한 전략을 적용하고 있으며, 목재 등 친환경 건축 자재의 적극적 활용 및 패시브 디자인을 통한 에너지 절감 등의 기회를 활용하여 친환경 건설 프로젝트 비중을 확대하고 있다. 300개 이상의 개별 건축물의 친환경 건축물 인증LEED 프로젝트에 참여해 왔으며, LEED 건물 건설 및 설계를 위해 600명 이상의 전문가를 보유하는 등 친환경 건설에 적극적으로 참여하고 있다. 그 중에서도 매스 목재를 사용하고 적극적으로 자원을 재활용하는 전략을 통해 상당한 성과를 거두고 있다.

매스 목재는 콘크리트 및 강철과 같은 구조 자재와 강도가 유사하며 큰 하중을 지지하기 위해 설계되었다. 매스 목재는 충분한 강도를 지녔을 뿐 아니라 탄력성도 상당하며 가볍고 자연 친화적이다. 적은 탄소 배출량으로 고품질의

그림 5-7 | 매스 목재로 지은 DPR 새크라멘토 사무소[69]

건물을 지을 수 있다는 점에서 혁신적 대체 건축 자재로 입지를 굳히고 있다. DPR에서는 새크라멘토 사무소를 포함한 다수의 프로젝트에 매스 목재를 적극적으로 활용하고 있으며, 이를 통해 탄소 발자국 감소에 적극적으로 참여하고 있다.

한편 DPR 건축은 적응형 재사용Adaptive Reuse도 적극적으로 활용하고 있는데, 적응형 재사용이란 기존 건물을 원래 설계 이외의 목적으로 재사용하는 것이다. DPR은 낡은 건물을 개조하여 고성능으로 바꾸는 적응형 재사용을 통한 도시 지역 활성화에 심혈을 기울이고 있다. 적응형 재사용은 기존의 건축물을 다시 사용하므로 새로운 건축물을 짓는 것보다 훨씬 적은 건설 자재가 소요되어 자재 생산에 사용되는 에너지를 극적으로 절감할 수 있으며, 건설 폐기물을 대폭 줄일 수 있다. DPR은 다수의 프로젝트에서 적응형 재사용을 적용하여 낡은 건물을 고성능 구조로 변환함으로써 지속가능한 설계의 한계를 넘어서고 있다. DPR의 새크라멘토 사무소의 경우 1940년에 지어진 기존 사무소 구조를 재사용하여 고성능 사무소로 개조했다.

그림 5-8 | 적응형 재사용으로 만들어진 DPR 건축의 새크라멘토 사무소[66]

탄소중립을 향한 장기 로드맵: Turner & Townsend의 지속가능경영[i]

Turner & Townsend는 'NewLeaf'라는 탄소중립 전략을 통해 2040년까지 탄소중립Net Zero을 달성하겠다는 분명하고도 야심 찬 목표를 세웠다. 여기서 '탄소중립'이란 회사가 배출하는 탄소량을 가능한 한 최대치로 줄이고, 필연적으로 남을 수밖에 없는 일부 배출량은 상쇄 조치를 통해 0에 가깝게 만든다는 뜻이며, 이 목표를 달성하기 위해 Turner & Townsend는 국제적으로 인정받은 SBTiScience-Based Target Initiative의 기준을 충실히 준수하고 있다. 구체적으로 전체 탄소 배출량을 90%까지 감축하고, 남은 10%는 탄소배출권 구매나 자연 복원 프로젝트 등 상쇄 방안을 통해 보완한다. 이를 실현하기 위한 노력 중 가장 눈에 띄는 성과는 재생 가능 에너지로의 전환이다. Turner & Townsend는 이미 영국 내 주요 사무실에서 사용하는 전력을 100% 재생 가능 에너지로 바꾸는 데 성공했으며, REGORenewable Energy Generation Obligation 인증 전력을 도입함으로써 기존의 화석연료 기반 전력을 완전히 배제했다. 이를 통해 Scope 2(간접 배출) 부문에서 상당한 탄소 감축 효과를 보았고, 이를 뒷받침하기 위해 정교한 데이터 관리 시스템을 구축하여 에너지 전환에 따른 탄소 절감량과 효율성을 투명하게 모니터링하고 있다. 앞으로는 영국 이외의 전 세계 사무소에도 유사한 에너지 효율 개선 프로젝트를 확대할 예정이며, 앞으로는 태양광·풍력 등 다양한 형태의 재생 에너지를 적극적으로 도입할 계획이다.

Turner & Townsend는 공급망 관리 측면에서도 획기적인 변화를 시도하고 있다. 회사 전체 탄소 발자국의 83%가 공급망에서 발생한다는 사실에 주목하여, 주요 공급업체와 긴밀히 협력해 Heathrow 2.0 Balanced Scorecard라는 시스템을 적용하고 있다. 이 Scorecard는 행동Action, 탄소Carbon, 지역사

i Terner & Townsend. (2024). Corporate responsibility report 2024. n.p.: Terner & Townsend.

Community, 사회적 가치Social Value, 솔루션 개선Solution Improvement이라는 다섯 가지 핵심 '기둥'을 기반으로 만들어졌으며, 각 공급업체의 탄소 배출량과 사회적 가치 기여도를 투명하게 평가하여 지속가능성 관점에서 우수한 성과를 내도록 유도하고 있다. 이 과정에서 공급업체들은 재생 가능 에너지 사용, 100% 매립 회피 등 직접적인 탄소 감축 노력뿐만 아니라 배출량 데이터를 정교하게 보고할 역량을 키우게 되었고, 지역사회와 직원 다양성·포용성을 확대함으로써 더 넓은 범위의 사회적 가치를 창출하는 결과도 얻었다.

이러한 공급망 관리 전략과 더불어, Turner & Townsend는 업무 이동에서 발생하는 탄소 배출을 줄이기 위해 내연기관 차량을 단계적으로 폐지하고 하이브리드·전기차 등 친환경 차량의 도입을 지속해서 늘려가고 있으며, 직원들에게 대중교통이나 자전거 등 친환경이동수단 사용을 적극 권장하고 있다. 더 나아가 화상 회의와 협업 툴 활용을 대폭 늘려 출장에 따른 항공·철도 이동 횟수를 최소화함으로써 Scope 3(기타 간접 배출) 부문에서도 의미 있는 저감 효과를 노리고 있으며, 구체적으로 1인당 항공·철도 이동 관련 연간 탄소 배출량을 2025년까지 8.7% 감축하겠다는 목표를 세워 추진 중이다. 이와 같은 포괄적인 기후 대응 전략은 글로벌 평가 기관으로부터도 인정을 받아, Turner & Townsend는 CDPCarbon Disclosure Project에서 'B' 등급을 획득했으며, 이는 기업의 탄소 정보 공개 수준과 실제 감축 노력 모두가 국제 표준을 만족한다는 의미로 해석된다. 또한, 전 세계 38개 사무소가 ISO 14001 환경 관리 인증을 획득함으로써 회사의 환경 경영 체계가 체계적이고 일관되게 작동하고 있음을 증명해 보였다.

이러한 성과에 힘입어 Turner & Townsend는 탄소 감축과 지속가능성을 기업 경영의 최우선 과제로 삼아, 앞으로도 더 야심 찬 목표와 명확한 로드맵을 바탕으로 글로벌 환경 목표 실현을 위해 꾸준히 힘쓰겠다는 계획을 확고히 밝히고 있다.

환경 문제 해결을 위한 혁신적 솔루션의 중심, Jacobs[j]

Jacobs Solutions Inc.는 지속가능성과 복원력을 핵심 가치로 삼아 환경 문제 해결과 지속 가능한 미래를 지원하는 글로벌 선도 기업이다. 'PlanBeyond 2.0' 전략을 통해 유엔 지속 가능 개발 목표UN SDGs에 맞춰 환경, 사회, 거버넌스ESG를 통합적으로 반영하며, 첨단 설계 기술과 자연 친화적 솔루션을 융합하여 고객과 운영 전반에서 지속가능성을 실현하고 있다.

플로리다의 Tyndall Air Force Base 재건 프로젝트는 Jacobs의 대표적인 자연 기반 솔루션Nature-Based Solutions 사례이다. 허리케인으로 심각하게 손상된 공군 기지를 복구하기 위해 해변, 사구, 습지 등 자연 인프라와 기존 구조물을 결합한 다중 방어선을 구축했다. 이를 통해 침수와 침식을 방지하는 동시에 군사 시설의 안정성과 복원력을 강화했으며, 기지를 '미래형 스마트 기지Future-Ready Installation'로 재탄생시켰다. 이러한 접근은 비용 효율성과 사회적·환경적 지속 가능성을 동시에 달성하며, 재해에 강한 설계의 새로운 기준을 제시했다고 평가받고 있다.

호주의 Windara Reef 프로젝트는 Jacobs가 환경 복원 분야에서 보여준 또 다른 혁신적인 성과이다. Jacobs는 이 프로젝트의 Stage 2 reef expansion에서 The Nature ConservancyTNC의 주요 엔지니어로 참여하여 핵심 기술을 적용하였다. 약 20헥타르 규모의 암초 확장을 위해 인공 암초를 설계 및 건설하여 서식지를 제공하고, 수치 모델링과 공학적 설계를 통해 구조적 안정성을 확보하였다. 또한, 지역 굴 양식업자와 부화장에서 재활용된 굴 껍데기에 어린 호주산 평굴Australian Flat Oyster을 이식하여 복원 암초를 조성한 혁신적인 사례이다.

j Jacobs. (2023). Environmental, Social & Governance (ESG): Insights into Sustainability & Resilience at Jacobs. n.p.: Jacobs.

이 과정에서 700만 개 이상의 어린 굴이 암초에 배치되었으며, 이를 통해 자연 기반 필터링 시스템을 구축하고 생물다양성을 강화하였다. 복원된 암초는 굴의 뛰어난 필터링 능력을 활용하여 수질을 개선하고, 어류와 기타 해양 생물의 서식지를 제공함으로써 생태계 건강 회복에 크게 이바지하였다. 관련하여 2018년 Environmental Business Journal로부터 'Environmental Restoration' 부문 공로상을 수상하며 그 성과를 인정받았다.

Jacobs는 2021년 Engineering News-Record의 연례 조사에서 '세계 최고의 환경 컨설팅 회사'로 선정되며, 지속가능성과 복원력 강화를 위한 글로벌 리더십을 입증했다. 앞으로도 지속 가능한 미래를 위한 혁신적인 프로젝트를 통해 환경적·사회적 가치를 창출하고 전 세계의 지속가능한발전에 이바지할 계획을 밝히고 있다. 0acobs Solutions Inc.는 지속가능성과 복원력을 주축으로 혁신적인 솔루션을 제공하며, 환경 문제 해결과 지속 가능한 미래 지원에 앞장서고 있다.

자원 순환과 도시 열섬 효과 완화, VINCI의 ESG 전략[k]

VINCI는 지속가능성과 혁신을 기반으로 다양한 환경 전략을 실행하며, 도시 재생, 에너지 전환, 자원 순환 및 생물다양성 보존을 통해 환경적·사회적 가치를 증진하고 있다. 다음은 VINCI의 주요 환경 프로젝트와 적용된 기술 및 그 효과에 대한 구체적인 사례이다.

먼저, 프랑스 Saint-Denis 지역에서 진행 중인 Universeine 프로젝트는 2024년 파리 올림픽 선수촌으로 활용된 도시를 주거 공간, 사무실, 상업시설 등으로

k Vinci. (2023). Sustainability extract from 2023 universal registration document: forging a sustainable world. n.p.: Vinci.

전환한 도시 재생 프로젝트이다. 저탄소 및 초 저탄소 콘크리트와 목재를 조합한 건축 자재를 활용하여 탄소 배출량을 기존 방식에 대비하여 40% 감소시켰으며 도시 재생을 하는데 사용된 건설 자재의 75%를 재활용하거나 재사용함으로써 자원을 순환시키는 효과를 주고자 하였다. 또한, 자연 정원을 포함한 '도시 오아시스'를 조성해 생물다양성을 강화하고 도시 열섬 효과를 완화하였다. 이와 같은 지속 가능한 건축 및 자원 재활용을 통해 도시의 탄소 발자국을 효과적으로 감소시켰다.

다음으로 에너지 전환은 VINCI가 추진하고 있는 핵심 분야이다. 모로코 Agadir 지역의 Abdelmoumen 수력 발전소는 에너지 전환을 선도하는 프로젝트로, 에너지 저장 및 재생산을 통해 재생가능 에너지의 간헐적 특성을 보완하고 있다. 이 프로젝트에서는 가역식 펌프 터빈을 설치해 에너지를 수력 형태로 저장하고, 수요가 증가할 때 재생산하는 기술을 도입하였다. 또한, 상부 저장소와 하부 저장소를 연결하는 3km 길이의 수로를 활용하여 효율적인 에너지 전환을 구현하였다. 이를 통해 재생 가능 에너지의 안정적 공급을 지원하면서, 에너지 저장 기술로 전력망의 신뢰성과 효율성을 크게 향상했다.

마지막으로, Revilo® 솔루션은 도시 열섬 효과를 완화하고 생태계를 복원하기 위해 식물, 물, 토양, 특수 포장재를 결합한 혁신적인 접근법을 제공하고 있다. 이 솔루션은 자연 요소를 활용한 포장재와 생태 복원을 위한 통합 설계를 통해 공공 공간의 기후 복원력을 강화하고 도시 환경의 지속가능성을 높이고 있다. VINCI는 이러한 혁신적 프로젝트들을 통해 지속가능한 도시와 에너지 전환을 실현하며, 글로벌 ESG 선도 기업으로서의 입지를 공고히 하고 있다.

북미의 친환경 건설 리더, Kiewit의 주요 프로젝트들[1]

Kiewit Corporation은 북미를 대표하는 건설 및 엔지니어링 기업으로, 환경 보호와 지속가능성을 핵심 원칙으로 삼아 다양한 프로젝트와 이니셔티브를 통해 그 가치를 실현하고 있다. 회사는 각 프로젝트에서 환경적 영향을 최소화하기 위해 철저한 계획과 혁신적인 기술을 도입하며, 이를 통해 지속 가능한 미래를 위한 기반을 구축하고 있다.

Kiewit은 건물 운영 및 설계에서 에너지 효율을 향상하고 재생 가능 에너지를 활용하여 간접적 탄소 배출을 줄이고 있다. 대표적으로 Madison Fields Solar 프로젝트(오하이오)는 대규모 태양광 발전소 프로젝트로, 이 프로젝트는 234MW의 태양광 발전소로 약 1,932에이커 부지 중 1,100에이커에 걸쳐 건설되었다. 42만 개의 양면 PV 모듈을 설치하고 2백만 피트 이상의 전기 케이블을 배치했다. 이를 통해 연간 약 35,000가구에 전력을 공급하며 기존 화석연료 기반 전력 사용을 대체하였다. 또한, 태양광 발전을 통한 지속가능한 에너지 생산으로 간접적인 탄소 배출 저감을 실현하였다. 이를 통해 화석연료 기반 전기 사용을 대체하며 간접적 탄소 배출량을 크게 줄이고 있다.

Kiewit은 교통 및 수송 부문에서도 탄소 배출 저감을 위해 전기버스 충전 인프라를 구축하고 있다. 대표적으로 Houston Metro 전기버스 충전 인프라 프로젝트(텍사스)는 Heliox Flex 180kW 충전기 20대와 이동식 충전기 4대를 설치하여 Houston Metro가 전기버스를 도입하고 디젤 기반 차량을 대체할 수 있도록 지원했다. 충전 인프라 설치와 전력 공급 체계의 최적화를 통해 교통 부문에서의 탄소 배출을 줄였다. 이를 통해 2030년까지 제로 배출 대중교통 시스템을 구축하려는 목표를 구체화하고 있다.

---

1 Kiewit. (2023). SUSTAINABILITY 2023 report. n.p.: Kiewit.

또한, 건설 현장에서의 탄소 배출을 줄이기 위해 Kiewit은 재생가능 에너지 및 고효율 공정을 적용하여 건설 현장에서 발생하는 직접적 및 간접적 탄소 배출을 줄이고 있다. 그에 대한 첫 번째 예시는 Rodeo Renewable Fuels Facility 프로젝트(캘리포니아)이다. 기존 정유소를 재생 연료 생산 공장으로 전환한 이 프로젝트는 연간 8억 갤런의 재생 가능한 디젤, 가솔린 및 항공 연료를 생산하며 온실가스 배출량을 50% 감소시켰다. 또한, 공정 내 CO2 포집 및 하이드로 프로세싱 재구성을 통해 탄소 감축 효과를 극대화했다. 두 번째 예시는 Tres Rios Wastewater Reclamation Facility(애리조나)이다. 이 시설은 바이오솔리드를 100% 재생 가능 에너지를 활용하여 태양열 및 열 기술로 건조 처리한다. 이 과정에서 폐기물 부피를 줄이고, Class A 바이오솔리드를 생산함으로써 자원 재활용 및 탄소 배출 저감을 할 수 있다.

Kiewit은 건물 설계 및 운영, 수송, 건설 현장에서 다양한 재생가능 에너지 및 기술적 접근을 통해 탄소 배출을 체계적으로 줄이는 ESG 전략을 적극적으로 활용하고 있다.

5.2. 사회 부문 대응 전략

ESG의 사회 부문은 기업의 사회적 책임CSR의 전통적 개념과 다른 접근 방식 및 목표를 강조한다. 특히 이 부문은 재무 상관성 및 미래 성장성과 밀접한 요소에 더 큰 중점을 두는 것이 특징이다. 평가사는 인권 경영, 지역 사회에 대한 공헌, 조직 구성원의 안전과 복지, 그리고 동반 성장 등을 주요한 사회적 전략으로 본다.

한국의 건설산업에서 사회적으로 특히 중요하게 여겨지는 전략은 두 가지가 있다. 하나는 '근로자의 안전 및 보건'이고 다른 하나는 '동반 성장'이다. 한국은 높은 인권 지수를 가지고 있으며, 건설기업 대부분에서 인권 경영 관련 가치는 잘 정립되어 있다. 건설산업은 건물과 사회 기반 시설의 건설을 통해 지역 사회에 이바지하고 있다.

근로자의 안전 및 보건을 위한 시스템 강화

건설산업은 많은 인력이 투입되고 고소 작업, 다양한 중장비 사용 등으로 인해 많은 위험 요소가 있다는 산업 특성이 있다. 이에 따라 건설 현장에서 많은 안전사고가 발생한다. 한국 내에서는 전체 사망 사고의 절반 정도가 건설산업에서 발생하고 있으며, 2021년 기준으로 산업 재해로 인한 사망자 828명 중 건설산업 종사자는 417명으로, 전체의 50% 이상을 차지하는 심각한 상황이다.

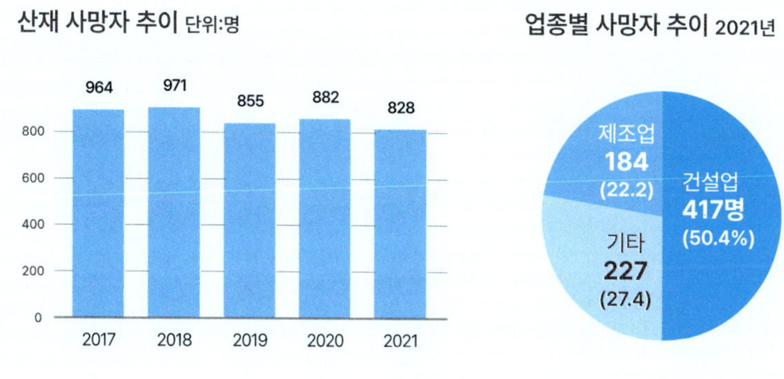

그림 5-9 | 고용노동부에서 밝힌 산업 재해 사고 사망 추이와 업종별 사망자[70]

따라서 건설산업에서는 무엇보다도 근로자의 안전과 보건에 대한 대응이 중요하며 해당 분야에 대한 지속적인 개선 노력이 요구되고 있다.

이러한 배경으로 인해 근로자의 안전과 보건 관리는 건설산업 사회(S) 부문의 핵심 전략으로 인식되고 있다. 특히 최근에 시행된 중대재해처벌법은 중대재해 발생 시 경영 책임자에게 책임을 묻고 처벌을 강화함으로써 안전 보건 관리 실패로 인한 ESG 리스크를 증가시켰다. 이에 따라, 건설 현장에 참여하는 모든 근로자를 대상으로 한 안전 보건 관리가 더욱 중요해졌다.

게다가 국내 건설 시장에서 외국인 근로자의 수가 빠르게 증가하고 있어 근로자의 안전과 보건 관리에 대한 문제의식이 더욱 커지고 있다. 언어 및 문화적 차이, 상대적으로 낮은 숙련도 등으로 인해 외국인 근로자의 재해율이 상대적으로 높으며 이를 줄이기 위해서는 외국인 근로자에게 맞춘 안전 보건 관리 시스템을 구축하고 적절한 교육과 지원을 제공하는 것이 필요하다. 대부분의 외국인 근로자는 현장에서 일하기 때문에 현장 관리자에 대한 교육도 함께 이루어져야 한다. 문화적 차이로 인한 소통 문제를 해결할 수 있도록 가이드라인을 제공하는 것도 좋은 방법이 된다. 앞으로 외국인 근로자에 대한 처우는 사회(S) 부문에서 중요한 지표로 두드러질 가능성이 있다. 고용에서의 차별적인 요소를 줄이고, 모든 근로자에게 공정한 조건과 기회를 제공하는 것은 ESG 경영을 강화하고, 기업의 사회적 책임을 충실히 이행하는 데 중요하기 때문이다. 따라서 건설기업은 공급망 차원에서의 포괄적인 관리를 통해 외국인 노동자 인력 관리 문제에 대응할 필요가 있다.

안전 보건 관리가 성공하려면 재해율 등 산업 재해와 관련된 지표의 결과를 개선하기 위한 노력도 필요하지만, 안전 보건 관리 시스템의 구축이나 전담 부서의 확립과 같은 과정도 중요하다. 건설기업에서 이를 끌어내는 요인으로는 경영진의 의지, 안전 보건 관리 시스템의 체계적인 확립, 조직 내 안전 보건 문화의 정착, 고위험 요인의 감지 및 제어를 위한 신기술의 적용 등이 있다. 국내 건설기업은 안전 관리 관련 표준 및 인증 취득에 그치지 않고 IoT, 빅데이터, 인공지능과 같은 신기술을 안전 관리 시스템에 적극적으로 통합하여 더욱 효율적인 안전 관리를 추구하며 변화를 끌어내야 한다. 예를 들어, 스마트 안전 보건 관리 시스템을 통해 현장의 안전을 강화하고 잠재적 위험을 사전에 감지하며, 재해 발생 시 빠른 대응이 가능하도록 시스템을 개선할 수 있다. 이러한 기술적 접근은 현장 근로자의 안전을 확보하고 ESG 관련 리스크를 관리하는 데 중요한 역할을 하며, 지속가능한 건설 환경 조성에 이바지한다.

안전 관리는 시공 단계에만 국한되지 않으며, 시공 이전 단계에서부터 안전을 고려하는 것이 필수적이다. 발주자는 경쟁력 있는 건설기업을 선정하여 적절한 공사 기간과 비용을 보장해야 하며, 설계자는 위험 요소를 최소화하는 설계도를 작성해야 한다. 프로젝트의 초기 단계에서부터 안전을 중요 요소로 고려함으로써 나중에 발생할 수 있는 위험을 사전에 방지할 수 있다.

안전 보건 관리 시스템 강화 사례(1): 벡텔[m]

벡텔Bechtel은 현장 인력 중 영어가 모국어가 아닌 히스패닉 노동자들의 언어 장벽으로 인한 안전 위험 요인을 분석하고, 이를 해결하기 위한 솔루션을 도입하여 외국인 노동자의 안전사고를 예방하는 프로젝트를 진행하고 있다. 히스패닉 건설 노동자와 관련 기업을 지원하는 비영리단체인 NHEONational Hispanic Entrepreneurs Organization와의 협업을 통한 실험과 이니셔티브 도입으로 구체적인 해결책을 제시하고, 실제 현장에 도입하여 그 효과를 증명하고 있다.

벡텔과 NHEO는 히스패닉 노동자의 안전 문제와 관련한 여러 문제를 해결하기 위해 현장 안전 관리 과정에서 히스패닉 노동자의 적극적인 참여를 유도했다. 특히나 포스터, 안전모 스티커, 손목밴드 등의 커뮤니케이션 도구를 활용하여 현장 사고 예방의 중요성을 강조했으며, 업계 전문가가 주도하는 월간 교육 세미나를 개최하여 노동자 건강 및 안전에 관한 모범 사례를 공유하고 있다.

상기된 프로젝트의 효율적인 현장 도입을 위해 기존에 벡텔에서 안전 프로

m Bechtel. (2019). Reengaging the Hispanic Workforce Through Innovation. https://www.bechtel.com/blog/innovation/april-2019/reengaging-the-hispanic-workforce-innovation/

그림 5-10 | 히스패닉 노동자를 위한 벡텔의 커뮤니케이션 도구[71]

세스로 활용되었던 작업 전 논의 과정인 pre-STARRTSafety Task Analysis and Risk Reduction Talk, CPIConstruction Professional Initiative 감독자 등 전문 인력을 적극적으로 활용하여 직원과 감독자가 효과적으로 의사소통하도록 하는 훈련 환경을 조성했다. 이 시스템은 각 작업 전에 발생할 수 있는 위험 요소를 사전에 파악하고, 이를 완화하기 위한 예방적 접근 방식을 통해 사고 발생 가능성을 최소화하기 위해 도입되었는데, 가령, 위험한 작업 환경에서 작업 전 논의pre-STARRT를 통해 작업팀이 공동으로 위험을 평가하고 해결책을 도출하는 과정을 포함하고 있다. 이를 통해 각 작업 현장에서의 안전성을 높이고, 사고 예방의 새로운 기준을 설정하고 있다. 이와 더불어, 'Use Your Voice' 캠페인을 통해 기존의 안전 캠페인 관행을 확장하여 비영어권 노동자가 안전하지 않은 관행이나 상황을 직면하였을 때 목격자가 목소리를 낼 수 있는 권한을 부여하는 것에 초점을 맞추고 있다

벡텔은 직원들에게 포괄적인 ES&H(환경, 안전, 보건) 교육을 제공하고 있다. 이 교육은 신입 직원의 초기 오리엔테이션부터 시작하여 전문화된 교육까지 다양한 형태로 진행된다. 예를 들어, 신입 직원들에게는 작업 현장의 기본적인 안전 지침과 위험 요인을 교육하며, 숙련된 직원들에게는 최신 안전 규정과 기술을 학습할 기회를 제공한다. 특히 관리자와 감독자들은 ES&H 검사, 자체 평가, 감사, 회의, 사고 조사 등 안전과 관련된 다양한 활동에 직접 참여하여 안전 문화를 선도하고 있다. 이를 통해 관리자와 직원 간의 협력을 강화하고, 조직 전반에 걸쳐 안전 의식을 고취하는데 기여하고 있다. 벡텔의 ES&H 교육 프로그램은 지속적인 개선과 혁신을 위한 중요한 도구로 자리 잡고 있으며, 모든 직원이 사고 예방의 중요성을 이해하고 실천할 수 있도록 도움을 주고 있다.

안전 보건 관리 시스템 강화 사례(2): 현대건설

현대건설은 지속가능경영의 최우선 가치로 현장 안전을 꼽으며 '12대 안전규범' 제정을 통한 안전 문화 확립에 앞장서고 있다. 2004년 국내 안전 보건 경영 시스템 규격인 KOSHA 18001에 대한 인증을 취득한 데 이어 2021년 KOSHA MS로 표준 전환을 완료하였다. 또한, 2004년 영국 LBQA로부터 국제 안전 보건 경영 시스템 규격인 OHSAS18001에 대한 인증을 취득한 뒤 2019년 ISO45001로 표준 전환을 완료하여, 국제 표준에 입각한 안전 경영 시스템을 구축하였다. 이를 통해 기업 활용에 수반되는 안전 위험 요인을 사전에 식별하여 위험성을 평가하고 이를 최소화하기 위한 노력을 지속하고 있다.

최근에는 IoT 신기술 기반의 스마트 안전관리 플랫폼을 자체적으로 개발하여 안전관리 경쟁력을 구축해 나가고 있다. 현대건설의 하이오스HIoS: Hyundai IoT Safety System는 IoT 기반의 현장 안전 관리 플랫폼으로, 현장에 설치된 각종 센서를 통해 정보를 수집하고 실시간으로 확인하는 통합 플랫폼이다. 블루투스 통신 정보를 데이터 수집 장치로 전송하면, 하이오스가 위험 여부를 판단하여 근로자와 관리자 모두에게 경고를 보낸다. 또한, 안전 교육의 실효성을 높이

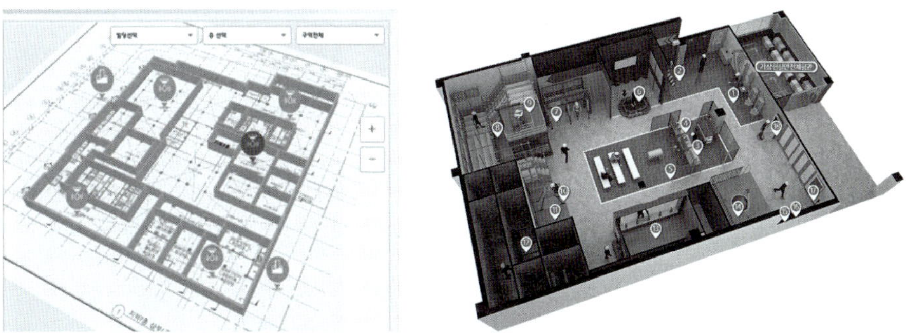

그림 5-11 | 현대건설 안전 통합 플랫폼 '하이오스' 개념도[72](왼쪽)와 현대건설 안전 문화 체험관[73](오른쪽)

기 위해 건설 현장 및 일상생활에서 발생할 수 있는 다양한 위험을 직간접적으로 체험하고 이에 대한 대응 능력을 향상할 수 있는 공간인 안전 문화 체험관을 운영 중이다.

안전 보건 관리 시스템 강화 사례(3): 포스코건설

포스코건설은 IoT, ICT, 빅데이터, 클라우드 기술 등을 건설 안전 관리에 활용하는 '스마트 세이프티 솔루션'을 건설 현장에 도입하여 중대 재해 위험 요소를 실시간으로 파악하고, 현장 안전사고를 방지하고자 하는 노력을 기울이고 있다. 포스코건설의 스마트 세이프티 솔루션은 개별 기술을 통합하여 관리하는 현장 맞춤형 통합 관제 센터를 구축하여 웹과 모바일을 통해 실시간으로 현장을 관리하고 있다.

먼저 스마트 안면 인식 시스템을 포함하고 있는데 현장의 모든 근로자는 얼굴 인식을 통해 신원을 확인하고 발열 체크를 한 뒤 현장에 투입되고, 안전모를 착용하지 않은 근로자의 출입을 막는다.

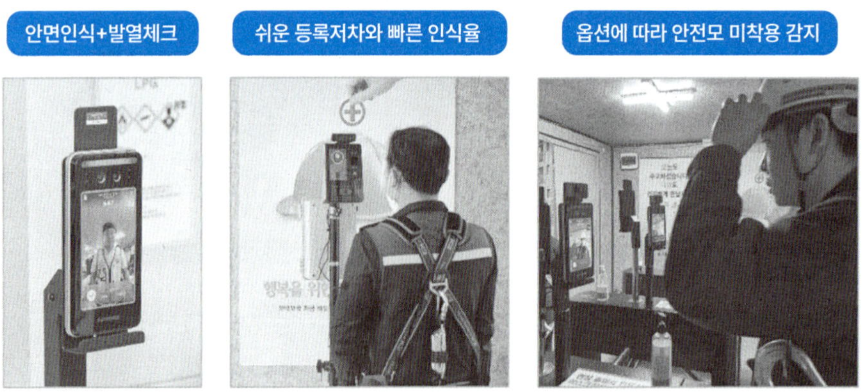

그림 5-12 | '스마트 세이프티 솔루션' 중 안면인식 시스템[74]

이에 더해 건설 현장에 배치된 스마트 상황판에 그날의 주요 작업 지시 사항과 안전 전달 사항을 게시하고, 작업자의 공종에 맞는 정보를 신속하게 습득하고 숙지하게 함으로써 안전사고를 예방한다. 나아가 풍속 및 우천 등 기상 정보를 사전에 확인하고 대비할 수 있도록 돕는다.

현장 내 추락 위험이 큰 개구부에 실시간으로 개폐 여부를 확인하는 센서가 장착되어 있으며 이 센서에 대한 정보 역시 스마트 세이프티 솔루션에 연동되어 주변 작업자들이 의도치 않은 사고를 당하지 않을 수 있도록 한다. 또한, 해당 개구부가 임의로 조작되어 개폐 여부가 변경이 생긴 경우 현장에 경고음이 발생하고 즉각적으로 관리자에게 변동 사항이 있음이 전달되어 적절한 조치를 할 수 있도록 돕는다. 작업자가 임의로 조작할 수 없도록 실시간으로 개폐 여부를 점검하는 센서가 장착되어 임의 개폐 시 현장에 경고음이 발생하고 관리자에게 전달된다.

타워크레인에 지능형 영상 장비를 부착하여 현장 상황을 관제하는 시스템도 도입하여 사용하고 있는데, 실시간 모니터링이 가능해 관리자가 현장의 안

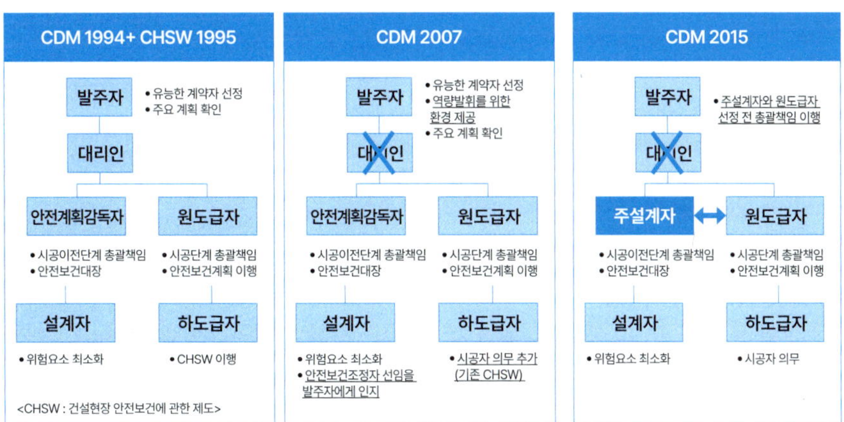

출처 : 최수영. (2019). 영국 건설산업의 안전보건관리제도. 한국건설산업연구원.

그림 5-13 | CDM 제도의 개정 내용

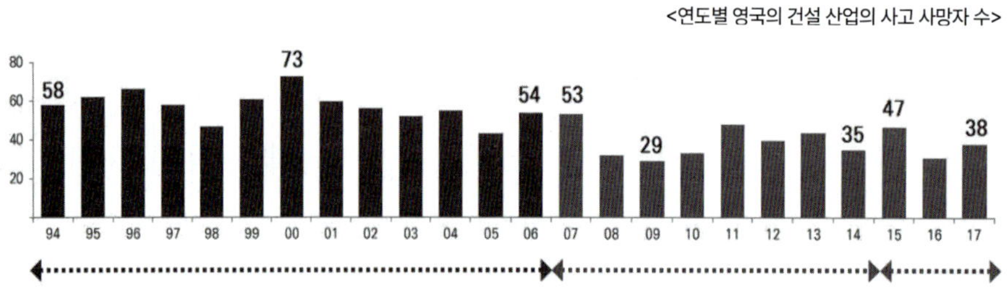

그림 5-14 | 영국의 연도별 건설 산업의 사고 사망자 수[75]

전 위협 요소를 쉽게 파악할 수 있다. 또한, TTS 시스템을 활용하여 위험 내용을 실시간으로 현장에 방송함으로써 위험 요소를 제어한다.

이 외에도 밀폐 지역의 가스 누출을 감지하기 위한 이동식 스마트 측정 시스템과 작업자와 장비가 충돌할 위험이 있으면 알람을 주는 접근 방지 시스템을 작업모에 부착하여 다양한 현장의 위험 요소를 감시하는 등 스마트 세이프티 솔루션에 다양한 요소를 접목하여 전반적인 현장 관리를 수행한다.

안전 보건 관리 시스템 강화 사례(4): 영국의 CDM 제도

영국의 CDMConstruction Design and Management 제도는 건설산업의 특성을 반영하여 시공 이전 단계의 안전 보건 관리의 중요성을 강조하며, 발주자를 포함한 주요 참여자의 안전 보건 관리 역할과 책임을 명확히 하고 이들의 협업을 유도할 수 있는 체계를 구축하기 위한 방향으로 발전했다.

CDM 1994는 시공 단계에서 고용주와 근로자의 안전 보건 의무를 시공 이전 단계까지 범위를 확장하고, 발주자나 설계자와 같은 건설산업 주요 참여자들에게 안전 보건 관리 역할 및 책임을 명시했다. 또한, 발주자에게 안전 보건의 측면에서 경쟁력 있는 계약자를 선정할 의무를, 설계자에게는 위험 요소를 최소화한 설계도서를 작성할 의무를 부여하였다.

CDM 1994를 바탕으로 개선된 내용을 담은 CDM 2007은 시공 이전 단계와 시공 단계에서의 안전 보건 관리 의무를 통합하여 사업 참여자들의 편의성을 도모하고, 발주자에게는 계약자가 보유한 안전 보건 관리 역량을 충분히 발휘할 수 있도록 시간 및 자원 등의 환경을 제공할 의무를 추가했다. 또한, 안전 보건 조정자에게 시공 이전 단계에서 다양한 계약자 간 협업 유도의 의무도 부여했다.

CDM 2015에서는 설계 단계와 시공 단계의 협업을 개선하기 위해 제도를 개정한 것으로 이를 통해 시공 이전 단계 책임자인 설계자와 시공 단계의 책임자인 건설기업이 발주자와 함께 협업하는 체계를 마련했다.

영국의 CDM 제도 도입 초기에는 기준을 충분히 준수하였음에도 불구하고 건설산업에서 발생하는 사고 사망자 수가 애초의 기대만큼 감소하지 않았으며 특히 2000년에는 오히려 사고 사망자 수가 증가하는 등 제도의 실효성에 관한 의문이 제기되었다. 그러나 제도를 폐기하지 않고 시행 과정에서 발견되는 문제점이 비효율적인 측면을 지속해서 정리하고 개정함으로써 결과적으로 사고 사망자 수가 감소하면서 CDM 제도의 효과를 입증했다.

대기업과 중소기업 간 상생 경영 강화

건설 프로젝트는 대부분 수주를 통해 이루어지며 실제 현장에서의 생산 활동은 대부분 협력 업체에 의한 하도급으로 진행된다. 이에 따라 건설기업의 지속가능한 공급망 조성에 있어 우수한 협력 업체의 선정과 협력 업체와의 상생 협력을 통한 육성 및 관리는 건설 공사의 품질과 효율적인 공사 관리에 직결되는 중요한 요소다. 특히 환경과 사회 부문의 핵심인 탄소 배출과 안전 관리 분야에서 만족스러운 성과를 거두기 위해서는 협력 업체의 협력은 필수적이다. 그렇기에 동반 성장과 상생 협력이 ESG 경영에서 중요한 전략으로 인식되고 있다. 단순히 발주-수주 관계가 아니라 ESG 성과를 위한 동반자로 여긴다.

그러나 실제로는 다른 산업에 비해 건설산업의 동반 성장 관련 평가 결과가 상대적으로 낮다. 예를 들어, 2021년 공정거래위원회의 업종별 동반성장지수 종합 평가에서 건설산업은 중간 정도의 순위에 머물렀다.[76]

이를 해결하기 위한 다양한 노력이 있는데, 공정거래위원회는 대기업과 중소기업 간의 상생 협력을 위한 다양한 제도를 주도해 왔으며, 공정한 계약 체결, 협력 업체 선정 및 관리, 하도급 거래 내부 심의위원회의 설치 및 운용 등을 주도해 왔다. 또한, 건설산업 내부적으로도 국내 많은 건설기업이 협력 업체의 ESG 역량 강화를 위해 인적, 물적 지원을 아끼지 않고 있다. 대형 종합건설기업은 협력 업체를 위해 상생 펀드를 조성하고, 금융기관과 연계한 대출 지원제도, 대금 지급 조건의 개선, 신기술 공동 개발, 경영 관리 교육 등을 통해 협력 업체의 자금, 기술 및 교육 지원을 확대하고 있다. 여기에는 협력 업체가 ESG 관련 기준을 충족하고, 건설 프로젝트에서의 환경적, 사회적 책임을 이행할 수 있도록 돕는 다양한 방안을 포함하고 있다.

이러한 노력은 협력 업체가 ESG 관련 능력을 향상시키는 데 이바지하며, 전체적으로 ESG 경영을 강화하고, 건전하고 지속가능한 관계 구축을 통해 전체 산업의 안정성과 성장성에 중대한 영향을 미치는 것으로 평가받고 있다. 이외에도 실질적인 상생 협력을 위한 제도 개선에 대한 요구가 건설산업 내에서 계속됐으며, 이에 대한 점진적인 개선이 이루어지고 있다.[77] 이러한 제도 개선에는 공정하고 투명한 하도급 입찰제도의 도입, 저가 하도급 유도 관행의 개선, 도급 내역 대비 하도급 물량 통합 및 축소 관행의 개선, 추가 공사 구두 발주 관행의 개선, 그리고 하도급 대금 지급 보증의 강화 등이 포함되어 있다.

대기업과 중소기업 간 상생 경영 강화 사례(1): 포스코건설

포스코건설은 동반성장지원단을 출범하고 이를 바탕으로 협력 업체와의 ESG 동반 성장을 주도하기도 한다. 2021년에 출범한 지원단은 스마트팩토리 구축, ESG 현안 해결, 설비 및 에너지 효율화, 미래 신기술 도입 등 네 가지 분야에서 중소 협력 업체를 대상으로 맞춤형 컨설팅을 하고 있다. 포스코는 동반성장 활용을 통해 2021년 총 19개 중소기업을 대상으로 72건의 해결책을 제공하여 약 93억 원의 재무 효과를 거두었다.

중소기업의 생산성 혁신을 지원하기 위해 2019년도부터 200억 원을 출연하여, 포스코 고유의 혁신기법인 QSSQuick Six Sigma를 통해 중소기업 임직원의 혁신 마인드를 배양하고, 그 토대 위에 스마트 공장 구축을 지원함으로써 지원 효과를 극대화했다. 포스코의 생산성 혁신 지원을 받은 수혜 기업은 매출액 증대, 생산 리드 타임 감소와 같은 유의미한 성과를 거두고 있다.

그림 5-15 | 포스코건설의 생산성 혁신기법 QSS(Quick Six Sigma)[78]

ESG 현안 해결을 위해서는, 공급사 등록 심사와 계약 이행에 대한 성과 평가, 사후 관리를 포함한 여러 평가를 시행하고 합격 업체만이 공급사로 등록할 수 있도록 특별 조항을 마련하여 운영하고 있다. 이를 통해 포스코건설은 공급망에 존재하는 협력 업체가 일정 이상의 ESG 성과를 달성하도록 자연스럽게 유도한다. 또한, 중소 건설기업의 현실적 어려움을 고려하여 ESG 성과를 평가하기 위해 기업 신용 평가사인 이크레더블사와 업무협약을 체결하여 협력 업체 맞춤형 ESG 평가 모형을 개발하고 시범 운영을 하고 있다. 더불어 중소기업의 ESG 경영 자금 지원을 위해 1,500억 원 규모의 '철강 ESG 상생 펀드'를 출범하여 원자재가 상승 등으로 어려움을 겪는 철강업 중소기업 중 ESG 관련 인증을 보유한 기업을 적극적으로 도움으로써 중소기업의 ESG에 대한 참여 유인을 높이고 있다.[79]

대기업과 중소기업 간 상생 경영 강화 사례(2): 호반건설

호반건설의 ESG 경영은 동반 성장과 상생 협력에 중점을 두고 중소 협력 업체를 대상으로 지원 체계를 강화하고 있다. 주된 활동으로 중소 협력 업체의 기술 개발을 위한 교류 및 지원과 더불어 업종별 맞춤형 ESG 평가 지표 개발, 협력 업체 ESG 교육 및 역량 진단, ESG 컨설팅 등을 추진하며 급변하는 건설 경영 환경에서 협력 업체의 ESG 대응 역량 강화를 목표로 하고 있다.

2022년 협력 업체의 직접 자금 지원을 위해 100억 원 가량의 '위기 극복 지원금'과 '동반 성장 대여금'을 전달하였고 이는 2021년 대비 두 배나 큰 금액이다. 또한, 금전적 지원과 더불어 스타트업 생태계 활성화에도 적극적인 움직임을 보이고 있다. 건설 산업계 최초로 '하이 데모데이 2022: 호반 오픈이노베이션 쇼케이스'를 개최하여 다양한 스타트업을 홍보하고, 투자부터 인수 합병, 구매, 채용 등으로 이루어지는 행사를 제공했다. 이는 호반건설이 2019년 엑셀레이터 법인 플렌에이치를 설립하여 중소기업에 대한 투자를 이어온 활동의 일환이다. 서울산업진흥원과 업무협약을 체결하여 유망한 스타트업을 발굴하고 호반그룹과의 직접적인 연계를 통해 성공적으로 기업이 성장하도록 투자 및 지원을 제공하고 있다.

호반건설은 동반성장위원회와 2021년 '협력 업체 ESG 지원사업' 협약을 체결해 중소 건설기업의 ESG 경영 또한 지원하고 있다.[80] 협력 업체의 ESG 대응 역량을 높이기 위해 상생 협력기금 1억 원을 출연했고, 코리아스타트업포럼과 함께 건설 분야 ESG 경영 확산 및 창업 활성화를 위한 업무협약을 체결하여 건설산업에 특화된 ESG 가이드라인을 개발하고, 건설산업 중소기업 100개 사를 대상으로 ESG 경영을 위한 구체적인 교육과 컨설팅을 지원하였다. ESG 경영 지원의 하나로 생산 설비 교체 비용을 지원하고, 임원 대상 경영 교육, 자녀 장학금 지급, 복지시설 이용료 감면 등 협력 업체 임직원을 대상으로 한 복리후생 지원제도를 운영하였다.

근로자 교육 및 다양성에 대한 적극적 전략 수립

건설산업, 그중에서도 특히 건설 현장에서의 노동력 부족 문제가 점차 중요한 문제로 떠오르면서 이는 개별 기업이 아닌 산업 전체가 관심을 가지고 다루어야 한다는 의견이 제기되고 있다. 건설 현장에서 겪고 있는 근로자 관련 문제는 먼저 숙련 근로자의 수가 점차 감소한다는 것을 이야기할 수 있다. 청장년층의 건설 현장으로의 신규 유입이 점차 줄어들면서 충분한 경력과 경험, 그리고 기술을 갖춘 숙련 근로자의 비율도 함께 줄어들고 있다. 기존의 베테랑들이 은퇴하더라도 그 밑에서 배우고 훈련한 사람들이 뒤이어 베테랑으로서 역할을 수행해야 하는데, 그 역할을 해줄 수 있는 역량을 지닌 사람이 줄어들고 있다. 이 문제는 앞으로는 더욱 큰 문제가 될 것으로 예상한다. 따라서 건설기업에서는 근로자의 숙련도를 효과적으로 견인하기 위한 다양한 교육 프로그램을 기획 및 제공하고 경험 있는 근로자에게 충분한 인센티브를 제공하여 그들이 지닌 역량이 다음 세대에 전달될 수 있는 기반을 마련해야 한다. 또한, 현장의 근무 조건을 개선하고 업무 지시 체계를 재정비함으로써 소위 '일할 맛 나는' 작업 환경을 구축하는 것 역시도 사회 부문에 있어서 예상되는 문제점을 해결할 수 있는 하나의 방법이 된다.

또한, 비숙련 근로자의 수도 감소하면서 이전보다는 쉽게 현장에서 외국인 근로자들을 발견할 수 있다. 외국인 근로자들이 현장에서 일하면서 겪게 되는 어려움은 기본적으로 언어 장벽이다. 사용하는 언어가 다르고 한국어 학습이 완벽히 선행되지 않은 경우가 많아 현장에서의 의사소통에 문제가 생기는 경우가 많다. 이에 따라 업무 지시에 대한 이해가 떨어지고 현장에서 발생하는 크고 작은 이슈들에 대한 보고가 적시에 이루어지지 않아 현장 내 비효율을 증가시키는 원인이 된다.

하지만 더욱 중요한 것은 의사소통의 어려움으로 인해 안전사고의 발생 확률이 상승할 수 있다는 점이다. 즉각적인 소통이 필요하거나 위험 상황에 대한 안내가 즉시 이루어지고 매우 급한 대응이 요구되는 상황에서 언어의 장벽으로 인해 정보 전달에 추가적인 시간이 소요되는데, 때에 따라 찰나의 지연이 큰 사고로 이어질 수 있다. 이러한 문제는 우리나라의 건설산업에서 발견되는 하나의 특징이라고 할 수 있으며 기업 내외적으로 이와 관련한 개선책이 시급하게 마련될 필요가 있다. 이를 통해 업종의 특성에 기반한 대응 전략이 마련될 수 있게 된다. 기업은 현장 관리자를 추가로 고용하여 원활한 소통을 유도할 수 있는 환경을 조성하는 것이 좋다. 또한, 고용된 외국인 근로자를 대상으로 현장에서 매우 중요하게 사용되는 표현과 그 방식에 대해 선제 교육을 진행함으로써 최소한의 의사소통 능력이 확보된 상태에서 근로자들이 현장에 투입되게끔 도와야 한다. 한편 정부에서도 언어 교육 인원을 확충하고 외국인들을 대상으로 다양한 한국어와 한국 문화 학습 프로그램을 제공함으로써 고용비자를 취득한 외국인 노동자들이 더 빠르게 현장에 적응할 수 있도록 시스템을 만들어 운영하는 전략을 구사할 수 있다.

5.3. 거버넌스 부문 대응 전략

거버넌스(G) 부문에서는 기업의 윤리 경영, 이사회의 구성 및 기능, 주주 권리와 경영 투명성 등 윤리 규범의 준수와 관련된 시스템의 구축과 ESG 전문 조직 구축이 주요 전략으로 여겨진다. 비상장 건설기업에는 주주의 권리 보장이나 이사회 구성과 같은 기업 내적 거버넌스 관련 가치가 상대적으로 덜 중요할 수 있다. 그러나 건설기업은 매출이 도급 사업에 크게 의존하는 경향을 보이므로 기업 내적 구조의 윤리 규범이 제대로 구성되지 않으면 해당 기업에 대해 시장에서의 신뢰도가 하락할 수 있으며 장기적으로 이는 지속가능성에 영향을 미칠 수 있으므로 거버넌스 부문에 대한 대응 전략도 수립할 필요가 충분하다.

윤리 규범 준수 및 시스템 구축

건설산업은 다른 산업에 비해 부정부패에 취약한 산업으로 인식되고 있다. 따라서 이러한 문제를 적극적으로 해결하기 위해서는 주도적이고 자발적인 윤리 경영 실천이 요구된다. 비윤리적 경영 행위는 단순히 처벌의 대상이 되기 때문에 문제가 되는 것을 넘어서서 ESG 경영 평가에 기반한 투자자들의 투자 행위에까지 영향을 미칠 수 있으며, 이는 경영 자금 조달에 악영향을 미칠 수 있다.

건설기업의 윤리 경영은 입찰 시장에서의 공정한 경쟁, 고객과의 공정한 거래, 기본적인 윤리 준수, 임직원과 사회에 대한 책임과 의무 수행에 그 핵심이 있다. 담합이나 뇌물 수수와 같은 불공정 행위는 기업의 신뢰성에 큰 타격을 주기 때문에 이를 방지하기 위한 체계적인 시스템이 필요하다. 연구에 따르면 건설 현장 소장들의 윤리적 의사 결정에는 개인의 도덕적 수준보다 기업 내 경영 시스템의 구축 정도가 더 큰 영향을 미친다.[81] 따라서 기업 내 윤리 시스템의 구축과 문화 정착이 매우 중요하다.

기업 내 윤리 시스템과 문화 장착을 위해 국내외 다양한 건설기업은 체계적인 윤리 경영을 위해 윤리위원회를 운영하고, 임직원과 제3자에 의한 모니터링을 강화하기 위해 다양한 신고 채널을 개설하는 등의 전략을 시행하고 있다. 이는 건설기업이 윤리적 표준을 준수하고 투명성을 유지하는 데 필수적인 조치이다.

윤리 규범 준수 및 시스템 구축 사례(1): GS건설

GS건설은 'Code, Compliance, Consensus'를 핵심 방향으로 삼은 윤리 경영 체제인 'CCC'를 도입하여 운영하고 있다. 이 체제에서는 투명하고 공정한 경영을 위해 윤리 헌장을 마련하고 구체적인 규범 및 실천 지침 등을 포괄하는 윤리 규범 체계를 구축하여 지속적인 윤리 경영 정책을 개선하고자 한다. 또한, 감독 조직, 제도 시스템의 구축을 통한 모니터링을 통해 임직원의 건전한 직무 윤리를 관리 감독하는 동시에, 임직원의 윤리 의식 제고를 위한 교육 및 홍보와 비윤리 행위에 대한 신상필벌 문화를 정착시키기 위해 노력 중이다.

또한, 공정거래 관련 법규를 자율적으로 준수하기 위해 2021년 윤리위원회를 신설하고 GS건설의 모든 의사 결정 과정에 개입할 수 있도록 하였다. 최고 재무책임자Chief Financial Officer, CFO를 윤리위원회의 위원장으로 삼고 그 아래에 운영위원을 두어 여러 사업본부와 지원 부서에서 윤리위원회가 개최될 때 윤리 정책과 관련된 사안을 심의 및 의결하고 윤리 경영 활동과 그에 대한 모니터링 결과를 검토한다.

GS건설은 신속한 비윤리 행위 대응을 위해 다양한 신고 채널을 운영 중이다. 특히 협력 업체 임직원이 본사 임직원과 연루된 비윤리 행위를 신고할 경우, 신고자에게 포상금을 지급하거나, 해당 회사를 우수 협력기업으로 선정하는 등의 제도를 운영하여 기업 내외부의 감시망을 구축하고 있다. 2020년에는 70건의 제보를 접수하였으며, 그중 24건이 사실로 밝혀져 행위의 경중에 따라 징계 조치가 이루어지기도 했다.

기업의 윤리적 리스크를 예방하기 위해 'Patrol 점검'과 'Issue 진단' 활동을 하여 업무 절차에서 법률 준수 여부를 확인하고 있으며 임직원 개인의 비윤리 행위에 대해서도 점검하였다. 지적된 문제에 대해서는 현장 및 본사의 유관 부서와 협력하여 대응하고 해결책을 모색한다.

윤리 규범 준수 및 시스템 구축 사례(2): 길베인

길베인은 상호 존중의 정신을 바탕으로 다수의 협력 업체와 공급망 내에 존재하는 여러 공급 업체에 대해 모두가 동등한 대우를 받을 수 있도록 노력한다. 또한, 기업 내 모든 직원에 대해서도 상호 존중의 태도로 업무에 임하도록 교육이 이루어지며 회사에서도 모든 직원에 대한 존중의 태도를 갖추는 것을 중요시한다. 길베인은 직원들이 차별 또는 괴롭힘, 법을 위반하는 근무 환경 등에서 멀어지도록 노력하며 부적절한 처우가 이루어지지 않도록 관리한다.

모든 직원은 회사의 윤리 강령 및 직원 핸드북에 기록된 윤리적 책임, 관련 정책과 절차를 지켜야 하며 이 과정은 기업 내부에서만 이루어지는 것을 넘어 여러 협력 업체와 함께 모두 준수할 수 있는 행동 강령을 만들어 윤리적 행위에 대한 명확한 표준을 마련하였다. 그리고 높은 수준의 윤리 경영을 위해 직원들을 대상으로 사이버 보안 의식 교육, 직장 내 따돌림 예방 교육 등을 포함한 윤리 준수 교육을 매년 진행하고 있으며, 법과 규제가 끊임없이 발전함에 따라 교육 프로그램 또한 꾸준히 발전시키도록 대응하고 있다.

길베인은 직원과 파트너들을 비롯한 커뮤니티 구성원을 위해 안전하고 건강하며 윤리적인 작업 환경을 보장하기 위한 정책과 절차를 시행한다. 노동 착취 상황에 대한 엄중 처벌 원칙을 세워 적용하고 있으며, 위반에 대한 위험이 감지되면 이에 대해 보고하도록 절차를 수립함으로써 커뮤니티 구성원 누구나 공식적으로 문제를 제기하고 공정한 절차를 밟을 수 있도록 하고 있다. 특히 윤리적으로 문제가 있는 상황에 대해 즉각적으로 신고할 수 있는 윤리 경영 핫라인을 운영하고 있는데, 독립적인 회사가 이를 운영함으로써 혹시 있을 수 있는 직장 내 압력에 의한 문제 제기 무시의 문제에 효과적으로 대처하고 있으며 신고자의 신상을 철저하게 보호함으로써 신고자에게 부적절한 보복 조치가 이루어지는 것을 방지한다. 또한, 이러한 시스템이 마련되어 있음을 전사 차원에서 활발히 홍보하고 있으며 가시성이 높고 접근성이 좋은 공간에 관련된 자료를 비치하여 이용을 쉽게 하고 있다.

ESG 경영 기능 전문 조직 구성

규모가 작은 비상장 기업과는 달리 대형 종합건설기업은 거버넌스(G)가 차지하는 중요성이 훨씬 크다. 산업의 특성상 협력 업체와의 협업이 필수적이며 이 과정에서 여러 협력 업체와 함께 ESG 경영을 성공적으로 수행하기 위해서는 조직 내에 ESG 관련 기능의 전문화가 필수적이다.

국내 종합건설기업 경우 ESG 경영은 주로 두 부서에 의해 이뤄지고 있다. 전사적 ESG 활동을 계획, 분석하고 ESG 보고서를 작성하는 경영지원 조직과 협력 업체의 ESG 경영 능력 평가와 지원을 담당하는 조직이다. 하지만 이 두 조직의 활동이 서로 연계되지 않고 독립적으로 운영되는 경우가 많으며, 때로는 외부 컨설팅 업체가 협력 업체의 ESG 경영 능력 평가를 담당하는 경우도 있다.

이러한 분산된 접근 방식은 ESG 목표의 효과적인 실행을 방해할 수 있으므로, ESG 경영 기능을 하나의 조직으로 통합하고 전문화하는 것이 필요하다. 통합된 ESG 조직은 기업의 전반적인 ESG 경영 목표를 수립하고, 협력 업체가 ESG를 고려한 기업 활동을 수행할 수 있도록 지원하며, 그 결과를 기업의 ESG 성과로 반영하는 역할을 할 수 있다. 이러한 조직은 전략적인 의사 결정을 내리고, 구체적인 실행 계획을 수립하며, 내부 및 외부 이해관계자와의 커뮤니케이션을 강화할 수 있는 능력을 갖출 수 있다. 또한, ESG 관련 데이터의 수집, 분석 및 보고 역시 보다 체계적으로 이루어질 수 있다. 결과적으로 ESG 전략의 일관성과 효과성이 크게 향상되며, ESG 분야에서의 리더십을 확립하고 지속 가능한 건설산업 생태계를 조성하는 데 이바지할 수 있다.

장을 마치며: 핵심 대응 전략은 무엇인가?

지금까지 환경(E), 사회(S), 거버넌스(G) 부문에 대하여 건설산업이 취할 수 있는 다양한 대응 전략을 살펴보았다. 그렇다면 과연 세 부문 중에 어느 부문이 기업의 ESG 가치 평가에 가장 큰 영향을 미칠까? 전문가들은 각 부문이 주가에 미치는 영향력이 같다고 생각하지 않는다. 그들은 바로 거버넌스(G) 관련 활동이 기업 가치 제고에 상대적으로 중요하다고 말한다.

러셀Russell이 수행한 2020 Annual ESG Manager Survey에서도 투자자의 82%가 투자 결정을 하는 데 있어 거버넌스를 가장 중요한 요소로 답했으며, 환경 13%, 사회 5% 순으로 나타났다. 설문 조사뿐만 아니라 다수의 실증 연구에서도 기업의 전반적 ESG 투자 경향이 거버넌스(G)와 관련된 조건에 영향을 받는다고 나타난다. Ferrell, Liang, and Renneboog(2016)[82]의 연구에 따르면 대리인 문제가 적은 지배 구조를 갖춘 기업에 대한 ESG 투자가 적극적으로 이루어지며, 향후 투자로 인한 기업 가치 향상이 두드러짐을 보였다. 강화된 거버넌스(G)가 마련된 기업에 투자했을 때, 투자로 인한 기업의 가치 제고 효과가 특히 크다.

건설산업은 ESG 대응 전략을 수립하면서 실증적인 연구를 통해서 입증된 거버넌스(G)의 중요성을 정확히 인식해야 한다. 따라서 먼저 건전한 의사 결정 구조를 갖추고 투명성을 높임으로써 기업이 지닌 거버넌스(G)적 가치를 높여 투자를 유치해야 한다. 그 이후에 건설산업의 특성을 반영하여 다양한 환경(E) 및 사회(S) 문제에 대한 대응 전략을 마련해야 한다.

06

ESG, 새로운 가치 창출의 창

이 장에서는 건설산업에 존재하는 다양한 이해관계자가
ESG 경영에서 어떠한 역할을 수행할 수 있는지를 확인하고 점검함으로써
건설산업에 성공적으로 ESG 경영이 자리 잡는 데에
각 참여자가 어떻게 이바지할 수 있을지 확인하고자 한다.

6.1. 건설산업 생태계와 ESG 가치 사슬의 이해

건설산업이 만들어내는 결과물인 건축물은 어떠한 산업이 만들어내는 상품보다 거대하다. 그 거대한 규모만큼 건설산업에서의 생산은 복합적이고 분업에 기반한 과정이 필요하다. 건축물이 기획, 설계, 조달, 시공에 이르는 일련의 과정에서 다양한 이해관계자가 참여하며, 각자의 업무 특성에 따라 서로 다른 ESG 가치를 생산하고 공유한다. 그렇기에 건설 프로젝트의 진행 과정에서 발생하는 환경적 영향, 하도급의 공정성, 안전과 보건, 산업 재해, 근로자의 인권 및 복지, 그리고 자재의 친환경성과 같은 ESG 가치는 서로 다른 과정에 참여하는 이해관계자가 각자 어떻게 이해하고 처리하고 있는지를 아는 것은 매우 중요하다.

건설산업에서 성공적으로 ESG 경영이 이루어지기 위해서는 각 이해관계자가 건설 프로젝트 안에서 자신들이 맡은 역할과 수행할 수 있는 ESG 가치가 무엇인지를 정확히 인식하고 궁극적으로는 외부의 압력에 의해 마지못해 ESG 경영 전략을 수립하는 것을 넘어서 ESG에 대한 가치를 내재화해야 한다. 이는 건설산업이 더 지속 가능하고 책임감 있는 방향으로 나아가는 데 기여한다. 또한, ESG 경영의 정착은 단순히 기업 외부의 비재무적 문제만을 해결하는 것이 아니라 장기적으로는 이해관계자 간의 협력을 촉진하고 신뢰를 구축함으로써 산업 전반에 걸친 장기적 재무 성과의 발생으로 이어질 수 있으며 건설산업의 이미지를 개선하여 이 역시도 장기적 수익성 개선에 도움을 줄 수 있다.

발주자- ESG 가치 사슬을 형성하고 확산시킬 수 있는 주체

발주자는 건설 프로젝트의 ESG 성과에 지대한 영향을 미치는 주체로서, 발주자의 사업 추진 방향성에 따라 프로젝트의 ESG 성과가 달라질 수 있다. 특히 공공발주자는 국내 건설 물량의 상당 부분을 담당하면서 정부의 기조에 맞는 비재무적 ESG 성과를 입찰 과정에 반영할 수 있는 능력을 갖추고 있다. 또한,

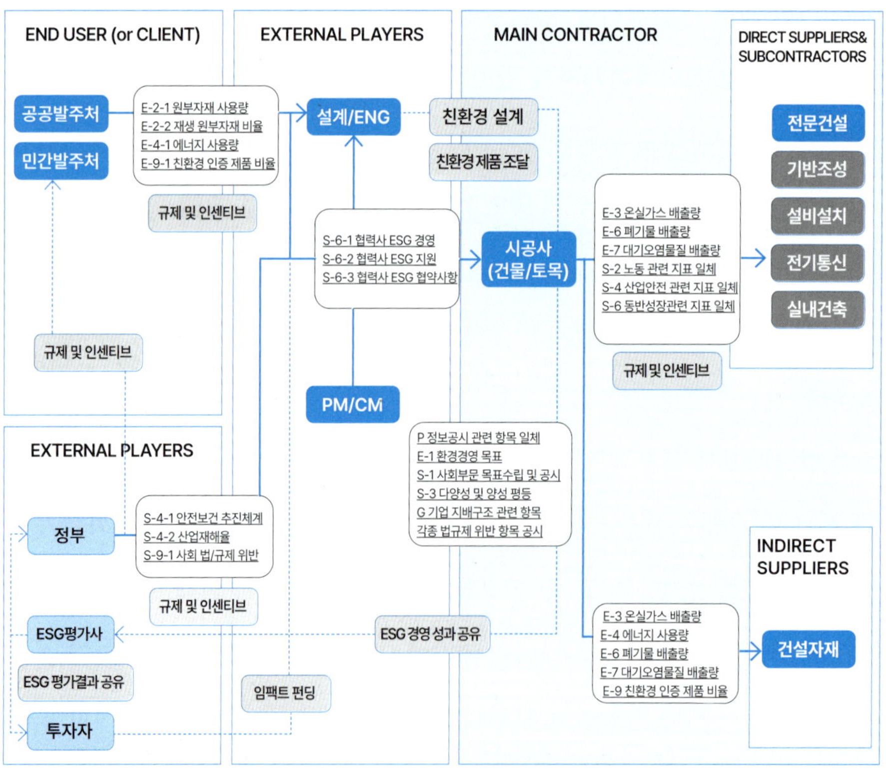

※ 한국건설산업연구원, K-ESG 기준 분류 및 지표

그림 6-1 | 건설산업의 ESG 생태계와 구성 주체[83]

공공발주자가 아니더라도 ESG를 충분히 고려하여 사업을 진행하고자 한다면 사업 진행 과정에서 적절한 업체와 계약하여 ESG 성과를 최대화하기 위한 방식을 선택할 수도 있다. 필요하다면 발주자가 프로젝트 금융 등을 활용하여 자금을 확보함으로써 친환경 자재를 사용하거나 에너지 효율이 좋은 새로운 공법을 도입하고, 현장 안전 확보를 위한 조치를 시행하는 등 추가로 드는 비용을 충당할 수도 있다. 이렇듯 발주자는 사업에 참여하는 건설산업 관련 기업에 환경적, 사회적 기준을 준수하도록 유도할 수 있다.

발주 과정에서 ESG를 고려하는 것은 친환경적 가치 사슬을 형성하는 데 있어서 필수적이다. 발주자는 조달 과정에서 사회적 책임을 반영함으로써 건설산업에 ESG 경영을 유도하고 가치를 확산시킬 수 있다. 입찰 과정에서 ESG 평가 항목을 적용하면, 계약자 선정 이후에 진행되는 자재 조달, 시공, 유지 관리 전반에 걸쳐 ESG 성과에 긍정적인 영향을 미칠 수 있다. 친환경적 요소를 고려한 발주는 친환경 설계, 원부자재 사용량, 재생 원부자재 비율, 온실가스 배출량, 에너지 사용량, 폐기물 배출량 등에 영향을 미칠 뿐만 아니라 산업재해율 감소 및 안전 보건 추진 체계를 강화하는 데에도 기여할 수 있다. 이러한 노력은 건설산업에서 ESG 가치가 내재화되고, 지속가능성이 향상되는 데 중요한 역할을 한다.

설계 및 CM/PM사 –
건설 생애주기적 관점에서 ESG 성과를 좌우하는 주체

설계사는 발주자의 요구에 따라 건설 프로젝트의 ESG 가치를 창출하는 목표를 설정하고 그 과정에서 ESG 가치를 실현하기 위한 전문 지식을 갖춘 주체로서, 역량에 따라 건설 생산의 생애주기적 관점에서 실질적인 ESG 성과를 좌우할 수 있다. 더 나아가 친환경 사업 포트폴리오를 구성하고, 발주자를 비롯한 다른 참여자들에게 ESG 가치 증진을 위한 전략을 제안하는 등 주체적이고 자발적인 움직임을 통해 건설 시장 전반의 ESG 경영 문화 확산 기조를 이끌어갈 수 있는 주체이다.

설계사의 경우, 친환경 설계를 통해 건축물의 생애주기에 걸쳐 탄소 배출 저감을 실현할 수 있다. 설계 단계에서 온실가스, 기후 변화, 이상 기후 등 환경 위해 요소를 조기에 발견하고, 그 부정적 영향을 완화하기 위한 노력을 수행하는 것이 가능하다. 건축물의 내/외부 환경을 고려한 통합적인 친환경 디자인 전략을 수립하고 적용할 수 있으며, 초기 설계 단계에서부터 다양한 관련 분야의 전문가를 참여시켜 설계 단계별로 필요한 친환경 전략을 제언하고, 건축적 요소인 패시브 전략과 더불어 설비 요소에 대한 액티브 전략 모두를 활용할 수 있다.

더 나아가 신재생 에너지를 얼마나 어떻게 이용할지에 대한 법적 근거와 대지 조건을 바탕으로 한 충분한 검토 과정을 거침으로써 실제 사업이 진행되는 과정에서 얻을 수 있는 ESG 성과를 예측하고 조정할 수 있다. 일례로 설계사는 기후 및 자연환경을 고려한 친환경 외부 공간 계획, 에너지 및 자원 절감을 고려한 패시브 디자인, 일사량과 조도 등 빛 환경과 에너지 성능 평가를 위한 시뮬레이션 분석, 신재생 에너지 및 고효율 시스템 개발 등 액티브 디자인과 함께 성능과 디자인의 균형을 위한 통합 설계가 가능하다. 이러한 친환경 설계는 생애주기적 관점에서 건축물의 환경적 성능을 결정하는 중요한 절차로, 원부자재 사용량, 재생 원부자재 비율, 온실가스 배출량 등의 ESG 지표에 긍정적 영향을 미칠 수 있다.

CM, PM사의 경우, 발주자의 재무적 이익 창출에 대한 책임과 프로젝트 전반의 ESG 성과에 대한 영향력이 있는 주체로, 발주자를 대상으로 다양한 친환경 인증 관련 컨설팅을 수행할 수 있다. 이러한 인증 제도는 친환경 건축물이 제도권 내에서 건축물이 완성되는 일련의 과정에 개입하여 국가적 수준으로 요구되는 친환경 성능이 확보될 수 있도록 한다. 더 나아가, 친환경 인증을 높은 등급으로 획득하였을 때 주어지는 세제 혜택 및 용적률 인센티브를 적극적으로 활용할 수 있도록 발주자에게 권할 수 있는 주체며, 이외에도 직간접적으로 기업 성장을 위한 시장에서의 차별화, 혁신, 분양 촉진 등 재정적 기대 효과에 대해 제언할 수 있다. 이러한 친환경 인증 제도의 활용 권고는 기업의 적극적이고 자발적인 ESG 목표 수립 및 공시 활성화와 ESG 경영을 통한 재무적 이익으로의 연계에 기여할 수 있다.

종합건설기업 –
시공 단계에서 종합적으로 리스크를 관리하는 중요 주체

종합건설기업은 건설 프로젝트의 시공 단계에서 핵심적인 임무를 수행한다. 하도급 업체의 선정과 관리를 통해 시공 단계에서 ESG 가치를 실현하는 데 중요한 역할을 하며, 이 과정에서 필요한 전문 지식과 기술을 갖추고 있다. 대형 종합건설기업의 경우, ESG 평가 기관과 투자자로부터 ESG 성과에 대한 직접적인 압박을 받기 때문에 비재무적 리스크를 관리하는 데에 있어 중요한 주체가 된다.

이들은 산업 내 다른 주체에 비해 ESG 가치 창출에 더 큰 유인을 하고 있으며 다양한 ESG 리스크에 적극적으로 대응할 것으로 기대된다. 종합건설기업은 특히 건설산업에서 사회적 부문의 동반 성장에 영향력과 책임이 매우 큰 주체로서, 협력 업체 관리에 ESG 요소를 통합함으로써 ESG 성과를 증진하는 데 기여할 수 있다. 또 안전 관리와 효율적인 인력 및 장비 사용을 통해 시공 단계에서 탄소 배출을 줄이고, 산업재해율을 낮추는 한편, 협력 업체 교육 및 기술 교류를 통해 동반 성장을 촉진할 수 있다. 이러한 종합건설기업의 노력은 건설산업의 지속가능성을 향상할 것이며 건설 프로젝트의 전 생애주기 동안 지속가능한 관행을 촉진하고, 전체적인 건설산업의 ESG 프로필을 강화하는 데 중요하게 이바지할 것으로 기대된다.

전문 건설기업/건자재 공급자 –
실질적 인력, 장비 등을 보유하고 동원하는 주체

전문 건설기업 및 건자재 공급자의 경우에는 건설 과정에 필요한 대부분의 실질적 인력과 장비, 자원을 보유하고 동원하는 주체로서, 건설 프로젝트의 다양한 ESG 성과에 영향을 미칠 수 있다. 특히 건설산업에서 중요하게 여겨지는 환경 부문의 탄소 배출 및 에너지 사용에 대한 Scope 3 수준의 측정 및 관리를 위해서는 이들의 관련 데이터 수집 및 공유, 저감을 위한 참여가 필요한 실정이다.

외부 기관(정부/ESG 평가자/투자자) –
ESG 경영 활성화를 위한 환경 제공 주체

정부, ESG 평가사, 투자자 등 건설산업 외부의 주체들 또한 규제, 인센티브, 임팩트 투자 등을 통해 다양한 방법으로 건설산업의 ESG 경영 활성화를 위한 환경을 제공할 수 있다. 기업의 비재무적 성과인 ESG 성과를 재무적 이익으로 환원시켜 기업에 유인과 동력을 제공할 수 있어 그 역할과 영향력이 증대한다.

6.2. 산업 주체별 신사업 기회

건설산업 생태계 내에서 각 주체는 역할과 책임만 존재하는 것이 아니다. ESG 경영은 일반적으로 규제 대응 및 리스크 관리 차원에서 중요하게 다루어지지만, 전 세계적으로 ESG에 대한 중요성이 강화되는 추세를 신사업 기회로 보는 관점 또한 존재한다. 특히 환경에 대한 영향이 큰 건설산업에서는 ESG를 신사업이나 신제품 개발의 기회로 활용할 수 있는 잠재력이 풍부하다.

ESG 기준에 맞으면서 장기적인 수익성을 보장하는 태양광, 풍력 등 신재생에너지를 포함한 친환경적인 건설 프로젝트의 포트폴리오를 확대하는 방안이나, 친환경 건설 및 현장 안전 관련 신기술을 개발하는 전략도 있다. 에너지 효율성, 자원 재활용, 건축물의 탄소 발자국 감소와 관련된 기술을 개발하거나 IoT, AI, 빅데이터를 활용한 현장 안전 기술의 개발도 미래 건설산업의 주요 전략이 될 수 있다. 더불어, 시장에서 기업의 이미지를 향상할 수 있는 다양한 사회적 활동에 참여하는 것도 중요한 전략이 될 수 있다.

이러한 ESG 전략은 당장 눈에 보이는 재무적 이익의 관점으로 접근하기보다는 미래의 비재무적 성과 달성을 위한 투자의 관점으로 접근해야 하며, 건설기업의 지속가능성을 달성하고, 경쟁력을 강화하며, 새로운 시장을 개척할 기회를 제공한다. 그러나 모든 ESG 전략이 비재무적인 성과로만 귀결되는 것은 아니다. 최근 투자자와 소비자의 ESG에 대한 관심이 높아짐에 따라 ESG 성과가 기업의 재무적 성과와 직결되는 경우가 많아졌다. 그러므로 이제 건설산업에서도 ESG에 대해 단순히 환경과 사회에 대한 기업의 의무를 지키고 정부와 지자체의 규제를 따르는 것이라는 시각을 넘어서서 새로운 시장을 개척하고 기업의 이윤을 증진하는 신성장 동력과 혁신의 기회로 활용할 필요가 있다.

설계 및 CM/PM사 – 새로운 ESG 서비스 경쟁력 확보의 기회

건설 프로젝트에서 여러 정보 및 기술 서비스를 제공하는 엔지니어링 회사나 설계, CM/PM 회사의 경우, 앞으로 건축물에 대해 생애주기적 관점에서 ESG 성과를 예측하고 개선할 수 있는 서비스를 개발함으로써 새로운 시장을 확보할 수 있다. 엔지니어링사나 설계사의 경우는 건축물의 전 생애적인 환경적 성능 등을 정량적인 지표를 통해 예측하고 평가하는 도구를 개발하고 대안을 제시하는 방법이 필요하다.

설계사는 건축물의 전 생애 환경영향평가 도구 개발을 위한 데이터로 그들이 실제로 관여한 다수의 프로젝트 정보를 활용할 수 있다. 영국에 기반을 둔 글로벌 디자인 컨설팅 회사인 애럽Arup은 건축, 구조, 도시 분야뿐만 아니라 환경 및 지속가능성 분야에서도 다양한 서비스를 제공하고 있다. 실제로 애럽은 회사가 참여한 많은 프로젝트로부터 정보를 수집하여 전 생애 환경 영향 평가 도구의 질을 개선하기도 했다.

CM/PM 사의 경우 발주자의 의사 결정에 도움을 줄 수 있는 ESG 지표 평가 및 예측 서비스와 같은 신사업 기회가 있다. 예를 들면, 발주자가 종합건설기업의 ESG 경영 성과를 평가할 때 도움을 줄 수 있는 서비스나, 현재의 기획에 따라 예정된 건설 프로젝트의 내외부에서 발생할 수 있는 ESG 리스크를 분석하여 발주자와 프로젝트 참여자에게 제공할 수 있는 서비스의 개발이 주요할 것으로 보인다. 이와 관련된 실제 사례를 함께 살펴보자.

설계 및 CM/PM 사의 신사업 기회 창출 사례(1): 겐슬러

겐슬러의 기후 변화 행동 및 지속가능성 팀Climate Action & Sustainability Team은 자사가 자체적으로 마련한 건축물의 생애주기 환경 평가 도구인 'Tally' 를 사용하여 탄소 배출 절감을 목표하였다. 'Tally'는 건물의 요소별로 건물의 생애 주기에 걸쳐 어느 단계에서 어느 정도의 탄소가 배출되는지 확인하고 건물이 미칠 탄소 영향을 예측한다. 이를 바탕으로 겐슬러는 탄소 배출을 줄일 방안을 모색하고 이를 반영할 수 있는 올바른 대안을 찾아가는 방식으로 건축 설계를 진행한다.

겐슬러의 'The Link'는 콜로라도주의 덴버에서 진행된 프로젝트로, 가동을 멈춘 통신 빌딩을 현대적이고 쾌적한 오피스 타워로 재건축하였다. 이 과정에서 겐슬러는 'Tally'를 사용하여 기존 빌딩에서 철, 콘크리트, 석조 등과 같이 단

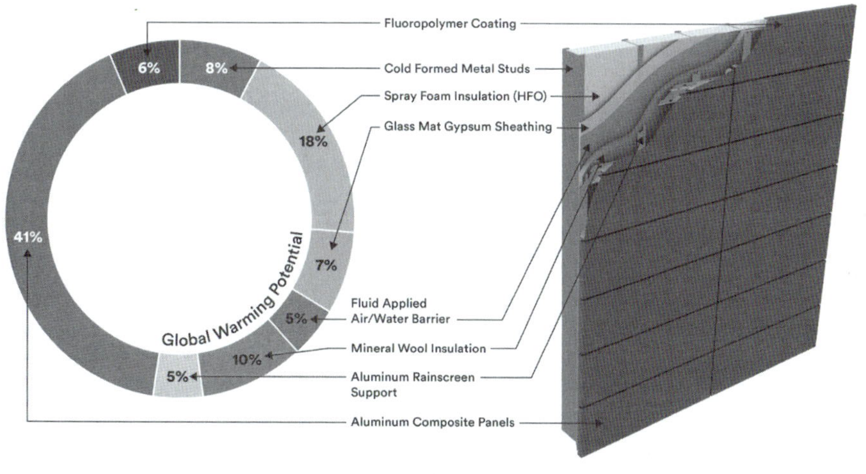

그림 6-2 | 건축물 외장 마감의 요소별 탄소 배출량[84]

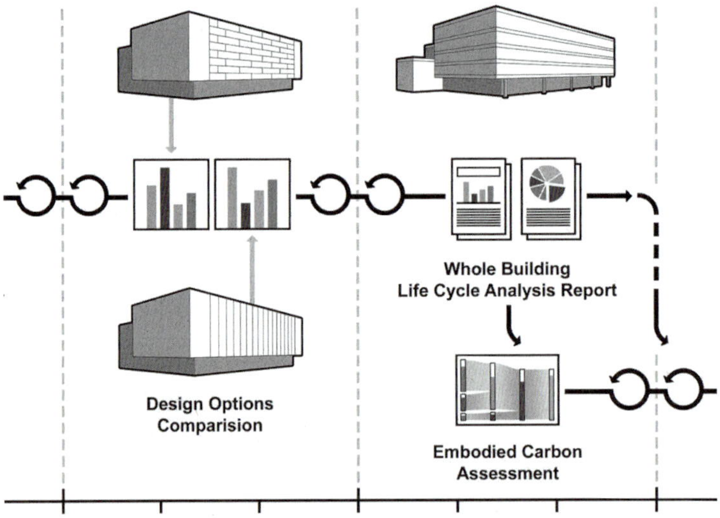

그림 6-3 | 'Tally'의 작업 흐름[85]

소 집약적인 요소를 가능한 한 많이 찾아 보존함으로써 해당 자재들을 새로 공급하지 않음으로써 전체적인 탄소 배출량을 줄일 수 있었다. 또한, 새로 사용하는 자재는 되도록 유리와 재활용 목재, 재활용 철재 등을 활용하도록 하여 설계를 진행했다. 그 결과 생애주기 환경 영향 평가 과정 없이 지은 상황을 가정하여 비교하였을 때 탄소 배출량을 약 68% 절감한 것으로 나타났다.

또 다른 캘리포니아 남부에서의 한 프로젝트에서도 환경 영향 평가를 적용한 설계를 통해 탄소 배출을 감축하였다. 캘리포니아 남부에서 3층의 소매점 건물을 오피스 캠퍼스로 재건축하는 프로젝트에서 가능한 세 가지 설계 시나리오에 대해 각각 예상되는 탄소 배출량을 비교하여 공사 과정에서 발생하는 탄소 배출량을 효과적으로 줄일 수 있는 경우를 살펴보아 가장 최적의 결과를 보이는 설계 시나리오를 채택하였다. 그 결과 단위 면적당 탄소 배출량이 기존의 218lb/ft^{2}에서 148lb/ft^{2}로 감소하였으며, 내재 탄소 배출량은 일반적인 건설 가이드라인에 비해 57% 감소하였다.

그림 6-4 | 'The Link' 내부 사진[86]

설계 및 CM/PM 사의 신사업 기회 창출 사례(2): 애럽

파리기후협약에 따라 국제 사회는 전례 없는 환경적 목표를 위해 노력해야 한다는 의견 아래에 애럽Arup은 건설산업에서 다양한 노력을 통해 친환경적으로 이바지하고 있다. 애럽은 지난 2022년 4월부터 자사의 모든 건설 프로젝트에 생애주기 환경 영향 평가를 실시하겠다고 선언했다. 이를 위해 업무 프로세스를 개선하고 다양한 데이터를 수집하는 등의 노력을 하였고 건축물 설계 단계에서부터 수준 높은 환경 영향 평가를 수행할 수 있게끔 'Zero'라는 이름의 데이터 플랫폼을 구축하였다. 이를 바탕으로 예상되는 탄소 배출량을 세 가지 수준으로 분류하여 사용자에게 제시할 수 있었다.

또한, 애럽은 건설산업에서 건축, 도시, 재료, 교통 등의 분야가 자연환경과 맺는 상호작용에 관해 연구하고, 환경에 미치는 악영향을 줄일 방법을 활

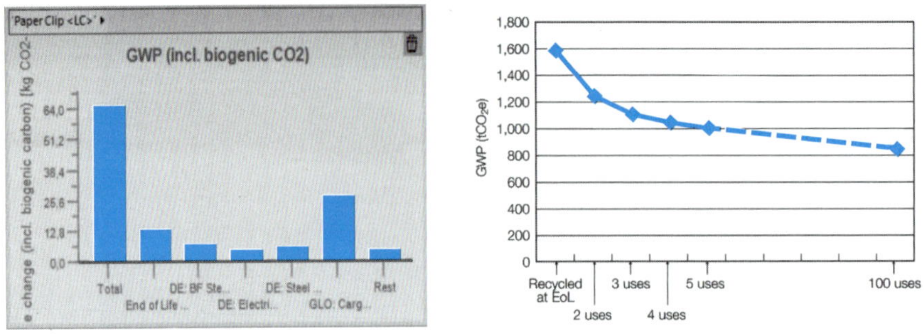

그림 6-5 | 애럽의 전 생애적 환경 영향 평가 소프트웨어 실행 화면[87](왼쪽)과 철재 재사용 횟수에 따른 지구온난화 지수 변화[84](오른쪽)

발히 연구하고 있다. 일례로 애럽은 인도의 강철 제조사 타타철강Tata Steel과 함께 철재 재사용에서 발생하는 재정적, 환경적인 이점을 확인하는 공동 연구를 진행했으며, 구조 강재를 재활용하는 경우 지구온난화 지수Global Warming Potential, GWP 가 감소하는 결과를 얻었다. 나아가 장기적으로도 철재를 재활용하는 방식으로의 시스템 변화가 가져올 이점이 많을 것으로 예측되는 결과를 얻었다.

이외에도 애럽은 세계 지속가능발전 기업위원회WBCSD에 가입한 바가 있다. 애럽은 위원회의 일원으로서 건축물의 생애주기 탄소 배출 평가를 개선하기 위해 다양한 건축 프로젝트 사례를 조사하였다. 건축물의 생애를 단계별로 나누어 제시한 모델을 사용하고, 각 단계별로 건축물이 만들어내는 탄소 배출량을 조사하여 세계 지속가능발전 기업위원회World Business Council for Sustainable Development, WBCSD에서 "Net-zero buildings, Where do we stand?"라는 제목의 보고서를 발표하기도 하였다.

Case Study 01		Building Stages						
Whole life carbon emissions kgCO₂e/m²		Product	Construction	Use		End of life	A-C Emissions	Beyond Life
		A1-A3	A4-A5	B1-B5	B6-B7	C		D
Building layers	**Substructure** - RICS Level 1 Foundations, lowest floor construction, retaining walls	36	3	0		1.1	39	-5
	Structure - RICS Level 2.1 - 2.4 Frame, floors, roofs and stairs	204	6	6		3.0	219	-48
	Skin/Façade - RICS Level 2.5 - 2.6 External walls, windows and doors	100	1	94		0.2	195	-111
	Space Plan - RICS Level 2.7 - 2.8 Internal walls, partitions and doors	16	0	16		0.1	32	-2
	Space Plan - RICS Level 3 Internal finishes	23	0	23		0.0	46	0
	Stuff - RICS Level 4 Fittings, furnishings and equipment	5	0	10		0.0	15	-5
	Services - RICS Level 5 Building services	120	1	240	1,512	1.4	1,873	-56
	Site emissions (A5) Waste, electricity and fuel		30				30	
Embodied carbon emissions		**503**	**40**	**388**		**6**	**937**	**-227**
Operational carbon emissions Energy and water use					1,512		1,512	

그림 6-6 | 애럽에서 실시한 생애주기 동안 건축물의 탄소 배출량 사례 조사[88]

설계 및 CM/PM사의 신사업 기회 창출 사례(3): WSP 글로벌

WSP 글로벌WSP Global은 건축 및 토목 분야에서 자연환경에 대한 관리 및 컨설팅 서비스를 제공하는 기업으로, 미래에 대비하는 자세로 프로젝트에 임하면서 기후 변화를 완화하는 데 힘쓰고 클라이언트를 저탄소 경제로의 전환에 동참하게 돕는다. 또한, 최근 기후 변화 대응책 마련의 필요성이 강조되고 있는 가운데, WSP 글로벌은 관련 신사업에 적극적으로 참여하며 ESG 기업으로서 모습을 보여주고 있다.

하와이는 해수면 상승, 해안의 붕괴, 강해지는 폭풍, 잦아지는 산사태, 화산 문제 등 여러 기후적 악조건에 의해 인프라 붕괴의 위험을 항시 안고 있다. 따라서 하와이에서 진행되는 프로젝트는 기후 리스크에 대비해야 한다. WSP 글로벌은 하와이 교통부의 파트너로 참여하여 악성 기후 조건과 미래의 기후 변화를 고려하여 하와이의 고속도로 건설을 진행한 바 있다.

WSP 글로벌의 관심은 비단 공사 현장에서의 기후를 고려한 고속도로 설치를 넘어 준공 이후 실제 고속도로를 이용할 시민들의 편의성과 안전 문제에도 뻗쳤다. WSP 글로벌은 'Action Plan' 프로젝트를 통해 변화하는 기후 정보를 시간대별로 정리하여 표로 작성하여 제공하고, 위치 기반 서비스를 활용하여 고속도로 이용자들에게 기후와 관련한 문제가 발생하지 않도록 예방할 수 있는 정보를 준다.

호주 시드니에서는 온실가스 배출량 0에 도달하겠다는 당국의 목표에 따라 'Planning for Net Zero Energy Buildings'라는 이름의 프로젝트를 진행하여 실제 온실가스 배출을 낮출 방법을 모색하는 프로젝트에 참여하기도 하는 등 ESG 관련 사업에 활발히 참여하고 있다.

WSP 글로벌은 기후 이외에도 다양한 건축, 토목 사업에서 지속가능한 설계를 접목하려고 노력하고 있으며 고층 빌딩 사업 역시 그중 하나이다. 대표적인 프로젝트로 한국의 롯데월드타워가 있다. WSP 글로벌은 공사가 지상 7층까지

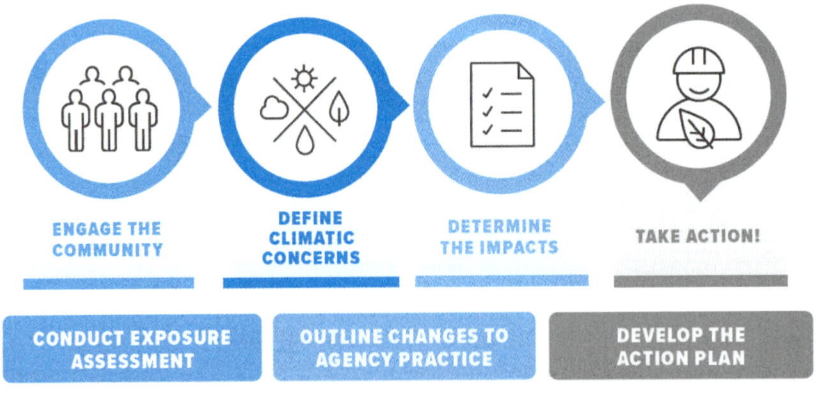

그림 6-7 | WSP Global에서 제공하는 Action Plan'의 과정[89]

이미 지어진 시점에 프로젝트에 참여하여 ESG 관련 컨설팅 서비스와 에너지 모델링 지원 등을 제공하였으며 롯데월드타워는 결과적으로 세계 최초로 완공과 동시에 미국 그린빌딩협의회USGBC의 LEED 골드 등급을 충족한 건축물이 되었다.

'Twentytwo'로도 알려진 런던의 22 비숍게이트Bishopsgate 빌딩 또한 WSP 글로벌이 참여하여 좋은 성과를 거둔 고층 빌딩 프로젝트다. 해당 용지에는 이전에 진행되던 공사가 중단되면서 남겨진 구조물이 있었는데, 이를 창의적으로 재사용하여 내재 탄소 배출량을 70% 감소시켰다. 설계 과정에서도 건축물의 다양한 측면에서의 에너지 절감과 탄소 배출량 저감에 초점을 둠으로써 결과적으로 비숍게이트 빌딩은 WELL 인증을 받은 건물 중 가장 넓은 바닥 면적을 가진 빌딩으로 기록되었다. 이외에도 BREEAM Excellent 등급 인증을 받고 런던 에너지 전환 이니셔티브London Energy Transformation Initiative, LETI의 2020 탄소 배출 저감 목표를 충족하는 등의 성과를 이뤘다.

기후환경 산업, 고층 빌딩 사업 이외에도 WSP 글로벌은 항공 시설, 의료 시설, 교량, 도시, 에너지, 해상 시설, 원자력 시설 등의 다양한 분야에서 지속가능한 설계를 통해 탄소 중립에 나아가려는 노력에 힘쓰고 있다.

그림 6-8 | 한국의 롯데월드타워[90](왼쪽)와 런던의 22 비숍게이트[91](오른쪽)

설계 및 CM/PM사의 신사업 기회 창출 사례(4): 에이이컴

세계적인 인프라 컨설팅 회사 에이이컴AECOM은 자사의 ESG 전략으로 'Sustainable Legacies'를 발표했다. 이는 탄소 중립을 달성하고 사회적(S), 거버넌스적(G) 문제를 개선하겠다는 목표를 가지고 시장, 서비스, 지리 등에 관한 전문 지식을 활용하여 자신이 맡은 프로젝트에 사회적, 경제적, 및 환경적 가치를 제공하는 결과 중심 CM 또는 PM을 진행한다.

대표적으로 사우디아라비아의 두 번째로 큰 도시인 제다에서 홍수를 대비하기 위한 긴급 인프라 설치 프로젝트인 'Jeddah Stormwater Development Program'을 진행했다. 에이이컴은 'Sustainable Legacies'를 제공하는 것을 강조하였으므로 제다와의 파트너십을 수행하는 과정에서 도시에 존재하는 지역사회의 다양성을 존중하고 보존하며, 현재와 미래 삶의 질을 크게 향상하는 데에 중점을 두었다. 프로젝트의 가장 기본적인 목표는 홍수에 대한 시의 탄력성을 증진하는 것이었지만 건설을 통해 제다시의 여러 주거 지역에 상하수도 시설을 정비하고 도로 및 운송을 연결하여 더욱더 나은 삶의 질을 누리면서도 기

그림 6-9 | 사우디아라비아의 제다시 전경[92]

존의 질서를 크게 뒤바꾸지 않게끔 하였을 뿐 아니라 건축물이 끼칠 환경적인 영향도 고려하였다. 이를 통해 미래 지역 사회 성장과 연결, 그리고 사회적, 경제적 이동성 증가를 도모할 수 있었다.

다른 사례로 뉴욕시 교통공사New York City Transit Authority, NYCTA의 지하철 시스템 확장 사업을 들 수 있다. 1904년에 만들어진 기존 시스템을 100년 만에 혁신하여 미래의 지속가능한 유산으로 탈바꿈시킨 사례다. 세 개의 새로운 역을 설치하고 1.8마일의 터널과 트랙 등을 새로이 만드는 이 프로젝트는 이미 도시가 구축되어 있는 조건 아래 진행되었으므로 공사 과정에서 주변의 영향을 크게 받았을 뿐 아니라 주변에 미치는 부정적인 영향을 최소화하는 것에도 주의를 기울여야 했다. 공사 현장이 통신과 전기, 가스 증기, 상하수도 시설이 지하에 미로처럼 설치되어 있었다는 점 또한 프로젝트의 난도를 높였다. 에이이컴은 애럽과 조인트 벤처를 결성하여 프로젝트를 수행하면서 공학적인 요소를 활용해 사회적 성과를 지닌 결과물을 내놓을 수 있도록 발전시켰다. 디널건설에서는 생명 안전 문제, 환기 시스템, 재료 과학 등의 요소를 고려하여 총체적인 설계를 실시하고 열차 소음으로 인한 이용자의 스트레스를 줄이기 위해 음향학을 활용하였다.

한편 출퇴근 시간에 한꺼번에 사람이 몰리면 지하철 이용자 불쾌감이 높아지고 안전사고의 위험성이 증가하므로 군중 과밀 현상을 방지하기 위해 출근 시간에 대한 모든 역의 보행자 동적 모델 시뮬레이션을 생성하여 점검하여 그 결과를 공간 설계에 반영하였다. 이 덕분에 교통 시스템의 엔지니어링 및 설계 과정에서 이용자의 편의성과 환경적 이익에 미치는 영향까지 고려한, 기존의 프로젝트보다 한 단계 더 도약한 혁신적인 프로젝트로 인정받았으며 에이이컴과 애럽은 뉴욕 시민들이 누리는 이동성과 접근성이 다음 세대에 걸쳐 지속하도록 했다.

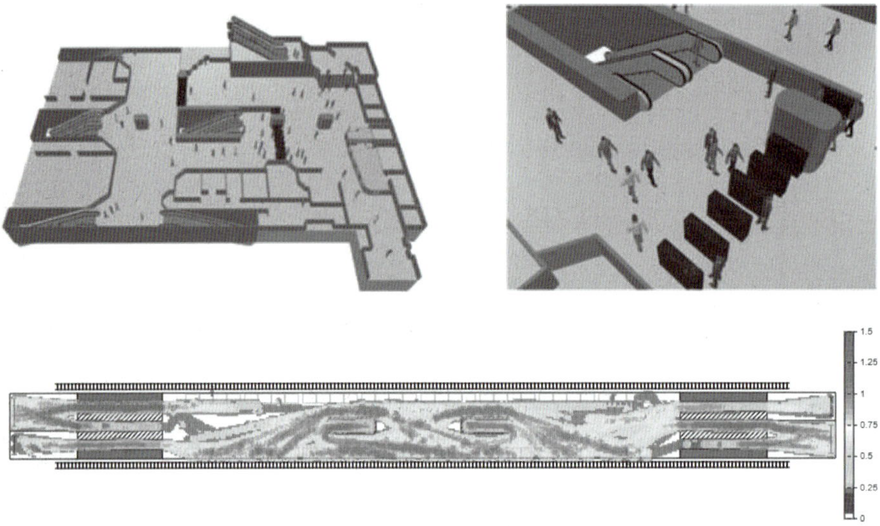

그림 6-10 | 지하철 역 내 보행자 시뮬레이션[93]

종합건설기업(1) - 친환경 사업 포트폴리오의 확장

친환경적 사업 포트폴리오의 확장은 종합건설기업에 중요한 기회를 제공한다. 재생 에너지 플랜트, 에너지 절약형 건물 등은 ESG 관련 성장 시장으로 인식되고 있으며, 이러한 시장을 선점하기 위한 전략 수립에 여러 기업이 앞다투어 나서고 있다. 종합건설기업은 재생 에너지 관련 계약 선점과 기술 개발을 통해 ESG 사업 확장을 도모할 수 있다. 이를 위해서 자체적으로는 외부 기술 제공 업체와의 협력을 통해 재생 에너지 건설 기술을 개발하고, 이러한 기술력을 바탕으로 재생 에너지 프로젝트에 참여하여 ESG 성과를 달성하고 사업 영역을 확장할 수 있다.

유럽의 대형 건설기업인 사이펨Saipem의 사례를 보면, 재생 에너지 플랜트 사업 확장을 위해 기술 개발 및 사업 참여를 한 전략이 어떻게 실현될 수 있는지를 보여준다. 영국의 종합건설기업 발포비티Balfour Beatty의 경우, 다양한 외부 업체와 더불어 에너지 관련 신생 기업과도 협력하여 사업의 친환경화를 도모한다. 국내의 다양한 종합건설기업 역시 탄소 중립을 위한 신재생 에너지 관련 사업 확대에 심혈을 기울이고 있다. 여러 국내 기업은 신재생 에너지 발전 플랜트, 수소 사업, 이산화탄소 포집 및 제거 사업 등에 적극적으로 참여하고 있는 모습을 보여준다. 이제부터는 다양한 사례를 통해 국내외 종합건설기업들이 어떻게 ESG를 신사업의 기회로 삼고 있는지 자세히 들여다보도록 하자.

종합건설기업의 친환경 포트폴리오 확장 사례(1): 사이펨[94]

유럽의 최대 규모의 건설기업 중 하나인 사이펨은 지속가능한 친환경적 사업 포트폴리오 구성을 위해 탈탄소를 달성하기 위한 친환경 에너지원을 생산하는 플랜트 사업 참여에 박차를 가하고 있다. 특히 해상 발전 시설 분야에서 전략적으로 계약을 선점하고 기술 개발을 진행하고 있다.

사이펨은 오랜 기간 조수와 파도에 대한 연구 개발을 지속해서 수행하면서 해양 에너지 부문에서 앞서나가고 있다. 본사의 계열사인 사벨라Sabella를 통해 독자적인 해양 기술을 테스트하고, 다양한 외부의 기술 제공업체와 파트너십을 맺어 풍력 발전 관련 기술력 또한 확보하고 있다.

사이펨은 프랑스 기업과 BSB 컨소시엄을 구성하여 프랑스에 페캄 노르망디 해상 풍력 발전 단지를 건설하고 있다. 해상 풍력은 육상 풍력 대비 풍속이 높고 시설 입주에 따른 토지 수용이나 주변 영향 등 제약 사항이 비교적 적어 입지적으로 훨씬 유리하고 생산하는 전기량도 상당하여 원전을 대체하는 친환경 에너지원으로서 주목받고 있다. 사이펨이 참여 중인 BSB 컨소시엄의 해상 풍력 발전 단지는 총용량 500MW로 프랑스의 약 77만 명이 소비하는 에너지에 해당하는 친환경 전력을 생산할 것으로 예상한다.

2022년에는 카타르 가스Qatar gas와 카타르 북동부 해안에 있는 'North Field Production Sustainability Offshore Compression Complexes Project'에

대한 계약을 체결했다. 해당 프로젝트는 탈탄소로 가는 과정에서 과도기적 친환경 에너지원으로 평가받고 있는 천연가스 압축 단지를 해양에 건설하는 프로젝트이며 계약 금액만 45억 달러에 달해 사이펨 창립 이후 총액 기준 가장 큰 단일 계약이다. 해당 프로젝트에서 사이펨은 해양 엔지니어링, 조달, 제작 및 시공에 참여하게 될 예정이다.

사이펨은 탈탄소 과정의 하나로 수소 연료로의 에너지 전환 사업에도 집중하고 있다. 탄소 포집을 통한 화석연료의 수소(청색 수소)와 물 전기분해를 통한 재생 가능 전력의 수소(녹색 수소) 모두를 고려하였으며 녹색 수소 생산 공장 건설에 앞장서고 있다. 2021년 사이펨과 알보란 하이드로젠Alboran Hydrogen은 이탈리아의 에너지 인프라 회사인 에디슨Edison, 스냄Snam과 함께 푸글리아 녹색 수소 단지Puglia Green Hydrogen Valley 프로젝트의 공동 개발을 위한 MOU를 체결했다.

푸글리아 녹색 수소 단지 프로젝트는 녹색 수소 도입을 가속하여 이탈리아와 유럽 연합이 2050년까지 탄소 중립 목표를 달성하도록 돕는 프로젝트로, 이탈리아 브린디시, 타란토, 세리뇰라에 세 개의 녹색 수소 생산 공장을 건설할 계획이다. 총용량은 220MW이며, 380MW급의 태양광 발전 단지에서 전력을 공급받아 수소를 생산한다. 완전 가동 시 세 개의 공장은 연간 최대 3억 세제곱

그림 6-11 | BSB의 페캄 노르망디 해상 풍력 발전 단지[95](왼쪽)
카타르 해상 가스 압축 단지 (오른쪽)[96]

미터의 재생 가능한 수소를 생산할 수 있을 것으로 예상한다.

사이펨은 노르웨이 회사인 모스 마리팀Moss Maritime의 전문적 기술 교류를 통해 육상 및 해양 환경에서 수상 태양광 발전소를 개발할 수 있는 기술과 다양한 특허를 보유하고 있다. 여기에는 건설 및 유지 보수를 쉽게 하는 모듈 설계, 다양한 위치 및 전력 수요에 맞는 맞춤화 설계, 파도에도 태양 전지판 손상이 없는 작동법 등이 포함되며, 다양한 해상 태양광 발전 프로젝트에 참여하기 위한 토대로 활용되고 있다.

최종적으로 사이펨은 상기된 재생 가능 에너지와 해상 풍력 및 수상 태양광 등 다양한 신재생 에너지 관련 기술을 통합하여 이탈리아 아드리아해의 새로운 에너지 허브를 건설하는 아네스Agnes 프로젝트를 진행하고 있다. 이는 이탈리아 북동부 해안의 재생 에너지 부문 통합 해양 지구로서, 석유와 가스 인

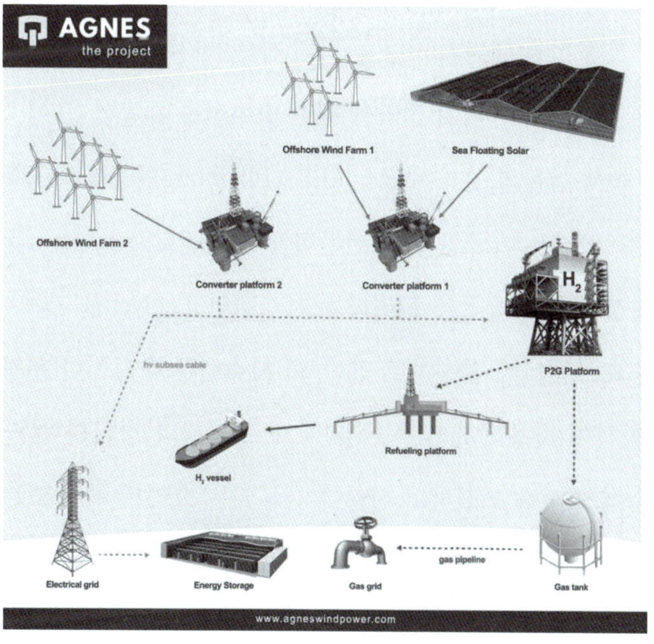

그림 6-12 | 사이펨의 해상 녹색 에너지원 통합 프로젝트 아네스[97]

프라의 일부를 신재생 에너지를 위한 시설로 전환하고, 태양과 같은 천연 녹색 에너지원 사이의 시너지 창출을 목표로 하고 있다.

종합건설기업의 친환경 포트폴리오 확장 사례(2): 발포비티[98]

발포비티는 영국의 건설기업으로, 건설 현장 및 건축물 운용 과정에서 탄소 배출량을 줄이기 위해 다양한 국제적 탄소 중립 캠페인과 그린 에너지 빌딩 프로젝트 참여, 친환경 기술을 활용하는 건설 현장의 확대를 적극적으로 추진하고 있다. 영국, 미국 및 홍콩 전역에서 건축물 운영이 환경에 미치는 영향을 최소화하기 위해 발포비티는 'UN Race To Zero' 캠페인에 동참하여 다양한 기업 및 기관과 연계하여 건설 현장에서의 탄소 중립과 탄소 중립 건축물 건설을 실현하기 위해 노력하고 있다.

발포비티는 미국의 설계 업체인 HMC 건설HMC Architects과 협력하여 캘리포니아에 등록된 최초의 카운티 소유 탄소 중립 에너지 의료사무소를 설계하고 건설했으며, 효율적인 에너지 사용을 위해 건축, 엔지니어링, 조경 등의 전반적인 시스템은 수자원과 에너지 절약에 대한 솔루션을 제공했다. 이 결과로 해당 프로젝트는 녹색 건물의 성과 지표인 LEED Platinum 인증을 획득하기도 했다.

또한, 발포비티는 미국의 장비 전문업체인 선벨트Sunbelt, Invisible Systems와 공동으로 현장에 전원 공급을 관리하는 시스템인 'EcoNet'을 자체적으로 개발하여 다양한 프로젝트에 활용하고 있다. 이 시스템은 주말이나 현장이 비어 있을 때를 포함하여 사용하지 않을 때 자동으로 기기와 장비의 전원을 끄는 시스템으로, 전력 소비를 조절하고 현장에 사용되는 그리드 연결 또는 디젤 발전기에 대한 수요를 줄임으로써 탄소 및 에너지 사용 저감에 이바지하고 있다. 'EcoNet'은 대규모 고속도로 계약인 'East Leeds Orbital Route' 프로젝트에서

그림 6-13 | 캘리포니아의 제로 네트 에너지 의료사무소(왼쪽)와 EcoNet(오른쪽)

처음 사용되었으며 첫 6개월 동안 난방, 온수 및 외부 조명을 최적화하는 데 성공하여 탄소 배출량을 83%가량 절감했다. 이에 그 성능을 인정받은 'EcoNet'은 현재까지 영국의 70여 개 건설 현장에 배포되어 운영 중이고, 6개 이상의 캐빈이 있는 모든 현장에서 활용하기로 하였다. 이로써 연간 최소 2,200t의 이산화탄소 배출량을 줄일 것으로 기대된다.

발포비티의 홍콩 합작 투자 회사인 가몬Gammon은 건설 현장을 위한 차세대 청정에너지를 개발하기 위해 홍콩에 기반을 둔 신생 기업 Ampd 에너지Ampd Energy와 협업 중이다. 이들은 건설 현장에서 피크 시간대에 수요가 높은 기계의 주요 전원으로 리튬 이온 배터리 저장 시스템인 'Enertainer'를 개발하여 탄소 배출을 크게 줄임과 동시에 소음 공해도 해결했다.

이들은 또한 HS2High Speed Two, 임페리얼 칼리지 런던Imperial College London의 저 배출 건설 센터The Center for Low Emissions Construction와 함께 진행 중인 건설 프로젝트에서 기존의 전문 공장을 개조할 수 있는 세계 최초의 배기 가스 개조 솔루션을 개발했다. 이는 배기 스트림에서 엔진의 질소산화물 배출을 능동적으로 감소시키는 촉매 환원 시스템과 함께 미립자 물질의 포집 및 연소를 위한 디젤 미립자 필터 기술로 이루어진다. 이로써 기존 공장의 탄소 배출을 줄

그림 6-14 | 발포비티의 리튬 이온 배터리 저장 시스템 'Enertainer'(왼쪽), 발포비티의 건설 중장비 배기 솔루션[99](오른쪽)

이고 공기 품질을 개선하게 되었으며 에너지 세이빙 트러스트Energy Saving Trust의 인증을 받아 다양한 플랜트와 기계 사업에 대해 솔루션을 적용하고 있다.

이들은 이전에는 Scope 1과 2 수준의 탄소 배출에만 초점을 맞추고 탄소를 상쇄하는 조치를 취해왔는데, 앞으로는 완전한 탄소 제로 건설 현장 프로젝트를 수행하기 위해 제품의 제작과 운송 과정에서 발생하는 Scope3에 대한 탄소 배출 또한 신경 쓸 것을 발표했다.

종합건설기업의 친환경 포트폴리오 확장 사례(3): 국내 대형 종합건설기업

국내 대형 종합건설기업은 ESG 경영 성과를 위한 적극적인 친환경 사업 확장에 뛰어들고 있다. ESG 경영의 성과가 건설기업의 재무적인 성과로 이어질 수 있다는 분석 아래 대부분의 국내 대형 종합건설기업은 친환경 건축 소재 사업이나, 탄소 중립을 위한 신재생 에너지 사업을 확대하고 있다.

DL이앤씨는 현대오일뱅크와 '탄소 저감 친환경 건축 소재 사업 협약'을 체결하여 국내 최대 규모의 친환경 건축 소재 생산 설비를 상용화하고, 생산된 제품을 건설 현장에 여러모로 도입해 나갈 예정이다. 현대오일뱅크가 대산 공장에서 가동 중인 정유 시설에서 발생하는 부산물인 탈황석고와 이산화탄소를 활용한 탄산화 제품 생산 공장을 건설할 계획이 있으며 생산된 탄산화 제품은 시멘트와 콘크리트 등 건축 자재의 원료로 사용된다.

DL이앤씨는 현대오일뱅크가 보유 중인 탈황석고 탄산화 기술을 활용한 공장의 설계, 구매, 시공을 담당하여 2022년 연간 10만 톤 규모의 생산 공장 건설을 시작으로 연간 생산량을 최대 60만 톤까지 늘리기로 계획했다. 이는 국내 최대 규모의 이산화탄소 포집 및 활용 설비이다. 생산 과정에서 온실가스를 줄이고 자원을 재활용하는데, 광산에서 석회석을 채굴하고 가공하는 기존 시멘트나 콘크리트보다 자연환경 훼손에 대한 우려가 없어서 친환경적이다. DL이앤씨는 친환경 건축 소재 사업을 통해 ESG 경영 및 친환경 사업 포트폴리오 확장에 속도를 낼 계획이다. 탄소 저감 소재를 활용한 시멘트와 콘크리트를 DL이앤씨가 참여하고 있는 아파트, 토목 현장 등에 도입하게 된다.

탄소 중립을 위한 신재생 에너지 사업 확대 또한 많은 건설기업이 공을 들이고 있는 분야이다. GS건설은 5,000억 원 규모의 포항 영일만 4 일반산업단

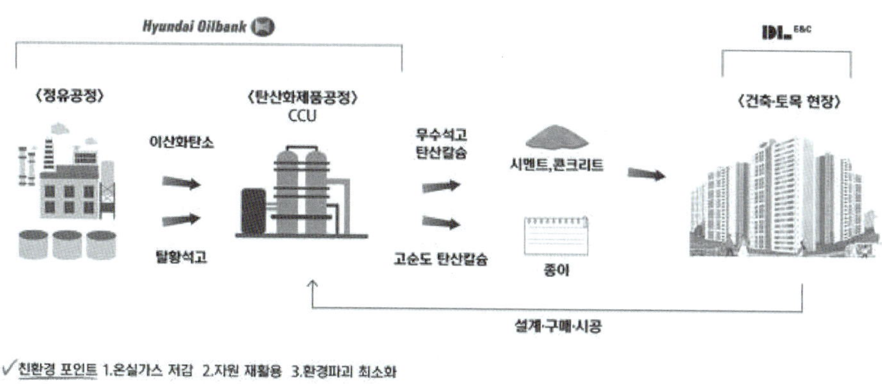

그림 6-15 | 이산화탄소와 탈황석고를 활용한 탄소 포집 및 활용 설비[100]

지의 100% 신재생 에너지 사용 발전 사업 투자에 참여했다. 신재생 에너지 발전으로만 약 98.9MW의 전력을 확보하게 된다. 영일만 4 일반산업단지는 포항시가 미래 탄소 중립의 전초기지로 준비 중인 공단으로 RE100Renewable Energy 100% 사업을 통해 에너지 자립형 산업 단지로의 도약을 목표로 하며 GS건설이 신재생 에너지 공급과 운영을 맡고 있다.

삼성엔지니어링은 수소 분야의 사업 확장에 적극적이다. 2020년 3월, 300억 원 규모의 벤처 투자 출자를 통해 수소와 이산화탄소 포집·활용·저장 기술 관련 벤처기업 육성에 나선 바 있으며, 롯데케미칼과 그린 파트너십을 맺어 탄소 중립과 친환경 사업 확대를 위한 발판을 마련하였다. 또한, 글로벌 에너지 기업 베이커휴즈Baker Hughes와 이산화탄소 및 수소 관련 업무협약을 체결했다.

DL이앤씨도 수소와 이산화탄소 포집 및 저장 등 친환경 신사업 진출을 모색 중이다. 암모니아를 활용한 그린 수소 플랜트 시장도 관심 분야다. 암모니아에서 수소를 추출할 수 있는 기술에 주목하여 천연가스를 통해 암모니아를 생산하는 세계 최대 규모의 플랜트인 사우디아라비아 마덴 암모니아 플랜트 프로젝트를 현재 수행 중이다.

그림 6-16 | 대림이앤씨가 설치한 사우디 마덴 암모니아 공장의 이산화탄소 제거 시설[101]

DL이앤씨는 이미 십여 년 전부터 이산화탄소 포집 및 저장 기술 개발을 꾸준히 준비해 왔다. 한전 전력연구원이 주도한 국책연구과제 1~2단계에 모두 참여해 이산화탄소 포집 플랜트의 기본 설계를 수행했으며, 현재 하루 3,000t의 이산화탄소를 포집할 수 있는 기본 설계 능력을 확보하고 있다.

현대엔지니어링도 녹색 수소의 대량 생산과 활용을 준비 중이다. 현대엔지니어링은 2023년 6월 포스코, 경상북도, 울진군, 포항공대, 포항산업과학연구원RIST, 한국원자력연구원과 '원자력 활용 그린 수소 생산 기술 개발'을 위해 손을 잡았다.

종합건설기업(2) – 친환경과 안전을 동시에 잡을 수 있는 신기술 개발

'친환경'과 '안전'을 중심으로 한 신기술의 개발과 상용화는 종합건설기업에 또 다른 중요한 기회다. 이러한 기술은 ESG 성과를 증진하는 동시에 기업 이미지를 제고하고 마케팅 능력을 강화하는 데 이바지할 수 있다.

그중 모듈 건설 기술과 건설 로봇을 활용한 자동화 기술은 현장의 효율성을 증대시키고 폐기물을 줄이며 안전한 작업 환경을 제공하는 등 기존의 방식에 비해 친환경적이고 안전하다. 이러한 기술은 건설 과정에서 발생할 수 있는 환경적 영향과 작업 중 발생할 수 있는 사고나 부상의 위험을 줄이는 데에도 이바지한다. 그렇기에 국내에서도 GS건설, 현대건설 등 여러 건설기업이 모듈 건축의 상용화와 주택 시장 활성화를 위한 기술 개발과 건설 로봇 기술 개발에 주력하고 있다.

이러한 신기술을 건설기업이 자체적으로 개발할 수도 있지만, 원천기술을 보유한 스타트업 혹은 전문건설기업과의 제휴를 통해 고도화 및 상용화하는 것도 좋은 전략이다. 국내 종합건설기업인 반도건설은 스타트업 및 전문건설기업과 협약을 통해 스마트건설 기술 개발을 추진함으로써 협업을 통한 기술 개발에 나서고 있다.

종합건설기업의 신기술 개발 사례(1): 모듈 건축[102]

모듈 건축은 기둥·슬래브(판 형태의 구조물)·보(수평으로 하중을 지탱하는 구조재) 등 주요 구조물 제작과 건축 마감을 공장에서 미리 한 뒤 현장으로 운송해 조립하여 건축물을 짓는 방식으로, 국내 건설 산업계는 ESG 경영 추진의 하나로 모듈 건설에 주목하고 있다. 최근 국회에서 모듈 주택 활성화를 위한 주택법 개정안이 발의되어 모듈 공법을 활용하여 건설하는 주택 등에 건폐율 및 용적률 완화 등의 인센티브가 제공되면서 국내 많은 건설기업이 관심을 보인다. 이처럼 친환경 사업에 대한 정부의 지원이 강화되고 있는 흐름 속에서, 친환경 건축 자재의 사용, 현장 작업 최소화로 탄소 저감과 현장 안전에 대한 이점이 있는 모듈 건축이 ESG 경영 성과와 더불어 기업의 재무적 이익을 동시에 견인할 수 있을 것으로 기대된다.

GS건설은 2020년 모듈 주택을 신성장동력 사업으로 추가하고, 모듈 사업 글로벌 매출 4위인 폴란드의 목조 모듈 주택 전문업체인 단우드Danwood, 영국의 철골 소재 모듈 업체인 엘리먼츠Elements를 인수하였다. 이를 바탕으로 2022년에는 영국에서 23층 규모의 고층 호텔 사업을 수주[103]하는 등 해외에서의 신사업 확장을 도모하고 있다. 또한 국내 모듈 주택 자회사인 자이가이스트를 설립하여 고급 모듈 단독주택 사업을 진행하는 등 주택으로의 모듈 공법 활용에도 적극적인 움직임을 보인다. GS건설은 모듈의 활용을 통해 비슷한 규모의 기존 주택 공사 대비 30%의 공사 기간과 25%의 비용을 줄일 수 있을 뿐 아니라, 소음과 분진은 물론 폐기물 발생량 또한 적다고 평가하고 있다.[104]

현대건설은 건설기업에서 추진할 수 있는 대표적 ESG 경영 방식으로 모듈 건축을 채택하여 역량을 집중, 관련 전문 인력을 적극적으로 채용 중이다. 2020년에는 모듈 기술 등 스마트 기술을 강화하기 위해 사내에 스마트건설 전담조직을 구성하여 운영 중이다. 노동자 사망 시 사업주나 경영 책임자에게 책임을 부담하는 중대재해처벌법이 시행됨에 따라 현장 작업을 최소화하는 모듈 기술 개발을 통해 근로자의 안전사고 방지에도 신경 쓰고 있다. 한편, 현대엔지니어링은 미래 건축 기술 개발의 하나로 지난 2012년부터 모듈 건축기술 연구개발에 적극적으로 나서기 시작했다. 다양한 외부 기관과의 협업을 통해 연구개발을 진행하고 있으며 OSC 기반의 여러 국가 R&D 사업에도 참여하는 등 모듈 건축 분야에서 그 기술력을 축적하고 있다.

모듈 건축은 대부분 LH(한국토지주택공사), SH(서울주택도시공사)가 발주하는 공공주택 사업을 중심으로 그 규모와 적용 영역의 빠른 확대가 이루어지고 있으며, 많은 국내 대형 건설기업이 조인트 벤처 형식으로 참여하려는 움직임을 보인다. 일례로 SH는 2022년 말 4,000억 원 규모의 '신내 콤팩트 시티' 발주를 앞두고 있으며, 이는 도로 인근에 대형 기둥을 세우고 기둥 사이에 다리 형태의 구조물을 설치한 뒤 그 위에 모듈 주택을 짓는 방식으로 시공할 예정이다. 이에 현재 10여 개의 대형 건설기업이 프로젝트 수주를 노리고 있다.[107] 해외에

그림 6-17 | 영국 엘리먼츠가 런던에서 시공중인 고층 모듈 레지던스[105](왼쪽 2개), 자이가이스트가 경기도에 준공한 프리패브 콘셉트하우스[106](오른쪽)

서는 북아일랜드의 케인Kane Group이 모듈 건축을 활용하여 물류 공급에 있어 역사상 가장 어렵다고 평가받았던 프로젝트인 런던의 클래릿지 호텔Claridge's Hotel 에너지 센터를 성공적으로 완공하였다.[108] 에너지 센터는 도심의 교통이 혼잡한 지역의 지하 5층 전체에 있었기 때문에, 사전 제작이 필수적이었다. 건설 자재는 건설기업의 북아일랜드 작업장에서 조립식으로 제작된 다음, 지하층에 접근할 수 있도록 3m X 3.4m 크기의 개구부를 통해 운반되었다. 또한 케인은 가상현실VR을 포함한 오프사이트off-site 솔루션을 적극적으로 활용했으며, 기계 및 전기, 배관 시스템의 안전한 운송 및 조달을 위한 프로젝트 전담팀을 구성하였다.

케인은 건설 관리 솔루션인 'VFP Viewpoint For Projects'를 활용하여 작업 절차를 간소화하고 데이터와 문서를 공동으로 공유하며 전체 프로젝트의 진행 상황을 추적하였다. 이를 바탕으로 공사에 사용되는 모듈이 현장에 정확하게 잘 도착하게끔 관리할 수 있었으며 VR을 활용하여 에너지 센터 건설 현장까지의 조립 부품 이동을 추적함으로써 물류에서도 개선을 이루어냈다. 이러한 관리 해결책의 사용은 프로젝트의 여러 이해관계자가 사업의 진척 상황을 확인하고 서로 소통하는 데에 큰 도움이 된 것으로 평가된다.

그림 6-18 | 케인의 VFP 시스템(왼쪽), VR 관리 시스템[109](오른쪽)

종합건설기업의 신기술 개발 사례(2): 반도건설[110]

반도건설은 2022년 협력 업체와 '공사 현장 스마트건설 기술 분야 상호협력 업무협약', 'IoT 스마트 시스템 기술협력 업무협약'을 차례로 맺으며 협력 업체와의 기술협력을 통한 ESG 동반성장에 힘을 쏟고 있다. 친환경 공법, 탄소 저감 건설 기술, 건설 자동화 시스템 구축 등의 ESG 핵심 기술을 협력 업체와 함께 개발하여 빠르게 변화하는 4차 산업혁명 시대에 자사의 사업 경쟁력을 강화함과 동시에 ESG 상생 경영을 실천하는 것이 주요한 목표이다.

반도건설은 업무협약을 맺어 건설 장비 공급 업체인 빌딩포인트코리아, 기계 설비 전문 건설기업인 대안이엔지와 함께 건설 현장의 자동화 로봇 기술과 스마트 건설 인프라 구축 및 기술 개발을 위한 공동 연구개발에 착수했다. 해당 업무협약을 통해 3사는 자동화 로봇 기술 도입과 인프라 구축 및 건설 기술의 고도화를 실현하고, 스마트건설 기술 개발과 품질 향상을 위한 공동 연구를 위해 상호협력해 나갈 방침이다. 또한, 건설 현장 및 견본 주택 대상으로 인공지능 AI, 사물인터넷 IoT 등 4차 혁신 기술을 적극 도입해 시공 정밀도와 더불어 작업 생산성을 향상해 나갈 방침이다. 또한, 반도건설은 IoT 기반 클라우드 서비스 기업인 아이티로와 '건축물 스마트 플랫폼' 구축을 위한 기술협력 업무협약을 체결하여 세대 망 전용 플랫폼을 포함한 건축물 스마트 플랫폼 분야에서 미래 주거 문화를 선도하는 스마트 플랫폼 기술 개발을 위한 상호협력 체계를 구축했다. 이외에도, '건축물 배관 설비 시스템 분야 기술 협력 업무협약', '친환경 공법, 3D 프린터 기술 적용, BIM 기술 도입' 등의 연구개발도 추진하며 ESG 상생 협력과 더불어 다양한 차세대 기술 혁신을 도모하고 있다.

또한, 반도건설은 발전된 기술을 실제 현장에 적용하는 일에도 힘쓰고 있다. 기존 건설 현장에 종이 도면 없이 IT 기기를 활용해 현장 관리, 3차원 모델을 활용한 건축 형상 파악, 공종별 설계도면 간섭을 사전에 파악하는 등 정보모델링BIM 기술을 적용해 왔다. 이를 통해 현장에서 발생가능한 문제를 사전에 예측하여 불확실한 위험 요소를 제거하고, 공사 기간과 비용을 절감함으로써 생산성 향상 뿐만 아니라 시공의 정확도를 높이는 등 큰 효과를 보고 있다. 반도건설은 인천 영종하늘도시, 서울 상봉동 주상복합, 창원 사파지구, 남양주 도농 2구역 등의 주상복합 현장과 가산동 지식산업센터 현장에서 BIM 기반의 증강현실 AR, 혼합 현실 MR 기술을 시범 적용하여 우수성을 입증해 왔으며, 그동안 축적된 데이터를 바탕으로 향후 진행되는 건설 현장에 증강 현실 AR, 혼합 현실 MR 기술을 적극적으로 활용하고 전문 인력 양성도 추진할 방침이다.

한편 반도건설은 '친환경·준불연 단열재 기술협력 업무협약' 및 '3D 콘크리트 프린팅 기술 협약'을 체결하고, '전기차 충전시설 화재 진압 설비'를 도입해 현재 창원 사파지구 현장에 적용하고 있으며, 협력 업체와 공동으로 철근 구조체 높이 조절 바체어 기술을 개발해 국토부로부터 신기술 인증을 받는 등 친환경·신기술 개발에 적극적으로 나서며 ESG 경영에 속도를 내고 있다.

그림 6-19 | 반도건설 건설 현장의 3차원 정보모델링(BIM) 기반 AR, MR 기술 도입[111]

종합건설기업(3) – 협력 업체의 ESG 역량 강화 및 관리

협력 업체, 특히 중소 전문 건설기업은 건설 프로젝트의 가치 사슬 내에서 ESG 성과에 큰 영향을 미친다. 이들의 ESG 역량은 프로젝트의 장기적인 ESG 리스크 관리에 결정적인 역할을 하므로 이들의 ESG 역량 강화는 필수적이다.

만약 협력 업체가 ESG 경영에 필요한 지식과 동기, 그리고 실행 능력을 충분히 갖추고 있지 않다면, 종합건설기업이 이를 위해 주도적인 역할을 수행해야 한다. 많은 대형 종합건설기업은 협력 업체의 ESG 역량 강화를 기업 전략의 하나로 보고 있으며, 이를 통해 협력 업체의 관리 및 지원을 진행하고 있다. 이는 교육 프로그램 제공, 기술 및 자원의 공유, 공동 개발 프로젝트 등을 포함한 다양한 형태로 이루어질 수 있으며, ESG 평가 결과를 협력 업체 선정에 반영하거나, 우수한 협력 업체에 인센티브를 제공하는 등 보상 위주의 전략을 포함한다. 이를 통해 협력 업체는 ESG 관련 활동에 대해 명확한 유인을 하게 되며, 이는 전체 가치 사슬의 ESG 성과를 향상하고 지속가능한 개발 목표를 달성하는 데 이바지한다.

ESG 역량 강화와 관련하여 종합건설기업이 협력 업체를 관리하는 방법은 크게 두 가지로 분류된다. 하나는 협력 업체와 장기적인 협력 관계를 구축하고 이들을 교육하고 육성하는 전략이 있고, 다른 하나는 시장 경쟁 입찰을 통해 선별적 협력 관계를 유지하는 전략이 있다.

첫 번째 전략은 초기에는 비용 증가와 같은 부담을 안겨줄 수 있으나, 장기적으로 볼 때 협력 업체의 ESG 역량 강화를 통해 지속가능한 건설산업 생태계를 조성하고, 업계의 ESG 경영을 선도하는 데 중요한 역할을 수행하여 종합건설기업의 리더십을 확보하는 데 도움을 줄 수 있다. 그러나 이러한 접근 방식은 충분한 재정적 지원과 전략적 인내가 필요하며, 짧은 기간 내에 구체적인 결과를 기대하기 어렵다.

두 번째 전략은 시장 경쟁 입찰을 통해 ESG 성과가 뛰어난 업체와 프로젝트별로 선별적 협력 관계를 유지하는 방법으로, 효율성을 중시한 방법이다. 가격 경쟁을 통해 비용을 절감하고 유연성을 높이는 방식이지만 장기적인 산업 발전과 ESG 투자에 대한 적극적인 접근이 뒤따르지 않는다면, 협력 업체의 저변이 약한 국내 시장에서는 협력 업체의 협상력 강화, 인건비 상승, 공기 지연 등으로 인해 장기적인 수익성이 하락하는 등 지속가능성에 부정적인 영향을 줄 수 있다. 따라서 종합건설기업은 자신의 비즈니스 모델과 시장 환경, 장기적 목표에 따라 전략적인 선택을 해야 한다. 아래는 협력 업체의 ESG 역량에 주목한 실제 사례이다.

종합건설기업의 협력 업체 역량 강화 사례(1): 모건 신달[112]

영국의 대형 종합건설기업 중 하나인 모건 신달Morgan Sindall은 'Supply Chain Family'라는 협력 업체 등록 제도를 20년 동안 운영해 왔으며, 현재 등록된 협력 업체는 413개에 달한다. 이 중 81%의 협력 업체와 단체협약을 통해 더 나은 단가를 지급하고 있다. 모건 신달은 이러한 협력 업체의 ESG 역량 강화를 위해 공급망 지속가능성 학교Supply Chain Sustainability School, SCSS를 다른 건설기업과 함께 설립하여 운영해 오고 있다. SCSS에서는 ESG와 관련된 폐기물 관리, 에너지 관리, 생물다양성, 현대판 노예법modern slavery, 공정성, 임직원의 정신 건강 및 복지, 노동자 조합 등의 주제에 대해 협력 업체에 무상으로 교육을 제공하며, 추가로 2021년에는 자사 직원을 위해 만들어진 사내 교육 프로그램을 협력 업체에도 제공하여, 100개가 넘는 협력 업체가 탄소 중립이나 기술 훈련 등에 대한 교육 프로그램을 수강할 수 있었다.

환경 부문의 탄소 배출 감소를 위해 모건 신달은 프로젝트가 진행되는 지역 내에서 자재 공급사 및 협력 업체를 우선 선정한다. 이는 공급 사슬 안에서의 운송 거리를 줄임으로써 탄소 배출을 감소시키고 지역 경제의 활성화에 이바지하는 효과를 목표한 것으로, 런던에서 진행된 한 프로젝트의 경우 총 발주 금액의 75%가 영국 내의 자재 업체에 사용되었고 브라운필드Brownfield 재생 사업의 경우 90%의 공사가 프로젝트 장소로부터 15마일 이내에 있는 협력 업체에 의해 수행되었다.

또한, 모건 신달은 탄소와 환경 문제를 전담하는 부서를 두고 있으며, 이 부서에서는 'CarboniCA' 라는 툴을 2021년에 개발하였다. 'CarboniCA'는 건설 프로젝트의 생애주기에서 배출되는 탄소 배출량을 설계 초기 단계에 예측하는 도구로, 건설 자재에서 발생하는 내재 탄소, 시설물의 운영에서 발생하는 탄소 배출량을 포함하여 예측한다. 이를 통해 발주자와 설계사에 저탄소 설계 대안을 제안함으로써 탄소 배출량을 줄이고자 한다. 실제로 맨체스터 지역의 근린생활시설 건설 프로젝트에서 내재 탄소량이 적은 강재를 사용함으로써 500t의 탄소 배출량이 줄어든 것을 'CarboniCA'를 통해 분석하는 등 탄소 배출량 감축을 이루어냈다. 모건 신달은 추후 'CarboniCA'를 웹 기반으로 전환하여 더 많

그림 6-20 | 모건 신달이 개발한 친환경적 현장사무소

은 프로젝트에서의 활용을 계획하고 있다.

모건 신달은 Scope 3 수준의 탄소 배출을 모니터링하고 감축하기 위해, 공급 사슬 내의 협력 업체와 함께 그들의 탄소 배출을 측정, 보고 및 감축시키는 것을 함께 하고 있다. 2021년에 협력 업체가 자신들의 탄소 배출량 자료를 공유할 수 있는 탄소 포탈 시스템을 구축했고 현재까지 60개의 자사 협력 업체가 이 시스템을 통해 탄소 배출량을 보고하고 있다. 전문 건설기업과 건자재 업체가 탄소 배출량 관련 자료를 수집하는 것은 매우 힘든 일이기에 모건 신달은 앞서 얘기된 SCSC를 통하여 다른 1군 건설기업과 협력하여 영국의 전문 건설기업과 건자재 업체가 탄소 포털 시스템에 등록하여 데이터를 제공하도록 독려하고 있다. 현재까지 총 900개의 업체가 시스템에 등록하였고, 그중 200개의 업체가 자료를 제출했다.

또한, 탄소 배출량 측정과 감축에 대한 협력 업체의 진도를 측정하기 위하여 'Carbon Maturity Framework'를 개발했다. 'Carbon Maturity Framework' 내에서 Level 1은 협력 업체의 핵심 인력이 탄소와 환경에 대한 교육을 이수한 것을 뜻하며, Level 5는 신뢰할 수 있는 탄소 감축 목표의 설정과 순환 경제에

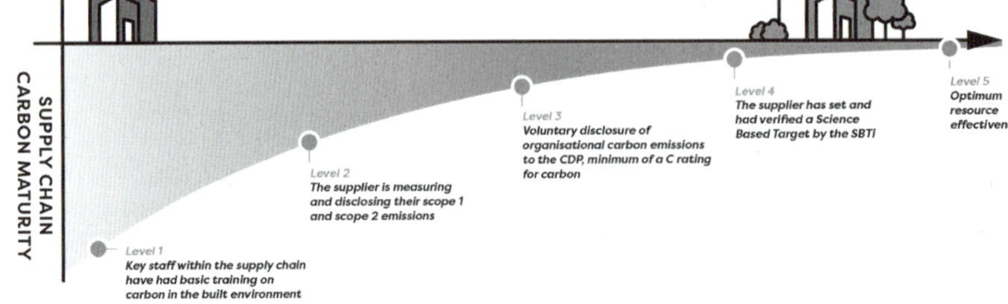

그림 6-21 | 모건 신달의 Carbon Maturity Framework[113]

대한 실천을 하고 있음을 뜻한다. 레벨의 측정은 협력 업체에 인센티브나 페널티를 가하기 위한 용도로 쓰이기보다는 각 협력 업체의 탄소 감축에 대한 성과를 측정하고 이에 근거하여 협력 업체에 도움을 주려는 용도로 활용된다.

모건 신달은 이러한 노력을 통하여 Scope 3 탄소 배출을 2019년 대비 45% 감축하였고 2030년까지 60%의 감축을 목표로 하고 있다.

종합건설기업의 협력 업체 역량 강화 사례(2): SK 에코플랜트

국내에서 ESG를 선도하는 친환경 신에너지 솔루션 기업으로 평가받는 SK 에코플랜트는 세계인권선언, UNGC 10대 원칙, 국제노동기구의 노동 권리 등과 같은 글로벌 가이드라인을 반영하여 협력 업체의 행동 규칙을 제정하고 운영하고 있다. 2022년에는 기업 내외부의 ESG 경영에 대한 수요에 대응하고자 협력 업체 등록 및 계약 시 이에 대한 의무 준수 협약 시스템을 구축하여 ESG 경영 기반을 강화하고 있다.

아울러, 등록업체 갱신 시 해마다 이행해 오던 '협력 업체 지속가능경영 설문'을 통한 협력 업체의 ESG 경영 수준 파악에서 한 단계 나아가 협력 업체의 실질적인 ESG 경영 수준을 높일 수 있도록 평가 및 관리 체계를 운영하고 있다. SK 에코플랜트는 주요 신용 평가사들과 함께 중소기업에 적합한 협력 업체 대상 ESG 평가 모형을 개발했으며, 협력 업체의 자발적인 ESG 평가 참여를 독려하기 위한 다양한 인센티브 제도를 운용하고 있다. 평가 이후에는 'Biz. Partner ESG Level-up' 프로그램에 따라 ESG 경영 개선을 위한 주요 과제에 대하여 각종 지원을 하고 있다.

한편 SK 에코플랜트는 협력 업체의 ESG 경영 관리와 더불어 책임 조달 규정과 분쟁 광물 규제 기준을 수립하고 준수함으로써 ESG 기반의 조달을 이행하기 위한 노력을 지속하고 있다. 에너지 자원 투입과 온실가스 등의 발생을 최소화하기 위해 친환경 자재를 우선 구매하는 녹색 구매 정책을 보유하고 있으며 친환경 자재를 제조 및 판매하는 협력 업체에 대한 실질적이고 체계적인 인센티브를 부여하는 제도를 지속해서 개선할 계획을 하고 있다.

협력 업체의 ESG 개선 지원을 위해 SK 에코플랜트는 고위험 요소를 확인하고, 개선 요구 및 지원을 통해 ESG 관리 수준을 높이려 하고 있다. 이들은 3대 영역을 대상으로 15개 부분의 관리 항목 아래 55개 세부 관리 항목을 도출하여 협력 업체를 대상으로 연 1회 진단 및 평가를 하여 개선 계획 제출을 요구하거나, 매년 ESG 개선을 위한 지원을 지속하고 있다.

SK 에코플랜트는 공급망 내 협력 업체의 자발적인 ESG 경영 개선 활동을 제고하기 위해 단계별 인센티브 도입을 추진하고 있다. 이들은 2025년까지 도입기, 확산기, 안착기를 설정하여 ESG 평가에 참여하는 협력 업체에 대한 지원을 확대함으로써 협력 업체의 자발적 참여 비중을 60%까지 늘리고자 노력하고 있다. 2022년에는 안전 전담 부서 설치, 환경경영 관심도 제고, 인권 정책 수립, 윤리 경영 문화 확산 등을 우선순위 과제로 설정하고 조직 및 정책 수립을 위한 원포인트 코칭과 교육 프로그램 운영 지원 등을 계획하고 있다.

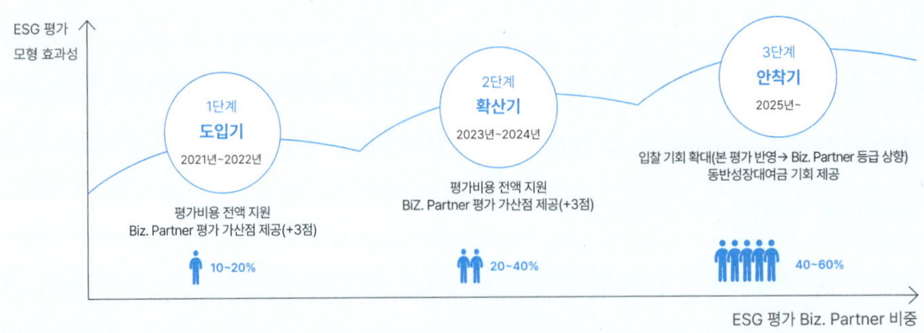

그림 6-22 | SK 에코플랜트의 협력 업체 ESG 평가 단계별 확대 목표 및 인센티브

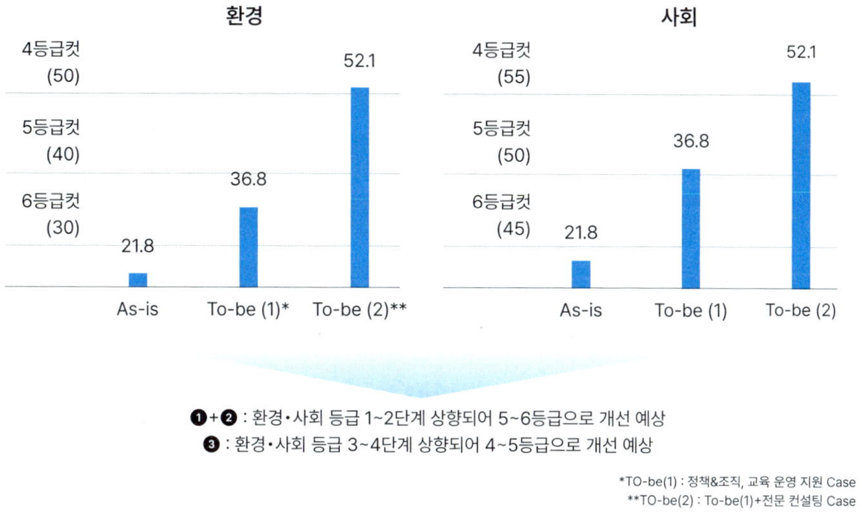

그림 6-23 | SK 에코플랜트의 ESG 등급표

SK 에코플랜트는 핵심 협력 업체를 대상으로 매년 1회 ESG 평가를 권장하며, 고위험군 협력 업체를 대상으로는 매년 개선 현황을 관리하는 것을 원칙으로 평가 및 관리 체계를 운영하고 있다. 2021년 3월에는 SK 에코플랜트의 10개 협력 업체를 대상으로 ESG 평가 모형에 대한 파일럿 테스트를 완료했고, 이후 완성된 평가 모형을 바탕으로 핵심 공종 및 품목을 공급하는 협력 업체 및 평가 등급 상위의 협력 업체를 대상으로 100개 사에 ESG 평가 테스트를 진행했다. 협력 업체의 ESG 평가 결과, 대상 기업의 27%가 고위험군 협력 업체인 것으로 확인했으며, 이러한 과정을 거쳐 향후 ESG 리스크 관리를 위해 정기적으로 개선 현황을 모니터링할 예정이다.

전문 건설기업 – 신기술 개발 및 신재생 에너지 사용

전문 건설기업은 건설산업 내에서 인력 대부분과 장비를 운용하는 핵심 주체이며 탄소 배출량의 측정, 보고, 그리고 감축 노력에 대한 요구를 받고 있다.

이러한 요구를 바탕으로, 이들 업체는 자신들의 전문적 지식과 인프라 그리고 다른 전문 건설기업과의 네트워크를 활용하여 신재생 에너지 사업과 탄소 중립을 위한 신기술 개발에 힘쓰고 있다. 전문 건설기업은 친환경적인 사업 포트폴리오를 확장해야 할 필요성을 느끼고 있을 뿐 아니라 나아가 지역 사회와의 긴밀한 관계를 구축하여 지역 사회의 사회적 공익에 이바지하고, ESG 가치를 추구하며, 기술 개발과 신사업 확장의 방향성을 설정하는 것이 중요하다.

예를 들어, 미국의 전력 및 인프라 관련 전문 건설기업인 콴타 서비스 Quanta Service는 미국 내 신재생 에너지 관련 인프라 프로젝트에 적극적으로 참여하고 있으며 허리케인과 토네이도 같은 재난으로 인한 도시 복구 사업에도 그들의 인력과 장비를 활용하여 기업의 사회적 책임을 수행하고 가치를 증진하는 ESG 전략을 보여주었다. 또한, 미국의 기계 인프라 전문 건설기업인 엠코 EMCOR의 경우에는 지속가능한발전 대안인 풍력, 태양광 등에 집중하여 기업의 전문 지식을 활용해 도시 인프라 차원에서 다양한 ESG 프로젝트에 참여하거나 서비스를 제공하는 사례를 보여준다.

전문 건설기업의 신기술 개발 및 신재생 에너지 사용 사례(1): 콴타 서비스[114]

콴타 서비스는 전력, 파이프라인, 산업 및 통신 산업에 인프라 서비스를 제공하는 미국의 전문 건설기업으로, 주로 네트워크 인프라 계획, 설치, 관리와 유지 보수를 업역으로 삼고 있다. 이들은 주요 사업 전략으로 탈탄소와 에너지 전환을 채택하였으며, 다양한 에너지 전환 프로젝트 및 재해 복구 사업에 참여하여 탄소 배출 저감과 함께 사회적 활동을 활발히 수행하고 있다.

2021년 콴타 서비스는 북미에서 가장 크고 선도적인 재생 에너지 인프라 솔루션 제공업체 중 하나인 블래트너 컴퍼니 Blattner Company를 인수했다. 풍력,

태양열 및 에너지 저장 등 세 가지 주요 부문에서 사업을 진행하고 있는 블래트너는 재생 에너지 산업에 프론트 엔드 엔지니어링, 조달, 프로젝트 관리 및 건설 서비스를 제공하고 있다. 콴타 서비스와의 협력으로 최근 두 회사는 에너지 그리드의 현대화, 시스템 강화, 전기화 및 재생 에너지 인프라 사업을 통해 북미 탄소 중립 경제의 중심에 서기 위한 노력을 지속하고 있다.

2021년 블래트너는 6,417MW의 풍력 및 태양열 용량을 가진 인프라를 건설하여 천만 톤 이상의 이산화탄소를 전환하였고, 재생 에너지 인프라 솔루션을 통해 2.5조 원 가량의 수익을 달성했으며 또한, 관련 사업 확장을 통해 7억 4,200만 달러의 공급 업체 지출액 증가를 했다.

신재생 에너지에 대한 사업 외에도 콴타 서비스는 자연재해로 인한 전력망 피해 복구를 위한 지역의 사회적 사업에도 동참하여 기업의 이미지를 제고하고 있다. 이들은 2021년 미국 걸프 연안의 허리케인 헨리로 인한 중서부 많은 지역의 사회적 피해 복구를 지원하기 위해 전력인프라 복구 사업에 참여했다. 약 12,700명, 180만 시간의 인적 자원을 전력 서비스 복구에 사용하여 기업의 ESG 경영 성과를 창출했다.

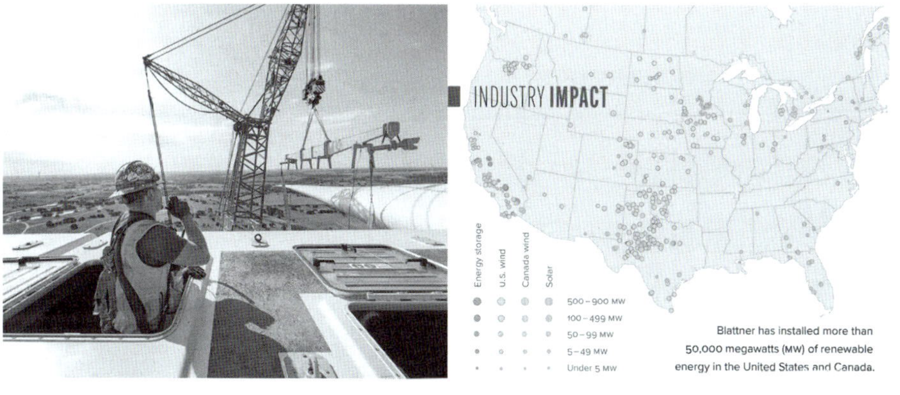

그림 6-24 | 블래트너의 공사 현장 및 재생에너지 설치 현황

전문 건설기업의 신기술 개발 및 신재생 에너지 사용 사례(2): 엠코[115]

엠코는 미국의 기계 및 전기 인프라 전문 건설기업으로, 미국과 영국 전역에 걸쳐 13,000개 이상의 프로젝트에 대해 광범위한 서비스를 제공하고 있다. 이들은 고객의 탄소 배출량에 영향을 미칠 수 있는 중요한 요소를 분석하고, 에너지 관련 전문 지식을 통해 맡은 프로젝트에 지속가능한 전략을 도입함으로써 발주 고객의 ESG 경영을 지원한다.

엠코의 공인 전문가들은 설비 및 플랜트의 에너지 관리 전문 인증인 CEMCertified Energy Manager과 더불어 PE Professional Engineering 등의 주요 인증을 취득하여 프로젝트 현장에 대한 전문적이고 환경적인 접근법을 제시한다.

2020년 한 해 엠코는 LEED, BREEAMBuilding Research Establishment Environmental Assessment Method 등 친환경 건축물 인증을 받은 70개의 프로젝트를 완료했고, 220여 개의 비슷한 친환경 프로젝트에 참여했다. 이는 회사 전체 이익의 7%에 달하는 규모이며, 추후 엠코는 친환경 프로젝트의 포트폴리오를 더 확장할 계획을 하고 있다. 엠코는 태양광을 포함한 지속가능한발전 대안인 풍력, 연료전지, 바이오매스, 매립가스, 조력 발전 등에 있어 북미 전역 프로젝트의 설계, 제작 및 유지 보수에 적극적으로 참여하고 있으며, 재생 에너지 프

그림 6-25 | 콴타 서비스의 북미 지역 허리케인 피해 전력망 복구 사업

그림 6-26 | MCOR의 태양광 발전소(왼쪽), 트리멧 버스 충전 시스템(오른쪽)

로젝트로부터 2020년 한 해 7천만 달러 이상의 수익을 달성했다.

수소 관련 서비스에도 그 사업 영역을 확장하고 있는데, 이들은 정유 및 석유화학 플랜트를 위한 탄화수소 인프라 서비스 및 유지 보수, 탄화수소 발전 및 관련 다운스트림 서비스를 포함하여 탄화수소 가치 사슬과 직접 관련된 프로젝트 다수를 진행 중이다. 2020년 12월 기준 이들의 탄화수소 관련 프로젝트의 가치는 약 7,900만 달러로 추산되며 지속해서 탄소 포획 기술과 재생 에너지 자원을 구축하고 유지하는 건설 관련 서비스에 집중적인 투자와 지원을 지속할 예정이다.

건자재 업체 – 지속가능한 자재 개발 및 공급

최근 건설산업에서 탄소 배출과 에너지 소비의 측정 및 감축 범위가 건설 자재의 생산 단계까지 확장되어 Scope 3으로 명명되고 있다. 건축 자재를 공급하는 건자재 업체는 건설 생산 과정에서 필요한 재료 대부분과 물적 자원을 제공하는 중요한 역할을 담당하고 있으며 ESG 경영을 이루는 데에 있어 중요한 한 부분으로 평가받는다. 건자재 업체는 지속가능한 건축 자재의 개발과 친환경 인증을 받아, 건축 프로젝트의 친환경 발주 및 공급 업체 선정 시 발생할 수 있는 리스크에 대비할 필요가 있다. 이와 관련하여, 건자재 업체의 ESG 전략은 친환경 자재의 개발과 공급에 더해 폐기물의 재활용도 포함될 수 있다.

스위스의 건자재 업체인 홀씸Holcim은 녹색 콘크리트의 개발과 공급에 주력하는 동시에 폐기되는 건자재의 재활용 비율을 지속해서 늘려 나가는 전략을 취하고 있다. 이러한 전략은 탄소 배출 감축과 환경 보호에 이바지하고 있으며, 지속가능한 건설을 향한 중요한 발걸음으로 평가받고 있다. 자재의 재활용과 더불어 건자재 업체는 자재 생산 과정에서 발생하는 폐기물을 절약하기 위한 전략을 취할 수도 있다. 캐나다의 트루스코어Trusscore는 자재 생산 설비 기술의 혁신을 통해 자재 생산 시 불필요하게 절단되는 원자재량을 줄이는 방식의 사례를 보여주었다.

건자재 업체의 자재 개발 사례(1): 홀씸[116]

홀씸은 탄소 중립 건축 자재 제조 회사로 거듭나기 위해 심혈을 기울이고 있으며, 네 가지의 핵심 활동에 초점을 맞추어 탈탄소화를 추진하고 있다. 먼저 홀씸은 뭄바이에서 뉴욕까지 전 세계에서 저탄소 건설이 가능하도록 하는 그린 빌딩 솔루션의 선두에 있다. 홀씸은 성능 저하 없이 탄소 발자국이 현지 시장 기준 30~100% 낮은 세계 최초의 녹색 콘크리트ECOPact 및 녹색 시멘트ECOPlanet을 출시했으며, 2025년까지 ECOPact를 통해 콘크리트 순 매출의 25%를 달성하는 것을 목표로 하고 있다.

홀씸은 기업에서 생산하고 관리하는 모든 것을 대상으로 사용되는 재료를 줄이고, 재사용하고, 재활용하기 위한 순환적 건설을 추진하고 있다. 2021

년 기준 홀씸은 사업 전반에 걸쳐 5,400만 톤의 재료를 재활용하였으며, 이를 2030년까지 1억 톤까지 증대하는 것을 목표로 하고 있다. 또한, 건축 및 철거 폐기물의 새로운 건축 자재로의 재활용 분량을 1,000만 톤까지 증대하기 위해 역량을 확대하고 있으며, 2021년 기준 매일 1천 대의 트럭 적재량에 해당하는 660만 톤의 철거 폐기물을 재활용하고 있다.

홀씸은 건축물의 기초에서부터 옥상까지, 설계 단계에서부터 보수와 개조 단계에 이르기까지 모든 단계에서 건축물을 스마트화하기 위한 다양한 기술을 도입하고 있다. 친환경적이고 시원한 지붕 솔루션에서부터 대기 오염을 적극적으로 줄일 수 있는 청정 공기 기술을 탑재하는 등 스마트 지붕 시스템을 도입하고 있으며, 전문 건축 솔루션의 진보된 수리와 보수 시스템 도입을 통해 건물이 오랜 기간 유지될 수 있도록 노력하고 있다.

홀씸은 탄소 중립으로의 전환을 가속하기 위해 탄소 포집, 활용 및 저장에서부터 콘크리트 기반 신재생 에너지 시스템에 이르기까지 다양한 차세대 기술을 개발하고 있다. 홀씸은 현재 녹색 시멘트를 위한 저배출 원료 공장으로부터 발생한 이산화탄소로 농사를 위한 온실가스로 사용하거나 항공 연료의 메

그림 6-27 | 홀씸의 친환경 시멘트 EcoPlanet[117](왼쪽), **지속가능한 지붕 시스템**[118](오른쪽)

탄올 공급원으로 활용하는 등 30개 이상의 시범 프로젝트를 운영하고 있다. 또한, 스타트업에서부터 학계에 이르기까지 다양한 파트너와 협력하여 도로를 주행하는 동안 전기자동차를 충전할 수 있는 자기화 콘크리트와 같은 신재생 에너지로의 전환을 가속하기 위한 기술을 개발하고 있다.

건자재 업체의 자재 개발 사례(2): 트루스코어[119]

트루스코어는 캐나다의 지속가능한 건축 자재 개발 및 생산에 주력하는 재료 과학 회사다. 이들은 전통적인 건식 벽체 제품에서 벗어나, 설치가 빠르고, 내구성이 우수하며, 재사용 및 재활용을 할 수 있는 지속가능한 PVC 기반 벽 및 천장 패널 생산을 주력으로 각종 주택 및 상업용 건물 프로젝트에 지속가능한 건자재 납품 업체로 참여하며 ESG 경영을 추진하고 있다.

이들은 벽체의 생산, 운반, 유지 보수, 해체, 재사용 등 제품의 생애주기 전반에 걸쳐 온실가스 배출량을 줄이기 위해 생산 공정을 탈탄소화함으로써 탄소 발자국이 가장 낮은 제품을 만들기 위해 노력하고 있다. 트루스코어는 에너지 소비와 생산에 필요한 압출기 수를 줄이기 위해 더 에너지 효율적인 압출기를 구매하여 사용하고 있으며, 각 공장의 전력 소비를 모니터링하고 최적화하는 작업을 진행하고 있다. 회사 자체적으로 소유하고 있는 300Kw/h 규모의 태양열 패널 시설을 활용하여 전력을 공급하여 전력 소비 역시 줄이고 있다. 생산 공정에 사용되는 물의 80% 이상을 재순환 시스템을 활용하여 재사용한다. 수냉식 냉각 장치는 실외에 설치되어 겨울철에 냉각 효과를 극대화하는 방식으로 에너지 소모를 줄인다.

제품 생산 과정에서 생산된 잉여 재료는 재연삭하여 다시 제조 공정에 통합하여 재료의 낭비를 줄이고 있고, 생산 설비의 절단날을 핫 나이프 기술로 교체하여 제품의 절단 과정에서 낭비되는 양을 줄이고 있다. 이렇게 트루스코어는 폐기물 제로 생산 시설을 운영하기 위한 노력을 지속하고 있으며, 재활용이 가능한 재료를 사용하여 제품 제조에 사용되는 원료를 최소화하는 전략을 취하고 있다.

한편 자재의 무게를 낮춘 제품을 생산하여 운반에 필요한 에너지양을 줄이는 것도 트루스코어가 관심을 기울이는 부분 중 하나이다. 이에 더해 내구성과 성능이 일반 제품보다 높은 제품을 생산하도록 지속적인 연구개발에도 노력하여 자재 운송에 드는 노동력을 줄이고 나아가 높은 내구성으로 인한 유지보수 비용 절감 효과도 거두고 있다. 이로 인한 총 유지 비용이 경쟁 제품 대비 55%가 낮다. 현장 설치 시에도, 맞춤형 길이 제공을 통해 설치 중 절단 수를 최소화하여 벽체의 낭비를 막고 있다.

트루스코어의 제품은 설치 후 사용과 유지 보수 단계에서 높은 광반사율을 통해 기존 설비의 에너지 효율과 건축물 내 자연광을 극대화하여 조명 요구 사항과 소비 전력을 줄이고 있다. 또한, 트루스코어의 제품은 수명이 다했을 때 100% 재활용할 수 있어 새로운 재료를 만드는 데 사용할 수 있다. 자체적으로 재활용할 수 없는 폐기물의 경우에는 다른 PVC 제조업체에 판매하여 제조 공정에서 재활용될 수 있도록 하고 있다. 또한, 제품을 생산하는 데 필요한 순수

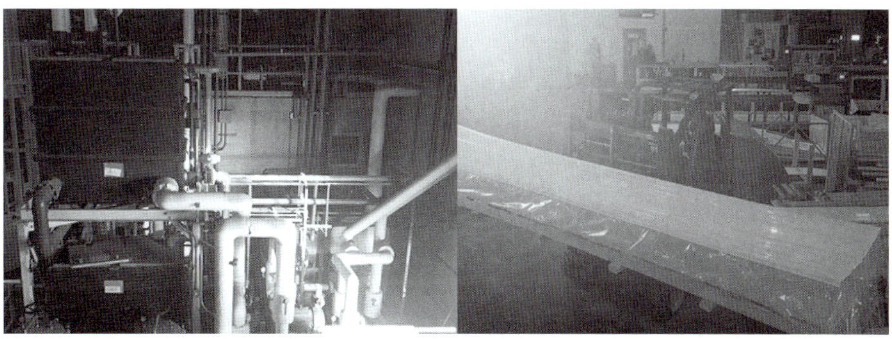

그림 6-28 | 트루스코어의 폐수 재사용 시설(왼쪽)과 절단 폐기물 최소화 시스템(오른쪽)

LEED V4.1 Category	Trusscore Products				
	Trusscore Wall&CeilingBoard	Trusscore SlatWall	NorLock by Trusscore	RibCore by Trusscore	TempWall by Trusscore
	Materials & Resources (MR)				
Construction and Demolition Waste Management & Waste Management Planning	✔	✔	✔	✔	✔
Interiors Life Cycle Impact Reduction	✔	✔	✔	✔	✔
	Indoor Environmental Quality (EQ)				
Low-Emitting Materials	✔	✔	✔	✔	✔
Interior Lighting	✔	✔	✔	✔	✔

그림 6-29 | 트루스코어 제품들이 고객에게 이점을 제공할 수 있는 LEED 인증 항목

재료의 양을 상쇄하기 위해 다른 제조업체에서 폐 PVC를 구매하여 사용하기도 한다.

이렇게 생산되는 트루스코어의 제품은 친환경적이고 지속가능한 건물 디자인을 장려하는 건물 부문인증인 LEED 인증과 관련하여 건축업자가 재료와 실내 환경 품질 범주에서 점수를 획득하는데 다양한 방법으로 도움을 주고 있다.

6.3. ESG 경영의 중/단기적 재무 전략

지금까지 주체별로 구분하여 가능한 신사업의 기회를 알아보았다. 일반적으로 ESG 경영은 비재무적 이익의 실현을 목표로 전략을 수립하되 장기적으로는 ESG 전략을 통한 비재무적 이익이 재무적 이익으로 이어지도록 해야 한다. 이는 중/단기적인 관점에서 ESG 경영은 손에 잡히는 재무적 이익을 주기 어렵다는 말과 일맥상통한다고 여겨져 왔다. 여기서 문제가 발생한다. 친환경 기술 개발과 같은 신사업이나 ESG 경영 저변 확대와 같은 ESG 전략을 수행하려면 일정 정도 이상의 투자가 필요하기 때문이다. 기업으로서는 당장 재무적 이익을 거둘 수 없는 분야에 대해 지속해서 자금과 인력이 소요되어야 한다는 부담이 발생한다. 앞서 살펴보았듯이 이는 기업이 ESG 경영 전략을 채택하는 것을 망설이게 하는 하나의 요인이 된다.

그러나 ESG에 대한 관심이 점차 늘어나면서 ESG 경영이 중/단기적인 재무적 이익과 연결될 방안이 마련되고 있다. 즉 기업은 ESG 경영을 통해 비재무적 가치에 대한 투자를 바탕으로 기업의 이미지를 높임으로써 장기적인 이윤을 창출하는 거시적인 차원에서의 이득도 얻을 수 있으면서 동시에 중/단기적인 재무 성과도 올릴 수 있다. 파리기후협약 이후 정부의 탄소 중립 기조에 따라 산업에 할당된 탄소 배출량을 기준으로 한 탄소 배출권 및 탄소 상쇄권 시장이 활성화되었으며, 국내외에 다양한 사회적 책임 펀드 등의 규모가 커지고 있다.

기업에서는 이를 적극적으로 활용하여 비재무적 ESG 성과를 재무적 이익으로 연계함으로써 ESG 경영의 이점을 누릴 수 있다.

정부의 투자 및 인센티브의 활용

정부의 투자 및 인센티브를 활용하는 방안 중 가장 대표적인 방법으로 탄소 배출권 거래제를 활용한다. 파리기후협약 이후 전 세계는 2050년까지 탄소 중립을 목표로 중장기 국가 감축 목표를 설정하고 있으며 국내에서도 정부는 탄소 중립 정책을 추진하고 있다. 대표적인 탄소 배출량 저감 정책인 탄소 가격제는 오염자 부담 원칙에 따라 탄소 배출 기업이 탄소 처리를 위한 사회적 비용을 부담하는 제도로[120], 탄소 배출권 거래제와 탄소세가 포함된다. 탄소 배출권 거래제는 수량 확실성을 기반으로 하며, 탄소세는 가격 확실성을 기반으로 한다. 정부는 탄소 배출 할당 기업이 이 시스템에 잘 적응하고 탄소 배출량을 줄이는 데 이바지할 수 있도록 도입 기간을 단계적으로 설정하고 유상할당 비중을 점진적으로 늘리고 있다.

또한, 탄소 중립 사업을 가능하게 하는 환경을 조성하기 위해 보조금을 지원하고 있으며, 특히 한국환경공단은 공공기관을 제외한 배출권 거래제 할당 대상 업체가 온실가스 감축 설비를 도입할 경우, 설비 투자비의 최대 50%까지 국고 보조금으로 지원[121]하고 있다. 이러한 시장 환경 속에서 기업은 정부의 각종 투자 및 인센티브를 적극적으로 활용하여 재무적 이익을 확보할 수 있는 전략을 적극적으로 모색해야 한다.

탄소 배출권 거래제[120]

탄소 배출권 거래제는 정부가 국가 전체의 탄소 감축량 목표를 이루기 위해 허용 배출 총량을 결정하고, 산업별 할당을 거쳐 대상 기업에 탄소 배출량을 각각 할당하는 데서 출발한다. 그리고 각 기업은 자신이 할당받은 배출량만큼만 탄소를 배출할 수 있으며 이를 초과하면 불이익을 받게 된다. 따라서 기업이 불필요한 비용을 부담하지 않기 위해서는 탄소 배출량을 할당받은 정도 아래로 유지하는 것이 중요하다.

그런데 기술 개발 등 다양한 이유로 기업이 운영 과정에서 발생하는 탄소 배출량을 할당량 이하로 줄이게 되면 남은 양만큼의 잉여 허용 배출량이 남게 된다. 탄소 배출권 거래제는 이렇게 생긴 잉여 허용 배출량에 대한 거래를 허가함으로써 탄소 배출 저감에 이바지한 기업에 간접적인 방식으로 인센티브를 부여하는 제도이다. 탄소 배출권 거래제 내에서, 기업은 할당된 배출량 내에서 탄소를 배출하도록 유도되며, 잉여 배출량에 대한 경매를 통해 추가적인 수익을 창출할 기회를 가진다. 실제 배출량이 허용 배출량을 초과할 경우, 기업은 부족한 배출권을 구매하여 이를 충당해야 하며 이 과정에서 발생하는 유상 경매 비용은 기업의 비용 부담을 증가시킨다. 반대로 이러한 구조는 허용 배출량보다 실제 배출량을 낮추어 잉여 배출량을 판매할 수 있게 된 기업에는 추가적인 수익 창출 기회를 제공하며, 경매를 통해 얻은 배출권 수익은 저탄소 에너지 및 산업 공정 혁신에 대한 투자와 경제적 효율성을 개선하는 과정에서 발생하는 피해자에 대한 보상에 사용될 수 있다.

탄소 배출 문제가 세계적인 관심사로 떠올랐을 당시에는 배출하는 탄소에 세금을 매기는 탄소세를 이용해 탄소 배출량을 줄이려는 시도도 존재하였다. 1990년대 초에 핀란드를 시작으로 하여 북유럽 국가들을 중심으로 확산하였으나 탄소세는 새로운 과세를 하는 것이므로 이를 도입하기 위한 진통이 상당하여 모든 국가에서 쉽게 입법이 이루어지지 않았다. 그러나 탄소 배출권 거래제는 과세법안에 해당하지 않아 많은 국가에서 탄소세보다 도입이 쉬웠고 이

그림 6-30 | 탄소세 및 배출권 거래제 도입 현황 (2021년 4월 기준)[123]

러한 이유로 여러 나라에서 탄소세 도입보다는 탄소 배출권 거래제가 주목을 받게 되었다.

탄소 배출권 거래제는 2005년 EU를 시작으로 도입하는 국가가 점차 증가하는 추세다. 탄소 배출권 거래제를 시행하고 있는 나라는 한국을 포함해 EU, 미국 캘리포니아, 뉴질랜드 등 총 31개로 집계된다(World Bank Group, 2021)[122]. 탄소 최대 배출국인 중국도 2021년 탄소 배출권 거래제를 도입하는 등 전 세계적으로 이에 대한 관심이 높아지고 있다.

세계의 탄소 배출권 또는 탄소 상쇄권 거래 시장 규모는 2020년 기준으로 약 2억 1,660만 달러에 달하며 여러 나라에서 제도 도입에 주목하고 있는 만큼 추후 지속해서 확대될 것으로 예측된다. 또한, 온실가스 배출 감축에 대한 관심도 증가하면서 정부의 지원 및 투자 확대가 예상되며 온실가스 배출권 등 유사한 제도가 다른 분야에 확장 적용될 가능성도 크게 점쳐진다. 국내에서는 2020년에 탄소 배출권 경매 수입이 2억 달러에 달했으며, 2019년부터 누적 수입은 5억 달러[120]에 이른다. 2015년부터 2020년까지 약 450개 기업이 잉여 배출권 2,620만 톤을 거래하여 약 5.6천억 원의 수익을 창출한 것으로 추정[124]된다. 탄소 배출권을 거래하여 재정적 이익을 창출한 국내외 기업의 사례가 여러 번 보고된 바 있으며, 탄소 배출권 거래를 적극적으로 활용하여 비재무적 성과를 재무적 이익으로 전환하는 방법을 성공적으로 보여주었다. 이는 다른 기업에 좋은 선례가 되고 있다.

EU가 2023년부터 도입 예정인 탄소 국경 조정 메커니즘의 조정 수단 역시 탄소세가 아니라 탄소 배출권으로 결정되며 향후 탄소 배출권 거래제 시장의 확대가 예상된다. 특히 역외 기업이 역내로 수출 시 탄소 비용을 배출권으로 부담해야 하므로 EU와 거래하는 다양한 기업의 탄소 배출권 활용도가 더 높아질 것으로 기대된다.

탄소 배출권 시장의 장래는 매우 밝을 것으로 전망한다. 특히 3차 기간 동안 배출권 선물 시장의 도입이 예정되어 있어, 탄소 배출권이라는 무체재산권을 거래하는 자산 시장으로서의 발전할 가능성도 크다. 탄소 배출권 시장이 금융적 성격을 띠게 됨에 따라 잠재적 투자자들을 위한 금융 투자 회사의 중개 기능이 더욱 중요해지고 있으며, 시장 조성자의 범위 확대가 필요하다. 해외 거래소와의 협력을 통해 유동성을 공급하고 탄소 가격의 격차를 줄이는 것도 중요한 전략이 된다. 첨단 기술의 채택이 증가하면서 탄소 가격의 상승은 세계 탄소 상쇄 및 탄소 배출권 거래 시장에 지속적인 동력을 제공할 것으로 예상한다. 이러한 기술 발전은 탄소 배출을 줄이는 데 이바지하며, 나아가 탄소 배출권 시장에 긍정적인 영향을 미친다. 탄소 배출권 시장은 앞으로 단순한 규제 준수 도구를 넘어서 투자와 혁신을 촉진하는 중요한 경제적 메커니즘으로 자리를 잡아간다.

국내 탄소 배출권 현황[125]

2021년 국내 탄소 배출권 전체 종목의 연간 누적 거래량은 2020년 대비 23.5% 증가하였다. 거래 대금은 2015년부터 높은 폭으로 증가하다가 2021년에는 전년 대비 소폭 하락했다. 한국거래소 운영 리포트에 따르면 증권사의 참여 확대로 유동성이 증가하고 가격 변동성이 감소한 것이 배경으로 보인다. 그러나 2015년과 비교해 보면 2021년 하루 평균 거래 대금은 4,182% 증가하였다.

우리나라의 경우 2015년 탄소 배출권 거래제를 도입했으며, 탄소 배출 커버리지[n]는 70% 이상으로 EU의 40% 대비 넓은 커버리지를 보인다. 더 나아가 우리나라는 다른 국가에 비해 적용 대상 온실가스 종류가 여섯 가지로, 다른 나라나 지역에 비해 많다.

국내 탄소 배출권 거래제는 3년간 연평균 배출량 12.5만 톤 이상 또는 2.5만 톤 이상 사업장을 하나 이상 보유한 업체를 대상으로 이루어진다. 주요국보다 비교적 허용 배출량을 관대하게 규제하여 기업의 참여를 쉽게 하고 있지만, 국내의 경우 2030년까지 최소 35% 감축 의무화가 도입되었기 때문에 유상 할당 비중 확대가 불가피할 것으로 보인다.

해외 탄소 배출권 현황[121]

해외의 경우 캘리포니아와 퀘벡 ETS, EU와 스위스 ETS 간 연계로 시장 효율성을 제고하고 있으며, 주요국별 탄소 배출권 현황은 아래와 같다.

EU의 경우, 1기에는 5% 유상 할당, 2기에는 10% 유상 할당, 3기에는 유상 할당을 기본 할당 방식으로 채택하여 발전 부문은 100% 유상할당하는 정책으로

---

n 탄소 배출 커버리지란, 국가감축목표 내에서 할당 대상 기업들이 배출하는 탄소 배출량 비중을 의미한다.

	1기 (2015~2017)	2기 (2018~2020)	2기 (2021~2025)
적용대상	연평균 배출량 12만5천톤 이상 업체/ 2만5천톤 이상 사업체		
적용부문	전환, 산업, 건물, 수송, 폐기물, 공공·기타 6개 부문		
온실가스	이산화탄소, 메탄, 아산화질소, 수소불화소, 과불화탄소, 육불화황		
ETS커버리지	-	70.1%	73.5%
운영목표	제도 안착	상당 수준 감축	적극적 감축
할당업체	592개(2017)	609개	684개
할당	전량 무상할당	유상할당 3%	유상할당 10%
무상할당	전량 GF 방식	BM방식 7개업종	BM방식 12개 업종
참여자	할당대상기업	할당대상기업, 시장조성자	할당대상기업, 시장조성자, 유동성공급자
거래대상	배출권현물	배출권현물	배출권현물, 배출권선물(예정)

주 : GF방식은 과거 배출량을 기준으로 허용배출량을 정하고 무상으로 할당하는 방식이며,
BM 방식은 배출효율 기준으로 허용배출량을 정한 후 무상할당하는 방식임. 자세한것은 III장 3절 참고
자료: 기획재정부·환경부(2019.12.30) 등을 기초로 재작성

그림 6-31 | 국내 배출권 거래 제도 개요[120]

전환했다. 3기 동안 실제 허용 배출량의 57%가 유상 경매로 이루어졌다. 4기에도 유상 경매 비율을 50%로 유지할 계획이다. EU의 경매 수입은 2020년 217억 달러이며 2009년부터 계산하면 누적 800억 달러에 달한다.

미국의 RGGI는 2020년 기준 100% 유상 할당을 제도화하고 있으며 2020년 경매 수입은 4억 달러, 2009년부터 누적 38억 달러에 달한다. 미국 CCA는 32% 유상 할당(2020년 기준)을 정하고 있으며, 2020년 경매 수입은 17억 달러, 2013년부터 누적 142억 달러를 기록했다.

스위스는 17% 유상 할당(2020년 기준)을 채택하고 있으며, 2020년 기준 8백만 달러, 2019년부터 누적 0.5억 달러에 달한다.

탄소 배출권 판매를 통한 수익 창출 사례(1): 테슬라[126]

미국 전기차 기업 테슬라는 2020년 잉여 탄소 배출권을 거래하여 약 2조 원의 순이익을 창출했다. 잉여 배출량에 대한 경매로 부수적으로 창출한 수익이 동년 테슬라 총순이익 8천억 원보다도 높은 수준이다. 그 배경에는 중국이 있다. 탄소 배출량 1위에 달하는 중국이 탄소 배출권 거래제를 도입하면서, 2017년도 신에너지 자동차 판매량이 전체 판매량의 12%를 차지하도록 규제했다. 테슬라는 전기차 생산으로 이 규제 달성이 비교적 쉬운 편으로, 중국 산업부 발표에 따르면 2021년 중국 국내외 제조업 중 크레딧 보유 1위 기업이 테슬라이며, 중국에서 탄소 배출권을 활용한 부가 수익이 3억 9천만 달러에 달할 것으로 추산된다고 한다. 주 수입원이 내연기관차인 폭스바겐의 합작사 FAW-폭스바겐 등 당국이 제시한 목표량을 달성하지 못한 업체는 테슬라와 같이 크레딧을 보유한 업체로부터 탄소 배출권을 구매해야 한다. 탄소 배출을 적게 하는 제품을 기획하고 생산함으로써 결과적으로 테슬라는 부가적인 재정 수익의 창출이 가능하게 된 것이다.

탄소 배출권 판매를 통한 수익 창출 사례(2): SK 증권[127]

2021년 기준 탄소 배출권 시장 거래 자격을 획득한 국내 증권사는 20개로 기업당 20만 톤씩 배출권 보유가 가능하다. 당시 할당 배출권KAU21 종가인 톤당 3.5만원으로 계산하면 약 1,400만 원 규모이다. 기존에는 시장 참여가 제한적이었으나, 정부가 단계적으로 고객 재산을 운영하는 위탁매매 방식까지 허용할 예정으로, 취급 거래 규모가 증가하고 탄소 배출권 시장의 유동성 부족 현상이 완화될 것으로 예상한다.

SK증권은 국내 증권사 최초로 글로벌 이니셔티브로부터 금융 배출량Scope 3

이 포함된 탄소 감축 목표를 승인받았으며, 2019년 ESG 채권을 국내 최초로 발행한 것을 시작으로 유엔기후변화협약UNFCCC에서 발급하는 탄소 배출권도 국내 증권사 최초로 획득했다.

SK증권은 감축 의무 대상이 아닌 기업이 자발적으로 탄소 배출권 시장에 참가한 경우라고 볼 수 있다. 직접 탄소를 배출하지 않는 금융기업이 탄소 배출권 시장에 적극적인 이유 중 하나는 수익 사업을 다각화할 수 있기 때문이다. 고유재산을 운영하는 자기매매와 중개역할을 넘어 위탁매매를 통해 장 내외 탄소 배출권을 확보해 거래함으로써 수익을 창출하려는 시도로, 위탁매매 방식이 허용되면 SK증권을 비롯한 증권사들은 배출권 가격 변동 위험 완화를 위한 다양한 파생 금융상품을 개발하고 리스크관리 방안도 마련할 수 있게 된다.

시장의 투자: 채권 및 펀드 시장의 활용

정부 주도의 친환경 기술 개발과 탄소 배출권 및 상쇄권 시장을 통한 자본적 이익 창출뿐만 아니라, 전 세계적으로 시장 주도의 지속가능경영에 대한 투자 기조가 급격히 확장되고 있다. 이러한 추세는 사회책임형 펀드 시장의 규모가 최근 2년 사이에 거의 3배 증가한 것에서도 명확히 드러나며, 2021년 기준으로 이 시장의 규모는 약 3조 달러에 달한다. 이는 지속가능한 투자와 환경 보호에 대한 전 세계적인 관심과 노력이 향상되고 있음을 보여준다.

이러한 변화는 기업에 환경적 책임을 다하는 동시에 재정적 이익을 추구할 새로운 기회를 제공하고 있다. 최근 5년간 기업은 친환경 기술에 대한 투자와 사후적 ESG 평가 결과를 채권 발행에 적극적으로 활용하는 추세가 두드러지고 있으며, 이는 녹색 채권과 지속가능 연계 채권 시장의 급속한 성장으로 이어졌다. 이는 글로벌 채권 시장뿐만 아니라 국내 채권 시장에도 명확하게 반영되고 있으며, 2018년에 1조 5,000억 원이었던 국내 ESG 채권 시장이 2020년에는 39조 3,000억 원으로 많이 증가하여, 지속가능한 투자에 대해 기업과 투자자의 관심이 증가하고 있고, 건설기업도 이러한 기회를 적극적으로 활용해야 한다.

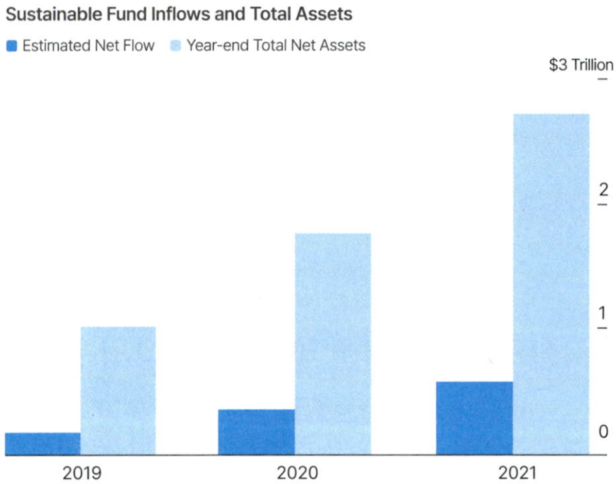

그림 6-32 | 사회책임형 펀드 시장 규모의 성장[128]

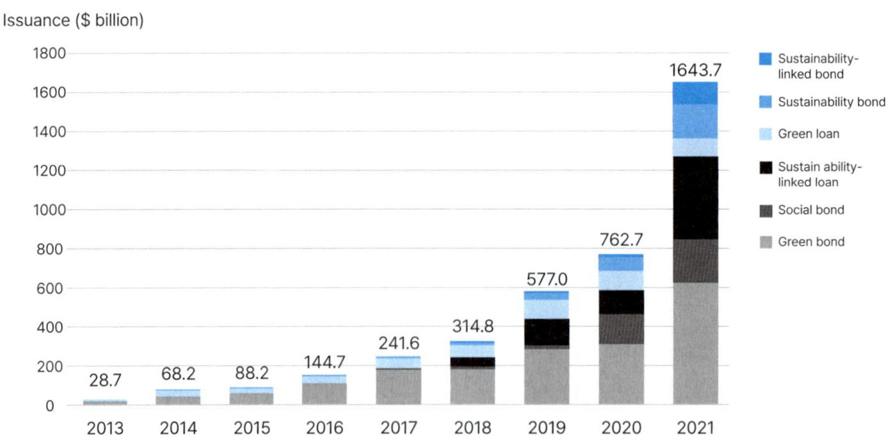

그림 6-33 | 사회책임투자 채권 시장 규모[129]

녹색 채권이란 기후 변화 대응, 신재생 에너지, 생물다양성 보호, 전기자동차, 고효율 에너지 사용, 청정 운송수단, 폐기물 관리, 정수시설 개선 등 환경 보존 및 개선을 위한 프로젝트에 필요한 자금을 조달하기 위해 발행되는 특수목적 채권으로, 이 채권은 사전에 보고된 특정 프로젝트 자금의 용처로 한정되어 발행된다. 국제자본시장협회International Capital Market Association에서 발행한 녹색 채권 가이드라인Green Bond Principle에 따르면, 네 가지 핵심내용을 만족하는 경우에 발행할 수 있다[130]: ① 기업은 추진하려는 프로젝트가 왜 녹색 프로젝트로 분류되는지를 평가 및 설명하고, 프로젝트를 통해 어떤 환경적, 사회적 가치가 창출될 수 있는지를 언급해야 한다(GBP1. Use of Proceeds), ② 기업은 내부적으로 녹색 프로젝트를 선정한 논의 과정에 대한 설명을 제공해야 한다(GBP2. Project Evaluation and Selection), ③ 채권 발행으로 얻어진 자금의 활용 계획과 관리 방법에 대한 구체적인 내용을 제시해야 한다(GBP3. Management and Proceeds), ④ 매년 보고서를 통해 채권 발행 기업의 환경과 사회적 가치 창출 정도를 정량적 평가 지표를 이용해 보고해야 한다(GBP4. Reporting). 이때 채권 발행을 통한 사회적 가치 창출에 대한 보고서 작성에는 외부 평가사의 검토를 통해 보고된 내용의 신뢰도를 추가 검증하는 과정이 포함된다.

사회적 채권Social Bond과 지속가능채권Sustainability Bond은 녹색 채권과 유사한 형태를 가지고 있다. 사회적 채권은 자금이 일자리 창출, 취약계층 지원, 중소기업 육성, 인프라 구축 등 사회적인 프로젝트에 사용되어 사회적 문제를 해결하는 데 쓰일 때에 발행할 수 있다. 정확한 분류는 사회적 채권 원칙Social Bond Principle[131]에 따라 이루어지며 용처가 제한적인 특수목적 채권이다. 지속가능채권은 녹색 채권과 사회적 채권의 특징을 결합한 형태로,[132] 지속가능채권 가이드라인Sustainability Bond Principle에 의해 정의되고 관리된다.[131]

이를 기반으로 정의된 채권 상품은 발행 기업이 특정 산업군으로 제한될 수 있다. 예를 들어, 녹색 채권의 경우 주로 녹색 프로젝트를 시행하는 유틸리티 계열 기업이 주 발행사가 된다. 이는 녹색성장이라는 애초의 목적을 유지하는 데에는 효과적이나 발행 조건이나 발행 가능 기업이 지나치게 제한적이어서 채권 시장의 양적 성장이 이루어지지 않아 세계적 관심도가 크게 높아지지 않아 채권이 이루고자 하는 ESG 가치를 추구하는 사업에 대한 양적 성장을 견인하지는 못했다는 아쉬움이 남기도 하였다.

이러한 배경에서 지난 4년간 전 세계 지속가능채권 및 여신 시장에서 가장 큰 성장세를 보인 상품은 지속가능 연계 여신Sustainability-linked Loan과 지속가능 연계 채권Sustainability-linked Bond이다.[133] 그중에서도 은행권을 중심으로 발행되는 지속가능연계여신이 성장의 중심에 있다. 지속가능연계여신은 특수목적 채권이 아닌 일반 채권이므로 용처에 제한이 없다. 발행 기업은 환경, 사회, 기업지배구조 관련 KPIKey Performance Indicator를 정의하고, 달성 목표치KPI Target를 사전적으로 설정하여 계약에 반영한다. 목표치가 달성될 경우 은행은 차주에게 이자를 낮춰 주며, 반대로 목표치를 달성하지 못하면 추가 이자 비용을 부담하는 페널티 조항이 적용될 수 있다. 이는 성과기반 여신상품

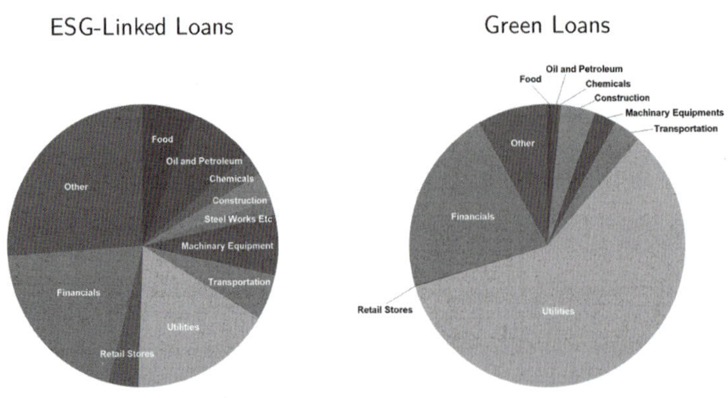

그림 6-34 | 지속가능연계여신과 녹색여신의 발행 분포[134]

performance pricing debt으로 볼 수 있다. 지속가능연계여신의 산업별 발행 분포를 녹색 채권과 비교할 때, 일반 채권과 여신 시장이 가진 상대적인 성장 가능성을 쉽게 예측할 수 있다. 이는 지속가능한 금융상품의 다양화와 시장의 확장을 나타내는 중요한 지표라고 할 수 있다.

투자자의 관점에서 볼 때, 사회적 책임 투자Socially Responsible Investment, SRI에 대한 요구가 증가함에 따라 ESG 채권 시장에 참가하는 것은 매력적인 기회가 된다. 이러한 투자는 장기적인 수익성과 안정성을 제공할 수 있으며, 이는 투자자들에게 중요한 고려 사항이다. 발행사의 입장에서는 투자자들의 사회적 책임 투자 수요 증가로 인해 자본시장 접근성이 향상되고, 사회적 평판이 제고될 수 있다.

녹색 채권이나 지속가능 연계 채권에 투자 가능한 펀드의 증가는 ESG 채권에 대한 수요를 확대하는 주요 요인이다. 이러한 수요 증가는 채권 발행 비용을 절감하고 ESG 사업에 대한 자본 조달 비용을 감소시키는 결과를 가져온다. 그린 프리미엄에 따른 조달 금리 하락은 투자 확대를 촉진하며, 이는 지속가능한 프로젝트와 기업에 대한 추가적인 자본 흐름을 의미한다. 결론적으로 ESG 채권 시장의 성장은 투자자와 발행사 모두에게 유익한 결과를 가져오며, 지속가능한 금융의 확장과 환경적, 사회적 목표 달성에 이바지하는 중요한 역할을 한다.

지속가능연계 여신 및 녹색 채권 현황[12]

한국의 주식 시장에서는 민간의 사회적 책임 투자 활동이 상대적으로 미미한 상황이다. 현재 가장 활발한 책임 투자 참여 기관은 국민연금으로 2006년부터 책임 투자 펀드를 운용하며 책임 투자 범위를 점진적으로 확대하고 있다. 국민연금이 유엔 책임 투자원칙UN PRI에 따라 책임 투자에 적극적으로 임함에 따라, 많은 기업이 친환경 사업 및 ESG 위원회 설치 등 ESG 경영을 강화하고 있다. 세계적인 흐름에 따라 국내 연기금도 지속가능성 테마 투자와 포지티브 스크리닝에 중점을 둔 ESG 투자를 이행할 가능성이 있다. 이는 기업에 ESG 활동에 참여할 인센티브를 제공하며, 지속가능한 경영과 투자가 중요한 전략적 요소 기능할 수 있음을 시사한다.

전 세계적으로 ESG 투자의 유형별 투자금액 추이[135]를 살펴보면, 2016년 대비 2020년에 지속가능성 테마 투자(605%), ESG 통합 투자(143%), 포지티브 스크리닝(69%) 순으로 높은 증가율을 보인다. 이는 투자자들이 단순히 수익성뿐만

표 6-1 | 국민연금기금 책임 투자 체계 중 ESG 투자 (2020년 기준)[12]

구분	정의	비고
ESG 통합투자 (ESG Integration)	재무적 요소에 ESG 등 비재무적 요소를 체계적으로 융합한 투자방식	국내주식 직접운용 시 ESG 등급을 고려하여 투자의사 결정
스크리닝 (Screening)	포지티브 스크리닝: ESG성과가 우수한 기업 등을 투자 후보군에 포함 네거티브 스크리닝: ESG관점에서 부정적으로 평가되는 특정 산업군 혹은 기업을 투자 포트폴리오에서 제외함네거티브 스크리닝: ESG관점에서 부정적으로 평가되는 특정 산업군 혹은 기업을 투자 포트폴리오에서 제외함 규범 기반 스크리닝:국제 표준에 ESG활동이나 성과가 도달하지 못한 기업, 국가 등의 채권을 포트폴리오에서 제외하는 방식	기금운용위원회가 탈석탄 선언을 의결함에 따라 향후 단계적으로 석탄 채굴·발전에 대한 투자가 제한될 예정 (예: 무기, 담배, 주류 등)
지속가능성 테마투자 (Thematic)	청정에너지, 녹색기술 등 지속가능성 관련 테마의 자산 및 기업에 투자하는 방식	미이행

아니라 환경, 사회, 거버넌스의 측면을 고려하는 투자에 점점 더 많은 관심을 기울이고 있음을 나타낸다.

이러한 자본시장 환경의 변화에 따라, 건설기업도 친환경 건설 프로젝트 개발에 있어 녹색 채권과 여신 시장을 적극적으로 공략할 필요가 있다. ESG 경영 목표를 수립하고 이를 KPI(핵심성과지표)에 반영하여 사후적으로 채권 이자를 경감시키는 전략을 효율적으로 활용할 수 있다.

한국의 경우 수출입은행 및 산업은행과 같은 금융공기업을 통한 정부의 다양한 재정지원 프로그램이 존재한다.[136] 이러한 프로그램은 건설기업이 친환경 프로젝트를 추진하고 ESG 목표를 달성하는 데 있어 중요한 자원이 될 수 있다. 따라서 이러한 재정지원 프로그램을 적극적으로 활용하는 것이 건설기업에 유리한 전략이 될 수 있다. 건설산업에서 ESG 채권과 같은 재무적 인센티브를 적극적으로 활용하는 사례 또한 증가하는 추세다.

지속가능 금융Sustainable finance의 사례(1): 크라운 홀딩의 지속가능연계 여신ESG-linked loan[133]

2020년 3월, BNP 파리바BNP Paribas은행은 미국에 소재한 특수 포장 제조업 크라운 홀딩스Crown holdings가 32억 5천만 달러에 달하는 지속가능연계 여신을 성공적으로 발행하는 데 일조했다. 해당 지속가능연계 여신은 신디케이티드 신용대출syndicated credit facilities의 일환으로 BNP 파리바와 크라운 홀딩스가 기존에 가지고 있던 신용대출의 지속가능성을 부여하고자 했다. 크라운 홀딩스는 기존 2022년 4월에 만기였던 27억 달러 규모의 신디케이티드 신용대출에 대하여 상향 조정하고 만기일을 2024년 12월로 재설정했다. 이 계약에서 눈여겨볼 점은 크라운 홀딩스가 ESG 평가 기관인 서스테이널리틱스에게 받는 경영 점수의 변동에 따라 차입 비용을 줄이거나 증가시킨다는 자금 조달 조건을 포함했다는 점이다. 이 과정에서 크라운 홀딩스가 ESG 이슈에 대하여 얼마나 대응할 수 있는지가 경영 점수로 평가되어 자연스럽게 크라운 홀딩스는 재무적 부담을 최소화하기 위해 ESG 성과를 보이는 경영 전략을 수립하고 집행해야 한다. 서스테이널리틱스가 부여하는 경영 점수에 따라 크라운 홀딩스의 여신은 다음과 같은 영향을 받게끔 구성되었다.

서스테이널리틱스 경영점수가

① 45 이상 50 미만인 경우 스프레드는 2.5 bps감소

② 50 이상인 경우 스프레드는 5 bps 감소

③ 25 초과 30이하인 경우 스프레드는 2.5 bps 증가

④ 25 이하인 경우 스프레드는 5 bps 증가

BNP 파리바측은 자신의 고객이 ESG 목표를 설정하고 이를 이룰 수 있도록 협조하는 것에 긍정적인 견해를 보였으며, 이것이 크라운 홀딩스와의 파트너십에도 영향을 주었다고 평가한다. BNP 파리바는 이후 캐나다에 소재한 젯블루JetBlue와도 2020년 2월에 지속가능연계 여신 사업을 진행했으며, 여러 고객이 ESG 목표를 설정하고 이 목표를 달성하는 데 함께하여 지속가능한 생태계 구축을 위해 노력할 것이라고 밝혔다.

지속가능 금융Sustainable finance의 사례(2): 녹색 채권과 그리니엄Greenium

금융권에서 일반 채권보다 낮은 발행 금리를 활용하여 채권 발행 비용 절감 효과를 누리는 그리니엄Greenium 열풍이 불고 있다. 그리니엄이란 '그린green'과 '프리미엄premium'의 합성어로 ESG 채권에 더해지는 프리미엄이며 지속가능연계채권이 일반 채권보다 발행 금리가 낮게(즉, 발행 가격이 높게) 형성되는 것

을 말한다. 프랑스 자산운용사 아문디Amund의 발표에 따르면, 코로나 시기에 녹색 채권을 발행한 기업의 경우 일반 채권 발행 기업보다 0.11%p 수준의 차입 비용을 절감했다.[137] 또한, Baker et al.(2018)은 녹색 지방채가 일반 지방채보다 프리미엄이 존재하며, 프리미엄은 녹색 프로젝트의 적합도에 대한 외부 평가 기관의 평가가 높을수록 더 강하게 나타난다는 사실을 확인했다.[138] Pástor et al.(2022)에 따르면, 그리니엄의 발생 원인은 전반적인 환경 문제에 대한 대중의 급격한 인식 증대로 여겨진다. 따라서 기업도 이러한 변화에 발맞추어 유연하게 대응할 필요가 있다.[139]

현대제철은 제철 과정에서 이산화탄소 배출이 불가피한 업종 특성상 탄소중립을 최우선 과제로 삼고 있다. 현대제철이 2021년 1월 발행한 ESG 채권 3년물 금리는 1.221%, 국고채 3년물은 1.006%로 금리 차는 0.215%p이었으며, 당해 연도 7월 발행한 일반 채권 3년물 금리는 1.616%, 국고채 3년물은 0.854%로 금리 차는 0.762%p로 ESG 채권 금리가 일반 채권 금리보다 낮게 책정되었다.[140]

당시 현대제철은 2,500억 원 규모의 녹색 채권을 발행할 예정이었으나, 기관투자자 대상으로 수요를 예측한 결과 기대의 8배 이상인 2조 7백억 원의 수요가 예상되었다.[141] 이러한 초과 수요에 대응하여 현대제철은 예정액 규모의 2배인 5천억 원 규모의 녹색 채권 발행을 검토하기로 했다. 투자자들의 사회적 책임 투자 수요에 따라 발행사도 채권 발행 비용과 ESG 사업에 대한 자본 조달 비용 절감의 효과를 경험하면서 사회적 책임 투자에 더 적극적으로 임하는 모습이다.

지속가능 금융Sustainable finance의 사례(3): 카본큐어 테크놀로지

카본큐어 테크놀로지Carbon Cure Technologies는 온실가스 다배출 산업인 시멘트·콘크리트 산업에서 저탄소 콘크리트를 상용화한 캐나다 기업이다. 콘크리트 혼합물에 탄소를 주입하면 시멘트의 주성분인 탄산칼슘이 생성되어 석회

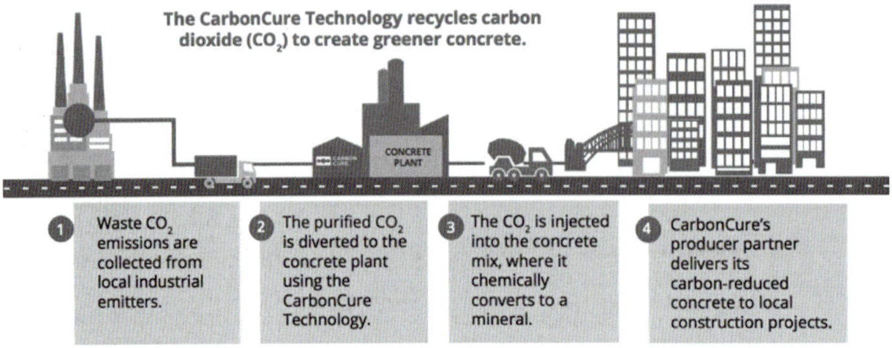

그림 6-35 | 카본큐어 테크놀로지의 저탄소 콘크리트 생성 과정[142]

석 등 원료 주입량을 감축할 수 있다.[142] 카본큐어 테크놀로지는 탄소 포집 콘크리트를 개발하여 건물 건축 과정에서 발생하는 탄소 배출량을 줄이는 데 이바지했다.

아마존은 신축 건물을 건설할 때 카본큐어 테크놀로지의 탄소 포집 콘크리트를 사용하여 건물 건축 과정에서 발생하는 탄소 배출량을 최소화하고자 했다. 또한, 카본큐어 테크놀로지는 아마존의 '기후서약펀드Climate Pledge Fund'에서 1,000만 달러의 스타트업 자본을 유치했다. 아마존은 2020년 글로벌 옵티미즘Global Optimism이라는 단체와 협력하여 20억 달러 규모의 기후서약펀드를 조성했다. 탄소 중립 경제로의 전환을 촉진하기 위해 글로벌 기업은 저탄소 기술을 보유하고 있는 기업에 투자하며 지속가능 생태계에 이바지하고 있다. 다량의 이산화탄소 배출이 불가피한 건설산업에서도 이러한 생태계 변화의 흐름에 발맞추어 투자 기회를 모색하고 마련할 수 있다.

지속가능 금융Sustainable finance의 사례(4): 포스코건설

포스코건설은 2020년 국내 건설기업 최초로 1,200억 원 규모의 해외 ESG 채권을 발행했다.[143] 이에 그치지 않고 이듬해에 1,400억 원 규모의 ESG 채권을 추가로 발행했다. 포스코건설이 ESG 채권 발행에 적극적으로 임하게 된 배경에는 수소 인프라, 태양광 등 신재생 에너지 사업 강화 전략이 있다. ESG 채권 특성상 ESG 채권 발행으로 모인 자금은 친환경 프로젝트에만 투입할 수 있다. 포스코는 그룹 차원에서 수소 5백만 톤 규모의 생산 인프라 구축을 진행하고 있으며 포스코건설은 SC제일은행과 폴란드 바르샤바 소각 발전소 프로젝트와 관련하여 1억 유로 상당의 ESG 연계 파생상품 계약을 체결하기도 했다. 폴란드 바르샤바 프로젝트는 지난 2020년 포스코건설이 수주한[144] 사업으로 수도 바르샤바와 인근 지역에서 발생하는 대량의 폐기물을 친환경적으로 소각하고 이 과정에서 발생한 폐열을 이용해 전기와 지역난방을 공급하는 발전소를 구축하는 사업이다. 사업 규모 4,900억 원에 달하는 사업 비용을 조달하

그림 6-36 | 폴란드 바르샤바 소각 발전소 조감도[144]

기 위해 SC제일은행과 ESG 연계 파생상품 계약을 체결했다. 이 발전소는 연 30만 톤 이상의 폐기물을 처리하며, 폐기물 소각열을 지역난방으로만 활용하는 것에 그치지 않고 터빈 가동을 이용한 발전으로 열과 전기를 추가 생산하여 에너지 효율성을 최적화할 예정이다. ESG 채권 발행 및 ESG 연계 파생상품 계약을 통해 투자금 유치에 성공했을 뿐만 아니라 스마트 소각 발전소 건립으로 친환경 생태계 구축에 이바지할 수 있었다.

07

정부 및 공공발주자의 역할

기업의 가장 기본적이자 궁극적인 목표는 이윤의 창출이다.
그러나 ESG 경영에서 가장 어려운 점은 모든 기업이 이러한 장기적인 재무 성과를
거둘 수있을 때까지 ESG 경영을 유지할 수 있을 만한 여력을
가지지 못하는 경우가 존재한다. 이러한 문제로 인해 일부 기업은
ESG 경영을 포기하고 단기적 성과에 집중하기도 한다. 충분히 예상 가능한 상황이다.
정부 및 공공발주자의 목표는 이윤의 창출이 아니다.
이들은 사회를 안전하고 건전하게 유지하며 공동체의 동반성장을
바탕으로 거시적 거버넌스의 개선과 성장을 도모한다.
ESG 경영에 있어서 정부와 공공발주자의 역할이 무엇보다 중요한 이유다.
이 장에서는 정부 및 공공발주자가 어떻게 기업의
ESG 경영을 유도할 수 있는지 다양한 측면에서 살펴보고자 한다.

7.1. 발주 과정에서의 ESG 가치 반영

건설산업에서 ESG 경영을 활성화하기 위해서는 공공 및 민간 발주자가 프로젝트 계획과 사업자 선정 과정에서 ESG 가치를 적극적으로 반영할 필요가 있다. 특히 사회적 의무가 있는 공공발주자가 이러한 변화를 선도하는 것이 중요하다. 전 세계 많은 정부가 공공발주자로서 ESG 가치를 조달 평가에 반영함으로써 건설산업의 가치 사슬 조성에 노력하고 있다. 이러한 노력은 건설산업에서 ESG 가치가 내재화되고, 지속가능성이 향상되는 데 중요한 역할을 한다. ESG 가치 반영은 발주자가 프로젝트 계획 단계에서 ESG와 관련된 요구 사항을 설정하고, 이를 도급자에게 명확히 요구하는 것, 그리고 입찰 제안서 평가 시 입찰 참여자의 ESG 성과 및 프로젝트 내 ESG 가치 창출 계획을 평가하는 것으로 이루어질 수 있다.

이미 공공 조달에서 기업의 사회적 가치를 반영하는 시도가 영국과 EU를 중심으로 이루어지고 있으며, 특히 영국의 경우 사회적 가치 제안서가 전체 입찰 평가의 10%까지를 좌우하게 되어 그 영향력이 크다. 한국 조달청에서도 조달기업의 사회적 책임 평가를 위한 내부 지침인 「공공 조달의 사회적 책임평가 기본지침(안)」을 마련했다. 이는 조달 기업의 환경(E) 부문과 사회(S) 부문에 해당하는 경제 활력, 상생협력, 탄소 중립, 보건/복지/안전 등을 조달 평가에 반영하는 내부적 가이드라인으로, 민간에서 통용 중인 ESG 평가 인증은 요구하지 않고, 세부 항목은 여러 입찰 평가에서 적용 중인 평가 지표를 활용할 계획이다.[145] 한국토지주택공사를 비롯한 국내 주요 공공발주자들도 자체 발주 공사에서 낙찰자 평가 기준에 ESG 평가를 반영할 것이라는 계획을 발표했다.[146] 하지만 ESG 평가를 반영하는 과정에서 민간기업의 ESG 성과 측정과 평가 및 인증에 따른 부담이 커질 수 있다는 점도 우려된다. 이러한 문제는 차후 ESG 평가 가이드라인에서 보다 자세히 다뤄져야 한다.

공공발주자의 ESG 가치 반영 사례(1): 영국

2020년 9월에 영국 정부는 ESG 가치를 공공 조달 과정에 반영한다는 'Procurement Policy Note PPN 06/20'을 발표했다. 영국의 공공 부문 계약에 있어서 사회적 가치는 2015년 이후로 지속해서 반영됐지만 PPN 06/20은 이러한 사회적 가치에 대한 고려를 명시적으로 정의한 것으로 평가된다. PPN 06/20에 따르면 모든 공공 조달 입찰 제안서 평가에 있어서 최소 10%는 사회적 가치 평가에 기반을 두어야 한다. 10%는 입찰 제안서의 성공과 실패를 결정지을 수 있을 만큼 충분히 큰 비중이므로 입찰 기업은 가격, 품질 등의 내용을 담은 기본의 입찰 제안서에 더해 ESG 가치를 증대할 수 있는 사회적 가치 제안서를 추가로 제출해야 한다. 이는 건설기업이 공사비와 공기 측면에서 더 나은 가치를 제공할 수 있다고 하더라도, 해당 건설기업의 그간 영업 행위로 인한 탄소 배출량이 많다면 입찰에서 불리할 수 있다는 뜻이다. 다음은 PPN 06/20에서 다루는 다섯 가지 평가 부문이다.

이러한 사회적 가치에 대한 제안서는 조달이 되는 제품이나 서비스와 명확한 관련성을 지니는 활동으로만 제한하고 있다. 영국 정부는 공공 조달의 영역별로 자세한 가이드라인을 지속해서 만들어낸다는 계획이 있지만, 기본적으로

표 7-1 | PPN 06/20 의 평가 부문

코로나에서의 회복 (Covid-19 Recovery)	지역 사회가 겪었던 코로나로 인한 영향에서 회복할 기회를 제공하는 활동
경제적 불평등 해결 (Tackling economic inequality)	새로운 비즈니스와 일자리를 창출해내는 것을 뜻함 (특히 소기업, 소상공인을 지원)
기후 변화 대응 (Fighting climate change)	환경을 보호하기 위한 여러 활동
동등한 기회 (Equal opportunity)	여성, 장애인, 소수인종 등에게 동등한 고용기회를 제공하는 활동
웰빙 (well-being)	근로자 건강과 복지 증진, 그리고 지역 사회와 협업을 하는 활동

공공 계약의 주체가 재량권을 가지고 다양한 ESG 활동을 평가할 수 있게 한다는 방침을 가지고 있다.

기업들이 제출한 사회적 가치 제안서에 명시한 성과에 허위가 있거나, 기재한 활동을 하지 못했을 시에는 공공 계약에 향후 3년간 참여가 금지될 수 있으며, 다시 참여를 원할 때는 허위 명시 혹은 계약 미준수로 인한 피해를 보상하여야 한다는 심각한 페널티가 있다. 따라서 PPN 06/20은 공공 계약에 참여하고자 하는 기업에 ESG 활동과 성과에 대한 명확한 신호를 주어, 이러한 기업이 ESG 목표와 활동 및 보고에 더욱 많은 관심과 노력을 하게 할 것으로 예상한다.

공공발주자의 ESG 가치 반영 사례(2): EU

EU는 생애주기적 접근과 과학적 근거에 따라 공공 조달 제품과 서비스에 대한 환경 기준을 수립했다. 이러한 기준은 각 EU 회원국이 조달 기준을 개발할 때 가이드라인을 제공하며, 이를 통해 EU 회원국의 공공 조달에 있어서 환경 기준의 유사성을 확보함으로써 EU 내의 다수의 국가에 공급망을 걸치고 있는 기업에 대하여 효과적으로 공정한 경쟁을 유도하고자 했다. 현재 14개 제품 및 서비스에 대한 기준이 존재하며, 그중 건설산업과 연관성이 있는 제품 및 서비스는 ① 오피스 및 빌딩 설계, 건설, 관리, ② 페인트, 도료, ③ 공공시설 유지 관리, ④ 도로 설계, 건설 및 유지 보수, ⑤ 도로 조명 및 교통 신호 등의 다섯 개의 분야이다.

한편 EU는 단순히 프로젝트 그 자체에만 주목하지 않고 관련된 공급 사슬에서 발생하는 ESG 성과에 대해서도 규정을 마련하였다. EU는 최근 공급 사슬 실사 규정Corporate Sustainability Due Diligence에 대한 제안서를 채택하였다. 이는 기업의 공급망에서 ESG 가치를 강화하기 위한 것으로, EU 내 시장에서 운영되는 기업에 대해 공급 사슬 전반에 걸쳐 인권, 환경, 거버넌스에 대한 실사를 하여 기업이 관련 규정을 준수하고 있는지를 조사하겠다는 계획을 담고 있다. 특히 이 제안서는 그동안 핵심 실사의 대상이 되었던 기업 자체적 활동을 넘어서서, 기업의 협력 업체, 자재 공급 업체 등을 포함하는 공급 사슬 전체에 대한 ESG 규제를 강화하는 조치로 여겨진다. 예를 들어, 실사의 대상이 되는 기업은 파리기후협약 준수를 위한 계획을 하고 있어야 하며 이를 시행하기 위한 노력을 보여야 한다. 환경, 사회, 거버넌스에 대한 규제를 준수하지 않는 기업에 대해서는 과징금이나 EU 공공 조달 제한 등의 조치가 이루어진다.

7.2. ESG 관련 재무적 인센티브의 활성화

탄소 배출권 및 탄소 상쇄권 시장 외에 정부의 국내 ESG 투자 영역은 주로 공적 연기금에 한정되어 있다. 또한, ESG 관련 투자는 대부분 주주참여형 투자, 즉 스튜어드십 코드Stewardship Code를 중심으로 이루어지고 있다. 이는 투자자의 적극적 참여와 개입이 없다면 기업이 현재의 기업 지배 구조를 넘어서 ESG 경영 전략을 추진하는 데 필요한 재무적 인센티브가 부족함을 의미한다.[12]

국민연금, 사학연금과 같은 연기금의 투자 대상은 주로 상장사와 대형주에 집중되므로 연기금의 투자 활성화만으로는 건설산업 전반에 걸친 ESG 경영을 위한 재무적 인센티브 확장에 한계가 있다. 이는 건설산업의 ESG 경영 촉진을 위해 연기금 외에도 다양한 투자 영역과 채널이 필요함을 시사한다. 더 넓은 범위의 투자자 참여와 다양한 ESG 투자 전략이 필요한 시점이며, 이를 통해 ESG 경영의 재무적 인센티브를 더욱 강화할 수 있다.

현재 국내 중소기업은 ESG의 각 부문에서 여러 미흡한 점을 보여주고 있다. 예를 들어, 환경경영 목표 및 전략 수립 계획을 사업보고서에 기재하지 않는다거나 정규직 채용 인원 및 평균 근속연수를 관리하지 않기도 한다. 윤리 경영 정책을 경영 방침에 반영하지 않았을 때 등도 발견되는데 이러한 현상이 나타나는 이유는 중소기업에는 ESG 경영을 위해 큰 노력을 투입할 유인이 크게 없기 때문이다. 건설산업에서도 중소 건설 자재 업체나 소규모 시공 협력 업체는 ESG 성과에 대한 압력을 거의 느끼지 못하고 있어 사실상 원청사의 요구가 없다면 독립적으로 ESG 전략을 수립하고 진행할 동기가 부족하다. 이러한 상황을 타개하기 위해서는 정부의 적극적 개입과 정책적 전략 수립을 통한 국내 ESG 투자 구조의 적극적 확장이 필요하다.

또한, 정부는 국내 ESG 투자 시장의 구조를 개편하고, 투자 영역 및 투자 규모의 확장을 촉진해야 한다. 비재무적 요소가 중심인 ESG 경영의 유인 제공자로서 기업의 낙수 효과를 정책적으로 장려하고 촉진하는 역할을 해야 한다. 이러한 노력은 중소기업이 ESG 전략을 수립하고 진행하도록 유도할 뿐 아니라 건설산업 전반에 걸쳐 ESG 경영을 촉진하는 데 이바지한다. 현재 세계 각국 정부나 공공기관도 ESG 투자 시장 확대를 위한 구조 조정과 규제 확대를 추진하고 있다. 지금부터는 세계 각국이 어떻게 재무적 인센티브를 통해 기업의 ESG 경영을 독려하고 있는지 살펴보도록 하자.

정부 주도의 재무적 인센티브 사례(1): 미국의 그린 뉴딜 정책[147]

바이든 정부 출범 이후 미국은 국가 주요 의제로 기후 변화에 대한 대응을 꼽으며 2050년까지 탄소 중립 달성을 위한 단계적 목표를 포함한 법령을 도입하였다. 친환경 정책에 대하여 향후 4년간 2조 달러 규모의 투자계획을 발표하고, 친환경 연구개발을 위한 공공자금 제공도 약속했다. 바이든 정부가 제시한 금액은 대한민국 정부의 예산 총액 4년 치에 해당하는 규모로 상당히 큰 금액이며 이는 환경 문제에 대한 미국 정부의 지대한 관심을 방증한다.

미국의 주요 그린 뉴딜 정책은 다양한 분야에서 나타난다.[148] 전기자동차 관련 세제 혜택부터 친환경 자동차 생산에 대한 지원 확대와 공공기관 차량을 전기차로 교체하는 정책이 진행되고 있다. 또한, 신규 공공 및 전기차 충전소 구축 등 친환경 첨단 교통인프라 제공과 발전 부문의 배출 기준을 강화하고 화석

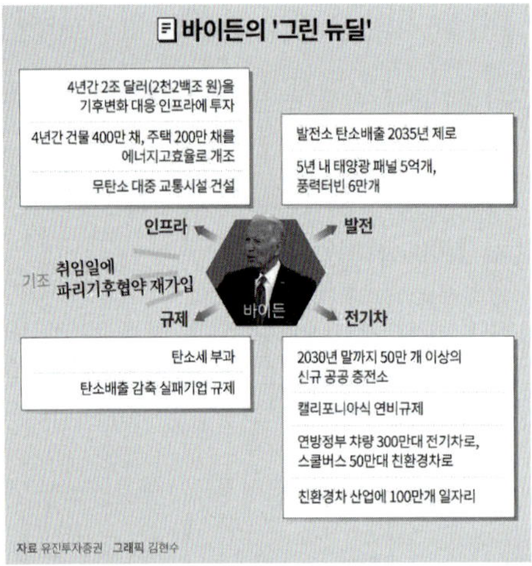

그림 7-1 | 미국 바이든 정부의 그린 뉴딜 정책[147]

연료 보조금을 폐지하며 전국적으로 재생 에너지 확대를 위한 인센티브 제도를 도입하였다. 고용 관련해서는 친환경 공공주택 공급을 통한 친환경 관련 일자리 창출을 목표로 하고 있으며 탄광 폐쇄로 인해 일자리를 잃은 석탄산업 종사자의 재취업 교육, 퇴직 급여 등을 통해 재고용의 기반을 마련해주었다.

트럼프 정부 당시 파리기후협약을 탈퇴하며 친환경 정책에 제동을 걸었던 미국이 파리기후협약에 재가입하고 탄소 국경세를 도입하는 등 기후 변화에 대한 국제적 공조를 주도하면서 전 세계적으로 친환경 기조가 다시 부상하고 있다. 주요국 정부 주도로 각종 친환경 규제가 강화되고 ESG 관련 국정 목표가 입안되면서 ESG 가치를 지속해서 추구하고 있다.

정부 주도의 재무적 인센티브 사례(2): 캐나다의 그린 정책[149]

캐나다는 세계 10위 온실가스 배출국으로 2018년 기준 전 세계 배출량의 약 1.5%인 7억 2,500만 톤을 배출하였다. 이에 저스틴 트뤼도 캐나다 총리는 2021년 세계기후정상회의에서 2030년까지 2005년 대비 최대 45%까지 탄소 배출량을 감축할 것을 공식화했다. 이 목표를 달성하기 위하여 캐나다 정부는 녹색 재건 관련 예산안을 재편했다. 50억 캐나다 달러 규모로 탄소 중립을 위한 예산을 편성하였으며 친환경 주택 개보수 지원에 44억 캐나다 달러, 친환경 기술 분야 투자에 10억 캐나다 달러 등의 예산 지원을 계획하였다.

캐나다 정부는 탄소 배출량 감축을 위해 실질적으로 진행하고 있는 프로젝트[151]를 통해 매립지에서 발생하는 메탄 및 천연가스를 채취하고 더 나아가 2022년 하반기에 캐나다 공해 석유 산업의 탄소 배출량을 감소시킬 수 있는 '탄소 포획 기술 프로토콜'도 개발하여 탄소 중립에 박차를 가할 계획이다. 민간기업이나 공공기관에서 탄소 상쇄 프로젝트를 진행하거나 혁신 기술을 개발하여 등록할 경우, 연방 상쇄 프로토콜에 따라 탄소 배출 감축량 1톤당 거래

표 7-1 | 2005년과 2018년 세계 온실가스 배출 상위 10개국과 배출 비중 국가[149, 150]

국가	2005년 비중	2018년 비중	증감
중국	18.6%	26.0%	+7.4%p
미국	17.6%	12.7%	-4.9%p
유럽연합 27개국	11.1%	7.5%	-3.6%p
인도	5.1%	7.1%	+2.0%p
러시아	6.1%	5.3%	-0.8%p
일본	3.3%	2.5%	-0.8%p
브라질	2.3%	2.2%	-0.1%p
인도네시아	1.8%	2.0%	+0.2%p
이란	1.6%	1.7%	+0.1%p
캐나다	1.8%	1.5%	-0.3%p

출처: KOTRA, 캐나다, 탄소 중립 실현을 위한 예산 지원 박차 (2021.06.04)

가능한 상쇄 크레딧 하나를 확보할 수 있다. 이는 정부 차원에서 민간의 참여를 활성화하기 위하여 재무적 인센티브를 부여하고 있다. 캐나다 공공부문 연금투자위원회 역시 녹색자산 비중을 2019년 9월 대비 최대 25%까지 확대할 계획이라 밝히는 등 탄소 중립 생태계 구축에 정부와 공공기관이 나서서 적극적인 움직임을 보인다.

정부 주도의 재무적 인센티브 사례(3): EU의 그린딜 정책

유럽은 전통적으로 친환경 기조가 강하게 나타난다. 이에 걸맞게 2030년까지 탄소 배출량을 1990년 대비 55% 감축하기로 목표를 설정했다. 총 46개국 중 31개국이 탄소 중립을 목표로 선언했으며 스웨덴, 영국, 덴마크, 프랑스, 헝가리 등은 탄소 중립과 관련한 내용을 법제화[152]하기도 했다.

EU는 2050 탄소 중립 목표 달성을 위해 기후 변화 및 환경 분야의 청사진을

표 7-3 | EU 및 유럽 주요국의 탄소 중립 법제화 현황[152]

국가	목표연도	핵심내용 및 시사점
EU	2050년	기후 변화 및 환경 분야의 청사진을 담은 그린딜 발표 2050탄소 중립 달성을 핵심목표로 설정한 장기 경제체제 전환계획 탄소 중립 목표 달성을 위한 유럽 기후법안 제출
독일	2045년	2030년 및 2045년 탄소 중립 달성 목표 제시 및 법제화 ('21.5월 개정을 통해 2030 목표 10% 상향· 탄소 중립 달성 시점 5년 단축) 「기후보호프로그램 2030 ('19.9월)」 수립
영국	2050년	「기후변화법(Climate Change Act)」 개정하여 G7 국가 중 최초로 2050 탄소 중립 목표 법제화 「녹색산업혁신에 대한 10대 중점 계획 ('20.11월)」 수립 브렉시트와 별개로 EU와 함께 탄소 중립에 대한 목표 공유
프랑스	2050년	2050년 탄소 중립 목표 법제화COVID-19로 인한 경기부양책으로써 「프랑스 재개('20.9월)」을 제시 탄소 중립 관련 기술 및 산업을 경기부양책으로써 활용 그러나 향후 2년간의 단기 계획 및 투자 방향성으로, 향후 중장기차원의 계획 수립 필요

담은 그린딜green deal을 발표했다. 유럽 그린딜 투자계획의 세부 사안[153]으로는 ① 향후 10년간 최소 1조 유로의 재정지원, ② 민간·공공 부문 투자 프레임워크 구축, ③ 공공기관과 민간기업을 위한 맞춤형 지원 체계 구축 등이 있다. 이외에도 EU의 녹색 채권 표준을 확립하고 지속가능금융 분류 체계를 마련하여 친환경 지속가능활동에 해당하는 산업 분류표를 구축할 예정이다.

그린딜의 하나로 탄소 국경세 도입도 있다. 2020년 다보스 세계경제포럼에서 폰데어라이엔 집행위원장은 수입품에 대한 탄소 국경세 도입을 발표하였다. 탄소 국경 조정이란 수입품과 수입 업체에 대해서 국내 온실가스 배출 규제에 상응하는 조치를 함으로써 타국의 기업에도 자국의 탄소 배출 관련 정책을 지킬 것을 요구한다는 것을 의미[153]한다. 따라서 EU가 탄소 배출권 규제를 강화하게 되면 EU와 거래하는 다른 나라도 EU 기준에 맞추어야 한다. 전 세계가 탄소 배출을 줄이고 탄소 중립 생태계를 형성함에 따라 이에 발맞추기 위해서는 다른 국가에서도 정부 주도로 관련 인프라가 먼저 구축되어야 할 것이다.

정부 주도의 재무적 인센티브 사례(4): 네덜란드의 공적연금

네덜란드 공적연금Algemeen Burgerlijk Pensioenfonds, ABP은 약 3,470억 유로 규모의 자산을 관리하며 세계적인 규모의 금액으로 운영되는 연기금이다. UN 사회책임투자원칙의 주체로서 기업의 화석연료 투자를 철회하고 인권 리스크 분야를 개선할 것을 요구하고 있다. 포트폴리오의 위험 수익 특성risk return profile을 유지하면서도 보다 적극적이고 실질적인 책임 투자를 원칙으로[154], 네덜란드 공적연금은 유럽의 책임투자 기조에 따라 아동 착취와 인권 등 사회적 문제가 발생한 기업에 대한 네거티브 스크리닝을 적용하고 있다. 더 나아가 최근에는 기후 변화와 천연자원 보존 등의 환경 문제로까지 ESG 영역을 확장했다.

그림 7-2 | 포스코대우의 인도네시아 팜유 농장 PT BIA의 사업 부지[155, 156]

지난 2018년 6월, ABP는 포스코대우에 대한 30만 유로 규모의 투자를 철회했다. 환경운동연합[156]에 따르면, 철회 사유는 포스코대우가 인도네시아 파푸아에서 팜유 농장을 운영하는데, 그 과정에서 약 8,200만 평에 달하는 열대림을 파괴하였기 때문이라고 한다. 포스코대우가 산림파괴 금지 정책을 채택하고 준수할 때까지 20여 개의 단체가 포스코대우와의 거래를 중단하고 투자 대상에서 제외할 것이라고 밝혔다. 시민들의 자산을 관리하는 수탁자 책임이 있는 연기금은 더 엄격한 네거티브 스크리닝이 요구되기 때문에 이들의 투자가 있어야 하는 기업은 환경과 사회문제에 더 민감하고 유연하게 대응해야 한다.

정부 주도의 재무적 인센티브 사례(5): 일본의 공적연기금

일본의 공적연기금Government Pension Investment Fund, GPIF은 2019 회계 연도 기준 150조 엔을 상회[154]하고 있는 대표적인 연기금 중 하나다. 시장 영향력을 최소화하기 위하여 GPIF의 직접 운용은 법으로 금지되어 있어 구체적인 투자 실행은 운용사에 위임되지만, 수탁자 책임 활동을 포함한 투자 전략에 대하여 GPIF는 ESG 투자 기본 원칙과 가이드라인을 제시하고 있다. GPIF는 2015년

표 7-4 | 일본 연기금 GPIF의 일본 및 해외주식운용기관이 선정한 ESG 중대이슈[157]

일본 주식	패시브 운용기관	액티브 운용기관
2021년	기후 변화, 금융사고, 정보 공개, 공급망, 다양성, 기업 거버넌스	이사회 구성과 평가, 소액주주 보호, 정보공개
2020년	기후 변화, 금융사고, 정보 공개, 공급망, 기업 거버넌스	이사회 구성과 평가, 소액주주 보호
2019년	기후 변화, 금융사고, 정보 공개	이사회 구성과 평가, 소액주주 보호
2018년	기후 변화, 금융사고, 공급망	이사회 구성과 평가

해외 주식	패시브 운용기관	액티브 운용기관
2021년	기후 변화, 정보 공개, 공급망, 다양성	기후 변화
2020년	기후 변화, 정보 공개, 공급망, 다양성	기후 변화
2019년	기후 변화, 다양성, 정보 공개, 기타(사회)	기후 변화
2018년	기후 변화, 다양성, 기타(사회), 수자원 이용	기후 변화

UN 책임 투자 원칙UN Principles for Responsible Investment, UN PRI에 서명하며 본격적으로 ESG 투자 확대를 추진하고 있다.

GPIF는 일본 경제 전체의 성과 향상을 위해 기업에 ESG를 이용할 것을 권장하며 해당 기준으로 투자 기금을 운용할 것을 권고하고 있다. GPIF 자산 관리자가 선정한 가장 중요한 ESG 이슈는 기후 변화이며, 특히 패시브 운용기관은 생물다양성에 대한 중요도를 더욱 높이 평가하는 것을 확인할 수 있다. 이처럼 일본 연기금 GPIF가 ESG 중대 이슈를 선정하고 적극적으로 가이드라인을 제시하면서 ESG 투자 시장 확대가 촉진되고 있다.

7.3. 일관적이고 체계적인 ESG 공시 및 평가 제도 마련

ESG와 관련한 시장이 점차 커지면서 ESG 평가 기관도 늘어났다. 하지만 평가 기관이 일관된 기준이나 양식으로 기업의 ESG 성과를 측정하고 평가하는 것이 아니므로 평가 기관의 증가는 어느 평가 기관의 평가 결과를 활용해야 할지에 대한 혼란을 일으켰을 뿐만 아니라 서로 다른 평가 기관의 결과를 바탕으로 ESG 경영 전략을 수정, 보완하는 과정에서의 비효율성도 초래하였다. 또한, ESG 성과를 평가하는 과정에서 산업별 특성을 제대로 고려하지 않고 지나치게 경직된 기준을 바탕으로 모든 산업에 대한 평가를 수행하거나 혹은 산업별로 기준을 달리할 때에도 대부분 산업 대분류에 따른 차이만 고려할 뿐 동일한 산업군으로 분류된 기업에 대해서는 그 업종의 차이를 반영하지 못하는 기준이 사용된다는 문제점이 꾸준히 지적됐다.

ESG 평가 기관 간의 평가 결과 불일치는 ESG 경영 문화 확대에 부정적인 영향을 미친다.[31] 이는 기업의 사전적 ESG 성과 증진 노력을 저해하고 기업이 자사에 좋은 평가를 주는 평가 기관을 찾아다니는 일명 '평가쇼핑Rating shopping' 또는 광범위한 '그린워싱Greenwashing'만을 추구할 가능성을 높인다. 평가 기준의 불확실성은 궁극적으로 평가에 대한 신뢰도에 영향을 미침으로써 사회적 책임 투자 및 전반적인 ESG 투자 수요가 감소할 수 있으며 규제 적용 및 국가

정책 사업 시행 시 행정 및 사법적인 비효율성을 가져온다.

Serafeim and Yoon(2022)에 따르면, ESG 평가 결과 간 불일치는 ESG 관련 뉴스가 주가에 반영되는 것을 방해하여 기업에 부정적인 영향을 미친다.[158] 결과적으로 ESG 경영의 재무적 인센티브를 저하하는 부작용으로 이어진다. 따라서 ESG 평가와 공시 제도의 표준화 및 구체화는 투자자와 기업 모두에게 중요한 과제로 부상하고 있다.

비일관적인 ESG 평가 체계로 인해 공공발주자는 ESG 가치를 지키는 기업과의 계약을 위해 자체적인 ESG 평가 기준을 수립하고, 평가해야 하는 부담을 지게 된다. 건설기업 역시도 기존의 평가에 더해 발주 시장에서의 ESG 평가에도 대응해야 하는 추가적인 부담을 안게 된다.

현재의 ESG 평가 체계는 건설산업의 핵심 ESG 가치를 기존의 다른 ESG 평가 지표와 동등하게 평가함으로써, 건설산업 전반의 ESG 경영 노력의 효율성을 떨어뜨리는 문제가 있다. 무엇보다도 건설산업의 특성을 제대로 반영하지 못하는 점이 문제이다. 예를 들어, 건설산업의 환경 부문에서는 건설 프로젝트의 Scope 3 탄소 배출량이 Scope 1, 2보다 훨씬 높고 절감 기회가 많으므로 이를 평가하기 위한 적절한 범위 설정과 산출 방법에 대한 가이드라인이 필요하다. 사회 부문에서는 기존의 '재해율'과 같은 후행 지표Lagging indicators가 실제 안전 관리에 대한 기업의 노력을 제대로 반영하기 힘들어서, 건설 안전 관리에서 활용되거나 개발된 선행 지표Leading indicators를 더욱 적극적으로 활용할 필요가 있다. 거버넌스 부문에서는 건설산업에서 발생하는 비윤리적 행위에 대한 구체적 지표와 이를 방지하기 위한 노력에 대한 평가를 활용하는 것이 중요하다.

상술한 것처럼 건설산업의 특성을 반영하고, 일관적이며 체계적인 ESG 공시 및 평가 체계를 마련하는 것이 건설산업 생태계의 ESG 활성화를 위한 평가 기관의 역할이며 정부는 평가 기관이 이러한 특징을 살려 평가 기준을 마련할 수 있도록 평가 기관에 대한 압력과 인센티브를 적절히 활용해야 한다.

그린워싱(Green Washing) 사례와 규제화 동향[159, 160, 161]

그린워싱Greenwashing은 환경을 나타내는 'Green'과 'White washing'의 혼성어로, 기업이 실제로는 친환경적이지 않은 상품을 생산, 판매하면서도 상품에 대한 허위 또는 과장 광고를 통하여 친환경적인 이미지를 구축함으로써 경제적 이익을 취하는 경우를 뜻한다.[162]

대표적인 사례를 살펴보면, 자동차 회사인 폭스바겐은 자신들의 디젤 자동차를 대기 오염 물질을 적게 내뿜는다는 의미로 '클린 디젤'로 브랜딩하여 홍보했지만 실제로는 규정치보다 더 많은 대기 오염 물질을 배출하고 있던 것으로 알려져 처벌을 받았다. 국내에서도 SK E&S가 자신들의 액화천연가스LNG를 '탄소 없는 친환경 LNG'라고 광고해서 그린워싱 여부에 대한 심의를 받았다. SK E&S는 가스를 만드는 과정에서 생기는 이산화탄소를 일부 포집한다는 이유로 이러한 표현을 사용하였는데, 실제로는 포집하는 양보다 더 많은 이산화탄소를 배출하기 때문에 환경 비영리단체인 기후솔루션으로부터 신고를 받았다.

이러한 그린워싱 리스크가 불거지면 기업의 평판에 큰 리스크를 가져오게 된다. 그린워싱 리스크는 ESG 경영을 무리하여 급하게 추진하는 과정에서 발생할 가능성이 크다. 특히 국내 많은 기업이 ESG 경영 진단과 과제 도출, 방향성 및 이행 과제 수립의 과정을 빠르게 도입하고 실행하는 것을 보여주고 있으므로, 이 부분에서 경영 리스크가 발생할 가능성이 크다고 할 수 있다. 즉 '보여주기식 단기 ESG 경영 성과'가 그린워싱 리스크를 가져올 가능성이 있다.

이미 여러 나라에서 이러한 그린워싱을 방지하기 위한 여러 규제를 만들고 있다. 유럽 집행위원회는 제품의 그린워싱을 억제하기 위하여 유럽연합 소비자 보호법 일부 개정안을 그린딜 패키지에 묶어 발의했다. 이 법안에서는 제품의 내구성과 수리 및 업데이트 정보를 친환경적 측면에서 추가하는 것을 요구하고 있다. 또한, 영국의 경쟁시장국은 2021년 '그린 클레임 코드Green Claim Code'를 발표했는데, 이는 기업의 친환경 마케팅에 대해 '친환경 주장이 진실하고 명확할 것', '분명하고 명확할 것', '중요한 정보를 생략하거나 숨기지 말 것', '비교는 공정하고 의미 있을 것', '제품 또는 서비스의 전체 수명 주기를 고려할 것', '입증될 것' 등 여섯 가지 원칙을 수립하고 이를 감시하는 법안이다. 미국 증권거래위원회SEC도 그린워싱 조사 및 ESG 관련 사항 위반 조사를 위해 ESG 특별팀을 구성하여 그린워싱 리스크가 높은 ESG 펀드를 거래 시장에서 퇴출하려는 움직임을 보인다.

건설산업의 Scope 3 탄소 배출량 산정 가이드라인 제정

건설산업의 탄소 배출량 집계에 있어서 Scope 1은 건설기업이 직접 소유하거나 통제하고 있는 장비나 시설에서 발생하는 탄소 배출량을, Scope 2는 건설기업이 구매한 전기, 천연가스 등의 에너지 영역에서 발생하는 탄소 배출량을 측정한다. Scope 3은 공급 사슬까지 탄소 배출량 측정을 확장한 것으로 주로 협력 업체의 장비나 건설 자재를 운송하는 경우에 발생하는 탄소 배출량을 측정하며 완성된 건축물의 내재 탄소 등도 Scope 3에 해당한다. 건설산업의 경우 Scope 3 탄소 배출이 차지하는 비중이 전체 건설 프로젝트 가치 사슬에서 92%에 달하므로 Scope 3 탄소 배출의 정확한 집계가 건설산업 전체의 탄소 배출량 절감에 큰 기회를 제공한다고 할 수 있다.

하지만 현재 대부분의 국내 건설기업은 Scope 3 탄소 배출량 집계를 하지 않

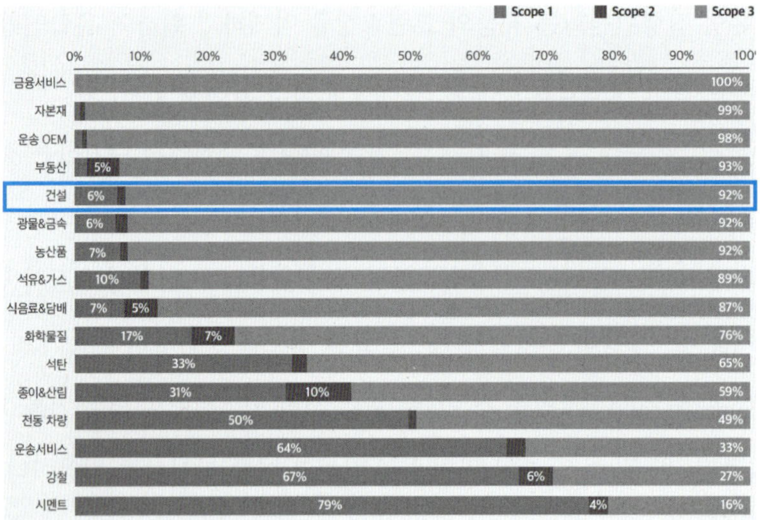

그림 7-3 | 산업 분야별 Scope 3 탄소배출의 비율

는다. 우선 아직 Scope 3 탄소 배출량 집계가 의무화가 되지 않았다는 점과 Scope 3 탄소 배출량 집계를 위한 적절한 범위를 정의하는 가이드라인이 확립되지 않은 점이 크게 작용하고 있다. 해외에서는 업스트림과 다운스트림을 모두 고려한 평가 기준이 마련되어 있다. 영국의 공공 조달 계약의 ESG 가치에 대한 조례는 이중 최소 다섯 가지 요소를 탄소 배출량 집계에 포함하기를 요구하고 있으며, 아홉 가지 요소 이상을 보고하는 해외 건설기업들도 다수 존재하고 있다.

현재 해외 주요 건설기업이 포함하는 Scope 3 요소는 건자재 내재 탄소 및 협력 업체의 중장비 활용, 건자재 및 중장비 운송, 건설 폐기물 처리, 임직원의 출장, 임직원의 출퇴근이며, 이렇게 다섯 가지 요소가 건설산업의 가치 사슬에서 발생하는 전체 탄소 배출량의 40% 정도를 차지한다. 한편 건축된 건물의 에너지 사용 과정에서 배출되는 탄소도 상당히 많아 이는 전체 탄소 배출량의 50%를 차지하는 것으로 보고되었으나 실제로 이 경우에는 정확한 탄소 배출량을 집계하는 데에 있어 신뢰도가 높지 않다는 문제가 존재한다.

구성	AECOM (미국)	GILBANE BUILDING COMPANY (미국)	VINCI (프랑스)	SKANSKA AB (스웨덴)	Bechtel (미국)	Kier Group (영국)	ISG (영국)	Wates Group (영국)	Galliford Try (영국)
1.Purchases goods and services		■	■	■	■		■		
2.Capital goods									
3.Fuel and energy related activities				■					
4.Upstream transportation and distribution	■		■			■		■	■
5.Waste generated in operations	■	■			■	■	■	■	■
6.Business teavel	■	■		■	■	■	■	■	■
7.Employee commuting	■	■			■	■	■	■	■
8.Upstream leased assets									
9.Downstream transportation and distribution	■		■				■	■	■
10.Processing of sold products									
11.Use of sold products			■						
12.End of life treatment of sold products									
13.Downstream leased assets									
14.Franchises									
15.Investments									

그림 7-4 | Scope 3 탄소 배출량 집계에 사용되는 요소와 이에 대한 각국의 요구

장을 마치며: 핵심 대응 전략은 무엇인가?

ESG 경영에 있어서 정부의 역할은 매우 중요하다. 특히 ESG에 대한 관심이 최근 십여 년 사이에 폭발적으로 늘어나면서 기업의 여러 사업 영역에 대해 ESG에 입각한 경영 전략을 수립할 것이 요구된다. 건설산업은 매우 많은 업체의 협력을 통해 사업이 이루어지며 걸리는 기간이나 자본의 크기도 상당히 크기에 ESG 경영 전략이 안정적으로 자리를 잡는 데에도 다른 산업보다 비교적 긴 시간이 필요하다. 이 기간을 효과적으로 단축할 힘은 정부 부처에 있다.

공공발주를 먼저 ESG 역량을 보유한 기업이 수주할 수 있도록 하거나 적어도 입찰 과정에서 상당한 이점을 주는 방향으로 눈에 보이는 이익을 제공한다면 건설산업에 속한 기업이 ESG 경영 전략을 채택하고자 하는 움직임이 더욱 가속화될 수 있다. 이를 바탕으로 정부는 기업이 사회를 둘러싼 다양한 공적 문제에 적극적으로 참여하고 관심을 기울이게끔 하는 흐름을 만들어낼 수 있다.

또한, 현재 전 세계적으로 정부 기관을 중심으로 하여 기업이 ESG 경영을 시행함으로써 재무적 성과를 함께 거둘 수 있게 하는 다양한 정책이 시행되고 있다. 특히 하나의 프로젝트에 많은 자본이 투입되는 건설산업에서는 그만한 프로젝트를 이끌어갈 수 있는 여력을 지닌 정부의 역할이 더욱 중요하다. 또한, 법 제정을 통해 기업에 ESG와 관련된 방향성을 제시하거나 연기금과 같은 정부가 운영하는 자금을 바탕으로 한 적극적인 투자를 통해 기업의 행동을 유도할 수도 있다.

마지막으로 현재 ESG 평가에 활용할 만한 정보의 공시가 제대로 이루어지지 않고 있으며 평가 기관에서 활용하고 있는 지표도 저마다 달라 평가 결과를 활용하거나 대응하는 데에 있어 여러 어려움이 있다. 지표 설정은 물론 개별 평가 기관의 몫이긴 하나 통일성이 지나치게 모자란 지표가 계속 사용된다면 비효율을 피할 수 없다. 정부는 여러 평가 기관과 협력하여 공통적인 지침을 마련하고 평가 기관이 각자의 특징을 유지하면서도 기업으로서 충분히 대응할 수 있도록 일관적이고 체계적인 평가 기준을 마련하게끔 도와야 한다. 또한, 이 과정에서 산업의 특성과 동일 산업군 안에서도 업종별 특성을 살릴 수 있게끔 한다면 ESG에 대한 기업의 접근성이 매우 좋아질 것이며 이는 곧 기업들의 ESG 경영에 대한 동기 부여로 이어질 수 있다.

제4부

지속가능한 건설 ESG 생태계 구축을 위해서

08

생태계 구축을 위한 ESG 전략 체계

지금까지 국내 건설산업의 ESG 경영 현황 및 사례 분석을 통해
건설산업의 ESG 경영 활성화를 위해 필요한 중요한 주제를 살펴보았다.
정리해 보면, 국내 건설기업의 ESG 경영 활성화를 저해하는 주요 요소로는
기업이 ESG 경영에 적극적으로 참여할 동력이 부재하다는 것, ESG 경영을 평가하는
지표에 대응하기 어렵다는 것, 중소 협력 업체의 역량이 부족하다는 것과 더불어
ESG 경영을 위한 추가적인 비용이 기업 입장에 부담스럽다는 것을 알게 되었다.
그리고 이에 대응하기 위한 ESG 부문별 기업의 대응 과제와 공공의 역할에 대해서도
알아보았다. 살펴본 내용을 바탕으로 향후 건설산업이 어떻게
ESG 경영 전략을 수립하고 수행해야 할지에 대해 이야기해 보고자 한다.

8.1. 다층적 ESG 경영 전략

건설산업의 체계적인 ESG 경영 전략 수립을 위해서는 무엇보다도 현재 이슈가 되는 ESG 경영이 건설산업에서 의미하는 바를 정확히 이해하고 핵심과 본질이 무엇인지 파악하는 것이 중요하다. 이를 위해서는 ESG 경영과 관련한 여러 측면을 종합적으로 검토함으로써 건설산업에서 ESG 경영을 일구어 내기 위한 다층적 대응 과제를 살펴야 한다. 여기서 다층적이란 부문별, 주체별 대응 과제를 모두 고려하여야 함을 말한다.

먼저 건설산업의 ESG 경영 활성화를 위해서는 환경, 사회, 거버넌스의 각 부문에서 제대로 된 ESG 경영 성과를 거두기 위한 대응 과제가 무엇인지 살피는 것이 중요하다. 특히 여기서는 ESG 가치를 추구하는 것이 건설산업의 성장과 발전에 어떠한 긍정적인 역할을 수행할 수 있는지 확인함으로써 ESG 경영의 중요성을 합의하고 이를 바탕으로 가치를 내재화함으로써 단순히 정부의 지원을 받거나 규제를 피하기 위한 임시적 수단으로써 ESG 가치 추구가 아니라 장기적인 관점에서 기업의 방향을 수정해 나가는 일임을 잊지 않아야 한다.

또한, ESG 경영의 성공적인 정착과 활성화를 위해서는 각 주체의 정확한 대응과 적극적인 노력이 필요하다. 이를 위해 주체별 대응 과제는 무엇인지 위에서 살핀 내용을 바탕으로 종합적인 검토를 통해 건설산업이 채택할 수 있는 ESG 경영 전략의 방향이 무엇인지 살펴야 한다.

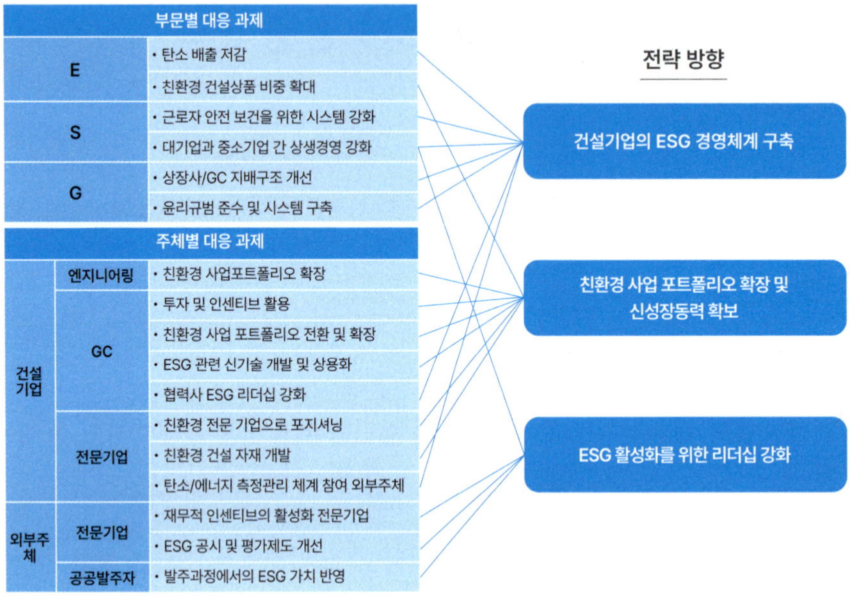

그림 8-1 | 다층적 대응 과제를 통한 건설산업 ESG 경영 전략 방향 도출

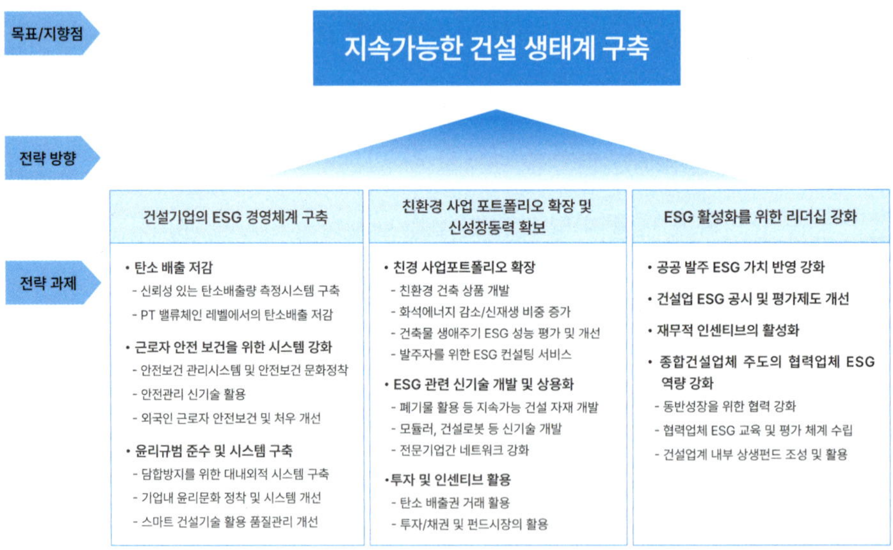

그림 8-2 | 지속가능한 건설 생태계 구축을 위한 건설 산업 ESG 경영 전략체계

지금까지 논의한 내용을 바탕으로 건설산업이 나아가야 할 방향에 대해 간략히 이야기하자면 첫째로 ESG 경영 체계를 구축하고, 둘째로 친환경 사업의 포트폴리오를 점차 확장하여 적용 범위를 늘리고 ESG를 새로운 기회로 삼아 신성장동력을 확보해야 한다. 마지막으로 다양한 방법을 통해 ESG 활성화에 필요한 리더십을 강화함으로써 건설기업의 ESG 가치 내재화를 바탕으로 한 성장을 도모해야 한다.

건설기업의 ESG 경영 체계 구축

건설기업이 성공적으로 ESG 경영 체계를 구축하기 위해서는 다양한 측면이 고려되어야 한다. 특히 환경과 사회, 거버넌스의 각 부문을 모두 고려한 체계의 구축이 필요하며 이 과정에서 앞서 살펴보았던 건설산업의 특성에 기반한 정책 방향을 수립하는 것이 무엇보다 중요하다.

환경 부문에서의 경영 전략: 가치 사슬 수준에서의 탄소 배출량 저감

현재 환경 부문에서 단연 가장 많은 주목을 받는 이슈는 탄소 배출량 저감이다. 이는 비단 건설산업에만 해당하는 문제는 아니어서 국내외의 많은 기업이 탄소 배출량을 줄이고 탄소 발자국과 관련한 문제를 해결하기 위해 다양한 방법을 동원하고 있다. 정부 차원에서도 탄소 배출권이나 상쇄권 등을 발행하고 다양한 지원 및 규제 정책을 마련함으로써 탄소 배출량을 줄이고 나아가 탄소 중립에 이르기 위해 많은 노력을 쏟고 있음은 이미 앞에서 살펴본 바 있다.

건설산업에서도 탄소 배출량 문제는 매우 중요한 환경적 과제이다. 그중 건설산업에서는 무엇보다 가치 사슬에 대한 고려가 매우 중요하다. Scope 3에서 가장 많은 탄소가 배출되기 때문이다. 그러므로 건설산업에서 탄소 배출이 관련된 경영 전략을 수립할 때는 개별 건설기업 단위에 집중하기보다는 건설 프로젝트를 중심으로 하여 가치 사슬 층위의 탄소 배출에 초점을 맞추어야 한다. 그러나 건설 프로젝트는 매우 복잡하여 많은 기업 사이의 협업이 필수 불가결하므로 가치 사슬 전반에 걸친 탄소 배출량 측정은 쉽지 않은 일이다. 따라서 이를 위해서는 협력 업체의 탄소 배출량이 관련된 데이터를 지속적으로 수집할 수 있는 시스템이 구축되어야 한다. 또한, 이때의 시스템은 단순히 형식적인 자료를 수집하는 것이 아니라 실제 작업 과정에서 배출되는 탄소의 양을 되도록 정확하게 집계할 수 있도록 지속적인 관리와 개선이 요구된다.

이에 더해 협력 업체의 ESG에 대한 인식 제고도 끊임없이 이루어져야 다양한 기업이 효과적으로 탄소 배출량 저감을 위해 공동의 노력을 구가하여 최종적인 목표를 달성할 수 있다. 이를 위하여 역량이 있는 건설기업에는 협력 업체에 대한 ESG 교육과 컨설팅이 이루어져야 하며 상호 평가를 근간으로 평가 결과를 공유하고 이를 추후 계약의 인센티브를 위한 기초 자료로 활용함으로써 ESG 경영 활성화를 촉진할 수 있다.

현장에서도 탄소 배출을 줄이기 위한 여러 방안을 검토하여 시행해야 한다. 대표적으로 에너지 효율이 높은 건설 장비를 사용함으로써 공사에 지장을 주지 않는 선에서 건설 장비에 사용되는 에너지를 가능한 한 줄이는 것이 좋다. 또한, 건설 자재를 선택할 때도 가격효율성만을 고려하지 말고 내재 탄소가 적은 자재, 자재 생산 과정에서 탄소 배출이 적게 되는 자재를 선택함으로써 가치 사슬 수준에서의 탄소 배출량 저감을 목표할 수 있으며 이는 장기적으로 친환경 자재 생산에 대한 협력 업체의 인식을 제고하는 결과까지 얻어낼 수 있다.

운송 및 수송의 측면에서도 ESG 성과를 거두기 위한 전략을 구사할 필요가 있다. 먼저 자재나 장비의 크기나 무게 등을 적절히 고려하여 운송 효율을 최적화해야 한다. 이를 통해 건설 프로젝트 진행에 필요한 운송 횟수 자체를 줄임으로써 운송 과정에서 발생하는 탄소 배출을 줄일 수 있다. 또한, 자재 공급처를 현장에서 멀지 않은 곳으로 선택함으로써 운송 거리를 줄이는 것 역시 상당히 좋은 전략이 된다. 현장에서 가까운 공급처를 확보하는 것은 환경 부문에서도 도움이 되지만 사회 부문에서도 상당한 성과를 거둘 수 있다. 현장이 위치한 지역의 지역 사회에서 공사 비용이 집행됨으로써 지역 경제 활성화에 도움이 되기 때문이다.

모듈을 활용한 OSC 방식으로 프로젝트를 진행하는 것도 탄소 배출량을 줄이는 데에 도움이 되는 방식이다. 사전에 철저히 기획하여 구성된 방식으로 공사를 진행함으로써 공사기간을 단축할 수 있으며, 모듈 제작 공장의 자재 및 에너지 효율성을 극대화하는 방식으로 탄소 배출량을 감소시킬 수 있다. 이 경우에는 운송 및 수송 과정에서 발생하는 탄소를 줄이는 데에 주의한다면 효과적인 경영 전략으로 기능할 것이라 기대된다.

사회 부문에서의 경영 전략: 근로자의 안전 및 보건 관리

국내 건설산업에서 대응해야 할 주요 사회적 가치는 근로자의 안전 및 보건이다. 건설산업은 현장에서의 작업이 프로젝트마다 다르지만, 대부분의 건설현장은 일정 수준 이상의 현장작업이 요구되기에 안전사고가 일어날 확률이 항시 존재한다. 또한, 부피가 크고 중량이 무거운 자재가 사용되다 보니 현장에서의 사고가 인명 사고나 이에 준하는 큰 사고로 이어지는 경우도 상당히 많다. 따라서 근로자의 안전 문제는 건설산업에서 매우 중요하게 다뤄져야 할 과제라고 할 수 있다.

근로자 안전 문제를 해결하기 위해서는 먼저 경영진의 적극적인 의지가 필요하다. 그리고 이러한 의지를 산업 내 체계를 마련하는 것으로 옮겨야 한다. 안전 보건 관리 시스템을 확립하고 시스템이 제대로 작동하는지를 적절히 감시할 수 있는 보조적인 시스템까지 마련하는 것이 좋다. 조직 내 안전 보건 문화를 구축하여 근로자 자신도 여러 안전 수칙을 꼼꼼하게 준수하고 현장에서 방심이나 안전 의식 해이로 인한 문제가 발생하지 않게끔 관리해야 한다. 근로자가 안전 수칙 준수를 잊지 않도록 현장 곳곳에 이를 상기시킬 수 있는 장치를 마련하는 것도 도움이 된다. 근로자 안전 관리를 위한 전담 부서의 설립도 적극적으로 고려해 볼 수 있다.

나아가 고위험 요인을 감지하고 제어하기 위해 IoT, 빅데이터, 인공지능과 같은 신기술을 안전 관리 시스템에 통합하여 시스템의 정확도와 위급 상황에 대한 대응 속도를 향상하는 것도 중요하다. 현장에서 미처 발견하지 못한 문제점을 빠르게 파악하고 다양한 수단을 통해 근로자에게 이를 인식시킴으로써 사고의 발생을 예방할 수 있다. 또한, 변화하는 건설산업의 환경에 따른 대응도 요구된다. 최근 건설 현장에 외국인 노동자가 투입되는 경우가 늘어나고 있다. 외국인 노동자는 언어 장벽과 문화 차이 등의 이유로 인해 위험에 노출될 가능성이 더욱 크며 실제로 재해율도 상대적으로 높게 나타난다. 이들의 안전을 보장하기 위해 다양한 커뮤니케이션 도구를 개발하고 기존의 안전 보건 관리 시스템에 통합하여 변화에 능동적으로 기민하게 대처하는 자세가 필요하다. 이러한 노력은 외국인 근로자가 안전 관리 문화에 적극적으로 참여하고 소통할 수 있도록 돕는다. 또 한국 사회 자체에 점차 외국인의 유입이 많아지면서 향후 건설산업에 대한 ESG 평가 기준 중에 하나로 외국인 근로자에 대한 처우가 중요하게 다뤄질 가능성도 상당히 높다. 그러므로 건설기업은 이에 대한 이에 대한 적극적인 관리와 개선이 요구된다.

거버넌스 부문의 경영 전략: 윤리 규범 준수 및 시스템 구축

건설산업은 다른 산업에 비해 부정부패에 취약한 면이 있다고 알려져 있다. 따라서 기업의 윤리 경영 실현을 위해서는 입찰 과정에서 공정한 경쟁을 보장하고 거래 내용도 공정하게 작성함으로써 고객 및 협력 업체와의 기본적인 윤리 의무를 수행하는 것이 중요하다. 이를 위해 기업은 체계적인 윤리 경영 시스템을 구축하고, 기업 내부 문화를 정착시켜야 한다. 윤리위원회의 구성과 운영, 다양한 신고 채널의 개설을 통해 임직원 뿐만 아니라 제3자까지도 모니터링 과정에 포함하는 등 다차원적인 윤리 경영 전략이 필요하다.

또한, 사업 시행 과정에서 계약 불이행이나 부실 공사와 같은 문제를 방지하기 위해서는 스마트건설 기술을 활용한 품질 관리 및 하자 관리의 개선이 요구된다. 이러한 조치는 건설산업 내에서의 윤리적 기준을 높이고, 고객의 신뢰를 얻는 데 크게 이바지한다. 또한, 기업 내부의 의사 결정 과정에 대한 개선도 필요하지만 협력 업체와의 소통 과정에 대한 고려도 상당히 중요하다. 이미 앞서 여러 번 언급하였듯이 건설산업은 다양한 기업의 협업을 통해 사업이 이루어진다. 그러므로 단일 기업 내의 의사소통 과정만큼 협력 업체와의 소통도 매우 중요하다.

친환경 사업 포트폴리오 및 신성장동력 확보

세계적으로 강화되고 있는 ESG 기준은 건설산업에 새로운 사업 기회를 제공할 수 있다. 특히 환경 부문이 강조되는 만큼 친환경 건설 포트폴리오 확대와 친환경 건설 신기술 개발을 통해 새로운 성장 동력을 확보할 수 있다. 이는 건설산업이 지속가능한 방향으로 나아가는 데 중요한 역할을 한다. 그러나 이러한 적극적인 ESG 가치 구현을 위해서는 관련 비용을 충당할 수 있는 구체적이고 실질적인 전략이 필요하다. 비재무적 ESG 성과를 재무적 이익으로 전환하는 방법을 포함한다. 신기술이나 신소재, 신공법 등의 개발로 인해 탄소 배출량이 줄어들면 잉여 배출권을 판매함으로써 기업은 이익을 얻을 수 있다. 그리고 이렇게 얻은 이익을 다시 재투자함으로써 선순환 구조를 구축할 수 있다. 또한, ESG 경영을 중시함에 따라 대외적인 기업 이미지가 제고됨으로써 소비자의 긍정적인 인식을 끌어낼 수 있으며 이는 기업의 영업이익 상승에 도움이 된다.

친환경 사업 포트폴리오 확장

종합건설기업은 수주하는 프로젝트의 사후 운영에서 발생하는 탄소 배출을 고려하여 포트폴리오를 구성할 필요가 있다. 대표적으로 재생 에너지 또는 친환경 에너지와 관련된 플랜트 시설로의 확장을 꼽을 수 있다. 최근 해상에서의 풍력 발전에 대한 가능성이 지속해서 검토되고 있다. 해상에 풍력 발전 시설을 설치하는 것은 지상에 설치할 때보다 발전 효율도 좋고 토지 수용 등의 문제가 비교적 적게 발생한다는 점에서도 꽤 고려해봄 직한 새로운 사업 영역이다. 수소를 활용한 기술을 개발하고 해당 분야를 선점하는 것도 상당히 중요하다. 수소는 큰 환경적 부담 없이 쉽게 얻을 수 있는 동력원이라는 점에서 각광받고 있다. 무엇보다 수소와 관련한 시설로의 포트폴리오 확장 과정에서 획득한 기술력과 정보를 바탕으로 다른 산업 분야와의 협력도 가능해질 수 있다. 예를 들어, 자동차 업계에서도 수소를 동력원으로 활용하고자 하는 연구 개발이 진행하고 있는데, 건설산업은 수소 관련 기술에 투자함으로써 자체에도 이바지할 수 있으나 타 산업 분야와 긍정적인 영향을 주고받을 수 있다.

이산화탄소 포집 및 제거 사업 역시도 상당히 중요하며 특히 탄소 발자국을 줄이는 데에 있어 큰 도움이 된다. 에너지 절약형 건물 등을 연구하고 상용화하는 것을 통해서도 건설기업은 ESG와 관련된 다양한 포트폴리오를 확장적으로 구축할 수 있다. 나아가 OSC와 같은 공법에서의 개선을 도입함으로써 ESG 성과를 보이기도 하는데 기존의 현장 중심의 건설에서 생산 거점 중심의 건설로 이동하는 것 역시도 넓은 관점에서 포트폴리오의 확장이라고 볼 수 있다.

또한, ESG 리스크가 높은 사업, 예컨대 화석 에너지를 사용하는 화력 발전과 같은 사업은 재편이 필요하다. ESG 평가에 화석 에너지 사용의 감소가 중요한 요소로 다뤄지기도 한다. ESG가 점차 중요하게 다뤄지면서 기업을 평가하는 핵심적인 기준으로 부상하고 있으며 관련된 리스크가 높은 기업은 투자 유치에 어려움을 겪는 등 ESG 경영 전략 부재는 기업의 장기적인 이윤 창출에도 악영향을 미칠 수 있다.

엔지니어링 회사와 설계사는 건축물의 전 생애주기에 걸친 ESG 성과를 예측하고 개선 방향을 제시할 수 있는 서비스 개발에 주력해야 한다. 기존 프로젝트에서 축적된 데이터를 기반으로 건축물이 사용되고 이후에 철거 혹은 해체되는 과정까지 모두 고려하여 환경에 미칠 영향을 되도록 정량적으로 예측하고 선제적으로 평가하여 공사 과정에 반영해야 한다. 또한, 실제 과정에서 반영된 ESG 성과를 위한 내용이 실제 공사 현장에서 잘 지켜지는지를 확인하는 방법도 고안되어야 한다.

CM/PM 기업은 발주자가 종합건설기업의 ESG 경영 성과를 평가하는 데 도움이 되는 서비스 개발에 집중해야 하며, 동시에 예정된 건설 프로젝트의 내외부에서 발생할 수 있는 ESG 리스크를 분석하는 서비스도 개발해야 한다. 이러한 서비스는 건설 프로젝트의 ESG 관련 위험을 관리하고, 전체적인 ESG 성과를 개선하는 데 이바지한다. 나아가 이러한 정보를 바탕으로 발주자와 연계하여 전문적인 정보를 제공함으로써 발주자가 보다 ESG 경영에 충실한 기업과 계약을 맺도록 도울 수도 있으며 때로는 발주자에게 ESG의 중요성을 소개하고 교육하는 등 다각적 관점에서의 컨설팅도 가능하다.

ESG 관련 신기술 개발 및 상용화

ESG 관련 신기술은 건설산업에서 중요한 역할을 담당한다. 자재의 생산 및 가공, 운송, 현장 조립 과정에서 탄소 배출량을 절감하는 동시에 근로자의 안전을 증진하는 데 이바지할 수 있기 때문이다. 개별 기업 뿐만 아니라 건설산업 전체의 지속가능성을 향상하기 위해서는 끊임없는 기술 개발과 상용화가 필요하다. 특히 최근 십여 년간 컴퓨팅 하드웨어의 비약적인 발전이 이루어지며 이를 활용한 소프트웨어를 만들고 활용하기 수월한 환경이 만들어졌을 뿐 아니라 태블릿 등 소형 컴퓨터의 발전으로 인해 공사 현장에서도 간편하게 전자기기를 사용할 수 있게 되었다. 게다가 한국은 인터넷 통신망이 매우 촘촘하게 구축되어 있기에 국내의 현장에서는 인터넷을 통해 대량의 정보를 빠르게 전송하거나 받을 수 있어 관련 서비스의 개발 및 활용에 있어 이점이 있다. 따라서 신기술이나 새로운 시스템을 개발할 만한 역량과 여력을 두루 갖춘 종합건설기업이 선두가 되어 공사 현장에서의 편의를 대폭 상승시킬 만한 투자를 실행해야 한다. 이는 장기적으로는 작업 효율성을 높일 수 있을 것으로 기대된다.

건축 폐기물을 재활용하여 다시 사용할 수 있는 건설 자재로 만듦으로써 건설산업에서 발생하는 탄소 배출량을 효과적으로 줄일 수 있다. 이는 재료에 대한 이해와 이를 바탕으로 한 기술 개발을 통해 달성할 수 있는 목표이다. 또한, 자재를 생산하는 과정에서 기존의 방식에 비해 낭비되는 원자재를 줄이거나 혹은 같은 양의 원자재를 가지고 훨씬 많은 양의 제품을 만들어낼 수 있는 기술을 개발함으로써 자원 효율성을 높이는 방식으로도 탄소 배출을 줄일 수 있는데, 이러한 방식 역시 관련 기술의 연구 및 개발이 선결 과제이다. 이렇듯 기술의 혁신은 공정의 혁신을 가져오고 공정의 혁신은 생산성을 효과적으로 증대함으로써 제품 생산에 드는 자원과 에너지의 필요량을 줄일 수 있다. 그리고 이는 결과적으로 산업의 발달과 함께 환경을 지키고 보전하는 데에도 긍정적인 임무를 수행하게 된다.

모듈 방식의 건축 공법을 도입하고 건설 로봇 기술을 활용함으로써 노동 환경을 개선하여 근로자의 안전과 보건을 혁신적으로 향상할 수 있다. 이러한 신기술의 개발과 상용화를 위해서는 관련 스타트업 및 전문 건설기업과의 협업 체계 구축이 필요하다. 이러한 협력을 통해 건설산업은 기술 혁신을 통한 지속가능성과 근로자의 안전을 동시에 추구할 수 있다. 다만 건설 로봇 등 비인적 수단에 대한 사용 확대는 거시적 관점에서는 단순 현장 노동자에 대한 수요를 감소시킴으로써 고용 창출을 저해하는 요소로 평가될 수 있다. 이는 사회 부문에서 근로자와의 상생을 중요한 요소로 평가할 때 주의할 필요가 있는 부분이며 기술의 발전에 따른 노동 수요 변화를 정확히 예측하고 이를 보완할 수 있는 전략을 수립하는 것도 건설산업의 중요한 의제라 할 수 있다.

마지막으로 공급 사슬 안에 있는 다양한 협력 업체들과의 관계를 구축하고 유지함으로써 네트워크를 형성하는 것 역시 신성장동력을 끌어내는 한 가지 방법이 될 수 있다. 여러 기업이 교류를 통해 시너지 효과를 일으키고 건자재 기업과 종합건설기업이 협력하여 더 나은 자재를 개발하고 운송 과정에서 발생하는 비효율을 줄이는 것 역시도 ESG 성과를 거두는 데 있어서 효과적인 전략으로 기능한다. 나아가 여러 차례에 걸친 협력을 통해 서로 다른 기업들 사이에 신뢰 관계가 구축되면 이를 바탕으로 컨소시엄을 구성하여 개별 기업 혼자서는 수행하기 어려운 프로젝트를 함께 진행하거나 효과적인 분업을 통해 자원이 중복으로 투자되지 않고 각자의 전문성을 더욱 높이는 방향으로 사용되게 함으로써 상생 효과를 톡톡히 누릴 수 있다. 특히 전문 건설기업은 서로 프로젝트를 진행하며 맡게 되는 부분이 다른 만큼 뛰어난 리더십과 함께 협력 관계를 끌어낸다면 비교 우위를 살리면서 함께 성장할 수 있다.

투자 및 인센티브 활용

대규모 상장사와 중소 협력 업체의 ESG 경영 전략을 지원하기 위한 재무적 뒷받침은 정부 및 시장의 투자와 인센티브를 적극적으로 활용함으로써 가능해질 수 있다. 기업은 건설산업에 할당된 탄소 배출권이나 탄소 상쇄권 시장, 사회적 책임 펀드 등을 이용하여 비재무적 ESG 성과를 재무적 이익으로 전환해야 한다. 탄소 배출권 거래를 통해 얻은 이익은 저탄소 에너지와 산업 공정의 혁신에 재투자하거나 탄소 배출 저감을 위해 경쟁 제품 대비 가격이 비싼 자재를 사용하는 등 환경을 보호하기 위한 과정에서 발생할 수 있는 비용 증가에 대응하는 수단으로 삼아 기업의 경제적 효율성을 개선할 수도 있다. 이를 통해 기업은 재무 건전성을 확보할 수 있다.

각 기업은 친환경 기술 혁신 프로젝트의 유무에 따라 녹색 채권을 포함한 다양한 재무 전략을 수립할 수 있다. 친환경 프로젝트가 없어도 발행할 수 있는 지속가능연동 채권 및 여신 상품을 활용하여 ESG 경영 목표에 부합하는 KPIKey Performance Indicator를 설정하고, 이를 통해 재무적 유연성과 비용 효율성을 달성할 수 있다. 기후 변화, 신재생 에너지 뿐만 아니라 생물다양성, 안전사고 관리, 산업폐기물 관리와 같은 친환경 건설 프로세스 전반에 관련된 KPI를 금융 계약에 반영함으로써 기업이 목표를 달성할 때 자본 비용을 낮추어 필요한 재원을 확보할 수 있다. 이러한 전략적 유연성은 확산하는 ESG 경영 문화와 시장 투자 수요를 기업의 재무 전략에 효과적으로 반영하는 데 필수적이다.

ESG 활성화를 위한 리더십 강화

대표적 수주 산업인 건설산업에서의 전반적인 ESG 활성화를 위해서는 ESG 가치가 각 단계의 도급 과정에서 신뢰성 있게 반영될 수 있도록 정부와 발주자, 그리고 원도급자인 종합건설기업의 리더십이 필요하다. 특히 시장에서의 ESG 공시 및 평가 제도 개선을 위해서는 정부의 역할이, 협력 업체 ESG 경영 역량 강화를 위해서는 종합건설기업의 역할이 중요하다고 할 수 있다. 이렇듯 주체의 특징을 고려한 경영 전략을 수립하는 것도 상당히 중요하다.

공공발주 과정에서의 ESG 가치 반영

건설산업에서 ESG 경영을 활성화하기 위해서는 공공발주 과정에서 ESG 가치의 반영을 의무화해야 한다. 이를 위해 고려해야 할 요소는 크게 두 가지다. 첫 번째는 입찰 참여자의 이전 ESG 성과이며, 두 번째는 해당 프로젝트 내에서의 ESG 가치 창출 계획이다. 입찰 참여자의 ESG 성과 평가는 기업 수준의 탄소 중립을 실현하기 위한 탄소 절감 계획의 수립 및 현재까지의 실행 성과를 기준으로 이루어져야 한다. 탄소 배출량 산출 시스템이 없거나 절감 계획이 수립되지 않은 기업에 대해 영국이나 EU의 사례와 같이 공공 조달 제한과 같은 정책이 입안될 필요성이 있다. 해당 프로젝트 내에서의 ESG 가치 창출 계획에 대해서는 수주 기업이 계획된 ESG 활동을 수행하지 못했을 시에 적용될 페널티 규정을 명확히 해야 한다. 이는 기업이 ESG 가치를 중시하고 이를 실천에 옮길 수 있도록 동기를 부여하고, ESG 기준에 부합하는 프로젝트 수행을 보장하는 중요한 조치가 된다.

정부는 기업과 달리 집단의 궁극적 목적이 이윤 창출에 있지 않다. 또한, ESG 가치는 결국 국가를 구성하는 요소에 긍정적인 영향을 미친다. 특히 ESG

가치의 증진은 국가 구성원의 만족도를 높이고 이는 장기적으로 국가의 이익이 된다. 거버넌스의 개선 역시도 공정성과 합리성의 증진을 바탕으로 한 사회 구성원의 만족도 상승 및 사회 시스템 자체의 개선으로 이어진다. 결국 정부는 기업에 비해 ESG 가치 달성으로 인한 효용이 훨씬 크므로 정부는 자신의 영역과 역할을 십분 활용하여 기업의 ESG 경영을 독려해야 한다. 이는 곧 공공발주의 발주자로서 정부 혹은 지자체가 ESG 가치를 중요시해야 하는 이유가 된다.

또한, 공공발주의 경우에는 ESG 활동에 대한 건설기업의 리더십도 상당 부분 요구된다. 공공발주는 대부분 공공의 이익을 위해 계획되고 실행되며 공공발주를 통해 달성되는 이익은 장/단기적인 관점으로 보았을 때 대부분이 사회 구성원에게 환원되는 경우가 많다. 따라서 물론 건설기업은 공공발주에 참여하고 프로젝트를 진행함으로써 재무적 성과를 거두는 것을 기본적인 목표로 삼아야 할 것이나 경제 가치 창출에 경도되어 환경이나 사회 혹은 거버넌스에 해를 끼치는 방향으로 의사결정을 내리지 않게끔 하는 리더십이 필요하다. 즉, 프로젝트에 참여하는 건설기업도 책임감을 가지고 궁극적으로 사회적 가치를 생산해 내고 이를 확산시키는 중요한 참여자로서 역할에 최선을 다해야 한다. 또한, ESG 성과에 대해서도 단순히 정부에서 제시하는 기준만 겨우 충족하고 다음 발주를 성공적으로 수주하기 위한 근시안적인 태도로 접근하는 것이 아니라 ESG 자체에 대해 기업 내부의 고민을 거쳐 그 가치에 대한 공동 목표를 설정하고 이를 내재화해야 한다. 이러한 경영 태도가 뒷받침될 때 ESG 경영 지원이나 가치 사슬을 고려한 사업 운영이 비로소 빛을 발하게 된다.

건설산업 ESG 공시 및 평가 제도 개선

현재의 ESG 평가 체계는 산업적 특성을 충분히 고려하지 못해 공공발주 시장에서 ESG 가치를 반영하는 데 어려움을 야기하고 있다. 이에 대한 해결책으로, 건설산업의 핵심 ESG 가치인 탄소 배출량 절감, 근로자의 안전 및 보건, 윤리 경영에 초점을 맞춘 새로운 평가 체계의 수립이 필요하다. 특히 환경 부문에서의 탄소 절감 평가에 있어서는 건설 프로젝트 가치 사슬에서 발생하는 Scope 3 탄소 배출량이 전체 배출량의 대부분에 달하는 만큼, 이를 신뢰성 있게 평가하기 위한 체계적인 가이드라인이 필요하다. 이러한 가이드라인은 건설 프로젝트의 전반적인 탄소 발자국을 정확하게 측정하고 관리하는 데 필수적이며, 효과적인 탄소 절감 전략의 수립과 실행을 지원하는 데 중요한 역할을 한다.

이를 위해서는 먼저 산업 내의 일정한 합의가 필요하다. 산업별 평가 기준을 달리하여 마련하는 것은 평가 기관의 몫이긴 하나 기본적으로 평가 기관이 모든 산업의 특성을 빠짐없이 파악하고 이에 맞는 기준을 정확하게 제시하는 것은 현실적으로 어렵다. 따라서 건설산업에 알맞은 평가 기준을 확립하기 위해서는 먼저 건설기업이 산업 특성에 따른 중요 평가 지표가 무엇일지를 논의하고 정리하여 그 내용을 평가 기관 및 정부 부처에 제출하고 이를 바탕으로 산업 세부 분야에 맞는 지표를 개발해야 한다. 또한, 지표 작성에 필요한 기반 자료를 산업계에서 제시함으로써 ESG 경영의 방향성에 대한 논의도 적극적으로 이루어질 수 있으며 각 기업이 지표에 대응하기 쉬워진다.

또한, 정부는 평가 기관이 작성한 지표를 검토하여 개선할 수 있는 역량을 키워야 한다. 올바른 평가가 이루어지기 위해서는 먼저 평가 지표가 건설산업의 ESG 성과를 공정하고 정확하게 측정할 수 있어야 하며 이 과정에서 건설산업의 특성과 세부 업종에 따른 차이를 반영할 수 있도록 해야 한다. 그러나 모든 평가 기관의 지표를 완전히 같게 하는 것은 현실적으로 불가능할 뿐만 아니라 일견 효율적인 것처럼 보일지는 몰라도 충분한 건전성을 확보할 수 없는 방식이기도 하다. 그러므로 평가 지표의 일관성에 대해서는 평가 기관끼리 협의를 통해 큰 틀에서의 방향성을 마련하되 지표 자체에 대한 평가는 정부 주도로 수행함으로써 평가 기관이 사용하는 기준이 건설산업의 ESG 성과를 평가하는 데에 있어서 충분히 유용한 것인지를 검토할 수 있는 시스템이 마련되어야 한다.

한편으로 정부는 기업의 ESG 경영에 큰 영향을 미치는 공공발주자 중의 하나이므로 국가적 차원에서의 방향성을 제시하고 기업의 ESG 성과 평가에 이것이 반영되게 하는 것이 좋다. 특히 ESG 활성화를 위해 정부 차원에서 다양한 인센티브를 제공하거나 법적 규제를 마련하는 경우가 많으므로 정부에서 지표에 대한 검토 내용을 공시한다면 각 건설기업은 이를 참고하여 국가의 정책 방향성이 무엇인지 비교적 쉽게 파악할 수 있고, 이는 ESG와 관련한 다양한 문제에 있어 기업의 대응 능력이 높아짐을 의미한다. 따라서 ESG 평가에 대한 정부의 적극적인 리더십 강화는 ESG 경영의 효율성 증진을 담보하게 된다.

재무적 인센티브의 활성화

ESG 경영을 실천하는 기업에 이루어지는 투자는 강력한 재무적 인센티브가 된다. 이에 따라 정부는 국내 ESG 투자 시장의 구조를 개편하여 투자 영역과 규모를 확장해야 하며, 특히 단기적으로는 비재무적으로 분류되는 요소에 대한 비용 집행이 필요한 ESG 경영에 대한 주요 유인 제공자로서 기업의 낙수효과를 정책적으로 장려하고 촉진해야 한다.

구체적인 전략으로는 정부가 주도하는 탄소 배출권 시장을 활성화해 투자 기반을 확대하고, 유동성과 가격효율성을 높이는 것이 있다. 또한, 탄소 상쇄권을 포함하는 시장으로의 확대를 위해 선제적인 규제 마련과 시장 인프라 구축에 대한 정부 주도의 전략적 지원과 투자를 확대해야 한다. 연기금과 같은 공공 투자 부문의 녹색 금융자산에 대한 투자 확대와 함께 사후 투자 성과에 관한 평가 기준을 정립함으로써 공공투자 분야 뿐만 아니라 민간 금융기관의 사회 책임형 펀드SRI Fund 시장 육성과 전반적인 ESG 투자 문화의 확대를 도모해야 한다. 이를 위해서는 ESG 투자 원칙과 가이드라인을 확립하는 데 있어 정부의 전략적 지원이 시급한 상황이다. 이러한 조치는 ESG 경영 전략을 더욱 효과적으로 추진하고 지속가능한발전을 촉진하는 데 크게 이바지한다.

나아가 다른 국가의 사례를 참고하여 탄소 배출권의 국제적 적용에 대해서도 고민해 보는 것이 좋다. 앞서 살펴본 것처럼 EU에서는 탄소 국경세 등을 도입하여 재외 기업에 대한 탄소 배출량 준수 의무를 부과하기도 한다. 우리나라에서도 그 방식이 반드시 과세일 필요는 없지만, 환경 부문에 대한 궁극적인 목적이 지속가능한 사회를 구축하여 경영에 대한 장기적인 접근을 유도하고 이를 바탕으로 하여 미래 세대까지 모두 어우를 수 있는 생활 환경을 만들 뿐 아니라 기업이 이를 통해 궁극적으로 장기적인 재무적 성과를 거두는 데에 있는 만큼 이 문제에 있어서는 국경을 넘어선 이해와 협력이 중요하다. 따라서 국내에 진출한 외국 기업에도 환경 보전에 대한 의무를 부과하고 이를 바탕으로 국내 인프라와 기술 등에 재투자함으로써 긍정적인 선순환 구조가 정착하도록 해야 한다.

종합건설기업 주도의 ESG 역량 강화

종합건설기업은 다수의 협력 업체와의 협업을 통해 사업을 진행하는 경우가 많으며 그들의 경쟁력과 ESG 성과는 큰 부분을 협력 업체의 경영 건전성과 건설 기술, 노하우에 의존한다. 따라서 종합건설기업은 협력 업체와의 동반성장과 ESG 상생협력을 체계적으로 추진해야 한다.

이를 위해 종합건설기업은 협력 업체의 선정과 운용에 있어 적절한 ESG 평가 체계를 수립하고, 이를 파트너십 체결 과정에 지속해서 반영해야 한다. 협력 업체가 ESG 경영을 하는 데 있어 직접적이고 재무적인 동기를 유발하는 요소가 없다고 생각할 경우에는 물적, 인적 지원을 제공하고 건설산업의 ESG 경영의 핵심과 운영 방법을 교육함으로써 그들의 ESG 역량을 강화해야 한다. 구체적인 실현 방안으로는 대형 건설기업이 주도하여 상생 펀드를 조성하고, 협력 업체에 자금을 지원하거나 다양한 금융기관과 연계한 대출 지원제도 도입, 현금 결제 비율을 높이는 등 대금지급 조건을 개선하는 것이 있다.

재무적인 방법이 아닌 방법 역시도 종합건설기업의 주도로 시도될 수 있다. 종합건설기업은 전문 건설기업에 비해 자금 운용에 있어 여유가 있으며 일부 대형 건설기업은 그룹의 계열사이므로 그룹사 차원에서의 연계가 가능하기도 하다. 이러한 이점을 십분 활용하여 교육프로그램을 기획하고 구성하는 것이 가능하며 이 과정에서 여러 산업분야에 걸친 거시적인 접근을 통해 비단 건설산업 뿐만 아니라 업계를 넘어선 협력과 상생을 도모해 볼 수 있는 힘을 종합건설기업은 가지고 있다.

반대로 종합건설기업은 정부 등 거대 거버넌스에도 충분히 자기의 영향력을 행사할 수 있다. 종합건설기업의 대규모 투자는 지역 사회의 발전과 경제적 가치 증가에 큰 도움이 된다. 따라서 기업 경영에 필요한 공장이나 창고, 물류센터 등을 유치하기 위해 지역 사회 역시 고군분투하고 있다. 기업은 사옥이나 공장이 있는 지자체와의 협력을 통해서도 ESG 경영을 실천할 수 있다. 때로는 적극적으로 기업이 먼저 나섬으로써 지역 사회와 공존하고 상생하는 리더십을 발휘하는 것도 좋다.

신기술 공동개발을 통한 실질적인 지원도 중요하다. 이는 협력 업체의 경쟁력을 강화하는 일임과 동시에 재무적인 성과로도 이어질 수 있다. 더불어 공정하고 투명한 입찰 제도를 마련하고 입찰 과정에서 ESG와 관련된 평가를 활용하여 협력 업체의 관심과 참여를 높이는 것이 좋다. 최근 ESG와 관련하여 큰 관심을 받았던 공정 무역을 떠올려 보면 기업이 생산 과정에 있어 원자재 구매 비용을 절감함으로써 수익을 극대화하는 것도 물론 중요하지만, 그 과정에서 공급 사슬 내에 있는 다른 참여자들의 이익을 지나치게 제한하는 결과로 이어지는 것은 산업의 발전에 그리 긍정적인 효과를 가져오지 않는다. 따라서 종합건설기업은 지나치게 낮은 가격으로 협력 업체와 계약을 맺지 않도록 유의하고, 추가 공사를 구두로 발주하곤 했던 관행 역시 개선함으로써 협력 업체와 끈끈한 신뢰로 이어진 지속가능한 상생협력 체제를 구축하는 것이 중요하다. 종합건설기업은 전문 건설기업에 비해 직원의 수도 훨씬 많고 시스템을 개선하기 위해 투자할 수 있는 여력도 있다. 그러므로 ESG 경영의 중요성에 대한 인식을 산업 전반으로 확산하기 위해서는 종합건설기업이 먼저 나서 문화를 조성하고 협력 업체에 대한 지원을 해주어야 한다. 또한, 협력 업체 선정 과정에서도 다양한 ESG 지표를 활용하여 좋은 성과를 내는 기업에 이익을 주는 등의 방법을 통해 여러 관계자의 인식 제고에 앞장설 필요가 있다.

8.2. 건설산업 ESG 경영 전략의 주요 실행 및 책임 주체

지속가능한 건설 생태계를 구축하기 위한 주요 전략은 전략의 특성에 따라 다양한 주체의 역할과 책임이 다를 수 있다. 이와 관련하여 다음 그림에서 지속가능한 건설산업의 ESG 경영 환경을 위한 주요 역할 단계를 구분하여 제시하고 있다. 건설산업에서 효율적인 ESG 경영 환경을 지속해서 유지하기 위해서는 ESG 환경 조성, 가치 실현, 가치 환원, 가치 분석 등 선순환의 각 역할을 건설 생태계의 주요 참여자들이 맡아 수행해야 한다.

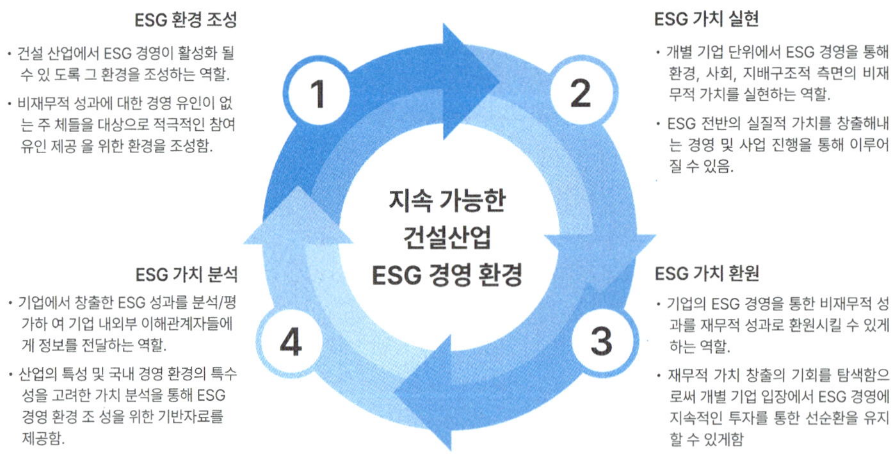

그림 8-3 | 지속가능한 건설산업의 ESG 경영 환경 조성을 위한 구성 주체의 선순환적 역할

ESG 환경 조성의 역할은 건설산업에서 ESG 경영이 활성화될 수 있도록 기반을 마련하는 것이다. ESG 환경에는 유/무형의 요소가 모두 포함될 수 있는데, 기업이 ESG를 적극적으로 경영 전략으로 채택할 수 있게끔 법과 제도를 마련하거나 내부 규칙을 수립하는 것 등이 포함되며 단기적 관점에서 보았을 때 비재무적 성과를 목표로 하는 경영 전략 수립의 유인이 부족한 주체에게 적극적인 참여를 유도하기 위한 유인을 제공하는 환경을 조성하는 것을 포함한다. 또한, ESG 가치 달성을 목표로 특정한 제도를 기획하고 해당 제도가 무사히 운영되게끔 기틀을 마련하는 것 역시도 ESG 환경 조성의 단계에 속한다.

ESG 가치 실현은 개별 기업이 ESG 경영을 통해 환경, 사회, 거버넌스 측면에서 비재무적 가치를 실현하는 것을 의미한다. 이는 수립한 다양한 경영 전략을 실제로 수행하고 이를 바탕으로 목표한 성과를 거두는 과정으로써 ESG 전반에 걸친 실질적인 가치를 창출하는 경영 및 사업 진행을 통해 이루어질 수 있다.

ESG 가치 환원은 기업의 ESG 경영을 통해 얻은 비재무적 성과를 재무적 성과로 전환하는 역할을 한다. 이를 통해 기업은 ESG 활동을 통해 획득한 무형의 비재무적 가치를 활용하여 재무적 가치를 창출할 수 있는 기회를 지속해서 모색하며, ESG 경영에 대한 지속적인 투자를 통해 선순환을 유지할 수 있다.

마지막으로 ESG 가치 분석은 기업에서 창출한 ESG 성과를 분석하고 평가하여, 기업 내/외부에 있는 이해관계자에게 정보를 전달하는 역할을 담당한다. 이는 산업의 특성과 국내 경영 환경의 특수성을 고려한 가치 분석을 통해 효율적이고 합리적인 ESG 경영 환경 조성을 위한 기반 자료를 제공한다.

		건설 기업					외부 주체	
		GC	설계/ENG	CM/PM	전문회사	건자재	정부	공공발주자
건설기업의 ESG 경영체계 구축	• 탄소 배출 저감	③	④	④	②	②	①	①
	• 근로자 안전 보건을 위한 시스템 강화	②		④	②		①	
	• 윤리규범 준수 및 시스템 구축	②			②			
친환경 사업 포트폴리오 확장 및 신성장동력 확보	• 친환경 사업 포트폴리오 확장	②	②	④	②	②		
	• ESG 관련 신기술 개발 및 상용화	②	②				①	
	• 투자 및 인센티브 활용	③			③		①	
ESG 활성화를 위한 리더십 강화	• 공공발주 ESG 가치 반영 강화						①	①
	• 건설업 ESG 공시 및 평가제도 개선						④	
	• 재무적 인센티브의 활성화						①	①
	• 종합건설업체 주도의 협력업체 ESG 역량 강화	①		①	②		①	①

① ESG 환경 조성 ② ESG 가치 실현 ③ ESG 가치 환원 ④ ESG 가치 분석

그림 8-4 | 건설산업 ESG 경영 전략의 주요 실행 및 책임 주체

위의 그림에서는 주요 전략별로 해당 전략을 주도적으로 수행해야 할 건설산업 내 주체와 주요 역할을 확인할 수 있다. 건설기업의 ESG 경영체계 구축과 친환경 사업 포트폴리오 확장, 신성장동력 확보에 있어서는, 정부와 공공발주자 등 외부 주체의 ESG 환경 조성이 중요한 역할을 한다. 이러한 환경을 바탕으로, 개별 건설기업 단위에서의 ESG 가치 실현이 중요하다고 할 수 있다. 특히, 설계 및 CM/PM의 경우, 개별 기업 단위에서 실현된 ESG 경영의 가치를 정량적, 정성적으로 분석하고 이를 다양한 실행 주체에게 제공함으로써 ESG 경영 성과에 대한 가시적인 통찰을 제공하고, ESG 경영 전략 수립에 중요한 자료

를 제공하는 것이 중요하다. 또한, ESG 활성화를 위한 리더십 강화 전략에서는 기업에 직접적인 재무적 유인을 제공하고, 일괄적이고 공정한 ESG 공시 및 평가 제도를 수립할 수 있는 정부와 공공발주자의 적극적인 역할이 필요하다.

정부와 공공기관의 역할은 대체로 ESG 환경을 조성하는 것에 집중되어 있으며 공공사업의 경우에는 사업에서 나타난 ESG 성과를 평가하고 그 가치를 분석하는 데에도 참여한다. 이는 ESG 경영 전략 수립을 위해 정부 혹은 공공기관이 기업의 참여를 유도하고 선순환의 시작 단계에서 미치는 영향이 크다는 것을 의미한다. '구슬이 서 말이라도 꿰어야 보배다'라는 말이 있듯, ESG 가치에 대한 중요성이 커지더라도 이를 실제로 기업이 수용하고 기업 경영의 전략으로 적극적으로 채택해야만 가치가 실현될 수 있다. 정부와 공공기관은 기업이 ESG의 가치를 발견하고 이를 내재화할 수 있는 토양을 마련하여야 한다. 정부와 공공기관은 단순히 법안 제정 주체의 역할만 담당하는 것이 아니라 공공발주 등에서는 발주자의 역할을 수행하게 되므로 이 과정에서 기업이 ESG를 반영하여 프로젝트를 진행하게끔 적극적으로 반영한다면 건설기업이 여기에 발맞추어 대응할 수 있다. 그리고 이러한 과정이 반복되면 전체 건설산업의 발주 기조를 변화시킬 수 있다.

대기업과 중소기업 간의 상생 경영 강화에 있어서는 직접적인 ESG 경영 유인이 부족한 다양한 하청 업체에 재무적 유인 및 ESG 경영 역량 강화를 위한 지원을 제공할 수 있는 종합건설기업의 주도적인 환경 조성 역할이 중요하다. 다양한 지원 전략을 마련하고 또 평가를 위한 단발성 대응의 차원이 아닌 장기적 차원에서 ESG 경영 전략을 수립, 실행하고 궁극적으로는 공급 사슬에 있는 많은 협력 업체가 ESG 경영을 내재화할 수 있도록 도와야 한다. 이를 위해서는 환경조성 단계도 중요하지만, 실제 경영 전략의 실행 과정에서 목표를 잘 달성할 수 있도록 교육프로그램 등을 활용할 수 있으며 비재무적 가치를 달성하는 과정에서 발생하는 여러 문제점이 무엇인지 확인하고 적극적인 소통의 자세를 갖추면 좋다.

나아가 이렇게 획득한 비재무적 가치를 재무적 성과로 연결하는 것도 매우 중요하다. 기본적으로 ESG 경영이 재무적 성과를 거두기 위해서는 인내가 필요하다. 앞서 이야기했듯 장기적인 관점에서의 성과를 목표로 하기 때문이다. 그러나 탄소 배출권 거래 등 ESG 가치를 재무적 가치로 빠르게 전환할 수 있는 다양한 인센티브가 점차 고안되고 있으며 기업은 더욱 직접적으로 ESG 경영의 가치를 체감할 수 있다. 이는 기업의 ESG 경영 전략 채택을 가속화하고 참여 유인을 제공하는 역할을 한다. 따라서 정부 및 공공기관 등은 비재무적 가치를 재무적 가치로 환원할 수 있는 다양한 통로를 설계하고 기획하여 제시하는 것이 좋으며 건설기업 역시도 이를 적극적으로 활용하여 ESG 경영의 유용성을 보일 수 있으며 협력 업체와의 상생도 고려하여 공급 사슬에 있는 많은 참여자가 동반성장 할 수 있는 방법을 모색해야 한다.

마지막으로 ESG 가치 분석을 위해서는 먼저 평가 기관이 사용하는 ESG 평가 기준이 지나치게 다르지 않게끔 해야 한다. 서로 다른 평가 기관이 지나치게 다른 기준을 사용하여 평가와 분석을 진행한다면 이에 대응해야 하는 기업의 업무 효율성이 떨어지고 피로도가 증가하기 때문이다. 이로 인한 불편이 ESG 경영 전략 채택으로 인한 편익보다 크다고 여겨지면 기업들의 ESG 경영에 대한 부정적 인식을 키우는 결과로 이어질 수 있다. 무엇보다도 ESG 가치가 재무적 가치로 환원되는 데에는 어느 정도의 기간이 소요되므로 경영 전략을 실행하는 주체로서는 당장 눈앞에 보이는 불편함에 주목하기 쉽다. 이러한 문제는 미리 방지하면 좋다.

한편 평가에서도 공정한 평가가 진행되는 한편 산업의 특성 그리고 산업 내부에서도 업종의 특성에 맞는 기준을 마련하는 것도 매우 중요하다. 발주자와 건설기업, 평가 기관의 유기적인 협력을 통해 건설산업에서의 ESG 성과를 정확하게 파악할 수 있는 기준을 세워야 한다. 또한, 성과 분석 결과를 잘 정리하고 활용하기 좋은 상태로 가공함으로써 도출된 성과 분석 및 평가 결과를 가지고 양성 피드백을 이어나가는 데에 도움이 되도록 해야 한다. 이를 통해 우리는 ESG 경영이 긍정적인 효과를 일으킬 수 있는 체제를 구축하고 지속가능한 발전의 길에 접어들 수 있다.

09

건설산업과 ESG 경영의 미래

전통적인 기업론에서 기업이 추구해야 할 가장 기본적인 가치는 주주 가치의 제고라고 이야기해 왔다. 그리고 이러한 주장의 흐름을 타고 기업의 발전은 일부 이해관계자의 경제적 가치를 높이는 방향으로 이루어져 왔다. 그러나 기후 위기 등과 같이 인류가 당면한 문제가 상당히 크고 미래 세대의 생존을 위협할 정도로 심각하다는 데에 사람들의 의견이 모이며 점차 기업이 사회 안에서 보여주어야 할 책임에 대한 논의가 본격적으로 진행되었다. 특히 환경 보전을 중요시하는 여러 흐름 속에서 전 세계의 많은 기업은 탄소 중립, 친환경 재료를 통한 환경 보호, 사회적 불평등 약화와 같은 최근 세계적인 흐름, 특히 탄소 중립, 친환경, 사회적 불평등 완화라는 도전과제 속에서 기업의 사회적 가치 추구는 또 다른 중요한 목적 함수로 부상하고 있다. 이에 따라 국내 건설기업은 'Doing well by doing good' 즉, 선한 행위를 통해 성공하는 방향으로 나아가야 하는 새로운 시대에 직면하고 있다.

이러한 배경에서 ESG 경영 성과에 대한 평가와 인증 서비스는 점점 확대되고 있다. 기업은 단순히 가치 창출의 크기를 유지하고 다양한 이해관계자 간의 이해상충을 해결하며 수익을 재분배하는 접근법을 넘어서, ESG 경영을 통해 건설기업의 생산성과 재무적 성과를 동시에 증진하는 방향으로 나아가야 한다. 이는 '존경받으면서도 현명한 기업'[163]에 대한 시장의 증가하는 수요를 전략적으로 이용해야 할 시기를 의미한다.

따라서 경제적 가치와 사회적 가치라는 두 마리 토끼를 어떻게 추구하는 것이 가장 효율적인지는 현시대 모든 기업이 직면한 공통적인 해결 과제다. 이를 위해 기업은 ESG 경영 전략을 통해 이 두 가치를 동시에 추구하는 방법을 모색해야 할 필요가 있다.

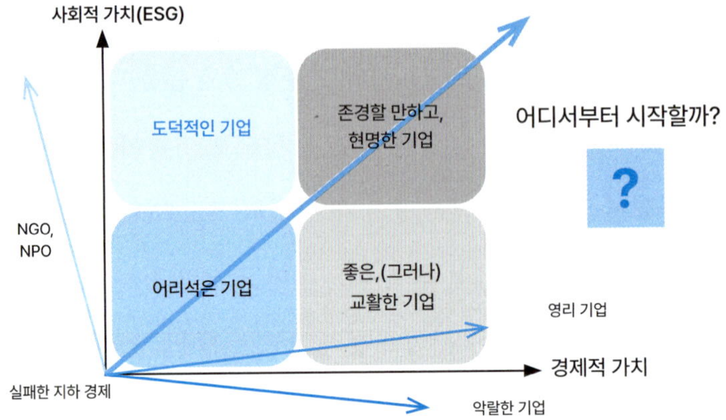

그림 9-1 | ESG 시대 기업의 전략 방향[163]

존경받으며 현명한 기업일지라도 재무적 성과를 최대화하려면 ESG 전 분야에 대한 고른 투자보다는 건설산업의 특성을 효과적으로 반영한 중요 이슈Material Issues에 대한 전략적 투자를 고려해야 한다(Khan, Serafeim, and Yoon (2016)).[32]산업별로 중요한 이슈와 비교적 중요성이 떨어지는 이슈는 다르며, 이러한 산업별 전략 수립은 민과 관이 함께 고민하며 정립해야 하는 장기적인 숙제라고 할 수 있다.

산업별 특성을 파악하는 ESG 이슈의 선택은 정부의 ESG 관련 공시 기준 설정 시에도 적극적으로 반영되어야 하며 국내 건설산업의 경우, 타 산업과 ESG 경영에 있어 중요시되는 핵심 가치와 특성이 분명히 다르므로, 이를 충실히 반영해야 한다. 이렇게 수립된 전략을 바탕으로 산업별 ESG 공시 기준을 마련하여 건설산업의 ESG에 대해서 산업의 특성을 잘 반영할 수 있게끔 해야 하며 이를 활용하여 ESG 평가 기관이 사용하는 평가 지표도 체계적이고 일관적으로 보완할 필요가 있다.

ESG는 이제 분명 무시할 수 없는 전 세계적 흐름이다. 건설산업 관련 ESG 성과 평가 체계의 국내외 현황을 분석하고, 그 분석을 통해 필요한 ESG 인프라 구축에 대한 심도 있는 논의가 함께 이루어질 때, 국내 건설기업의 전략적 ESG 경영 전략 추진 계획이 보다 심도 있게 논의되고 보다 적극적으로 진행될 수 있다. 이를 위한 시장과 정부, 건설산업의 다양한 주체의 다각도에 걸친 중/장기적인 노력이 필요한 시기이다. 건설산업이 ESG 가치를 달성하고 세계적 기준에 맞추어 가기 위해서는 민과 관의 리더십이 모두 요구된다. 관은 건설산업에 관계된 기업이 적극적으로 ESG 경영 전략을 수립하고 시행할 수 있도록 제도적 뒷받침을 해야 한다. 기업이 불확실한 미래의 비재무적 이익을 위해 투자하기는 쉽지 않다. 채찍과 당근을 적절하게 제시함으로써 기업이 ESG를 추구해야 할 이유를 만들어주는 역할을 관이 담당해야 한다. 한편으로 대형 종합 건설기업은 산업 내부에서 ESG를 중요시하는 문화를 구축하고 비교적 규모가 작은 전문 건설업체 등 협력 업체도 ESG 경영에 참여할 수 있도록 도와야 한다. 이미 국제적으로 여러 지역에서 단순히 거래 대상인 기업의 ESG 성과만 측정하지 않고 해당 기업의 공급망 차원에서 발생하는 문제까지 포함하여 다루고 있는 만큼 협력 업체의 ESG 역량 강화는 미래를 위한 선제 대응이기도 하다.

건설산업 관련 기업이 ESG를 바라보는 관점도 달라져야 한다. 이전 시기의 사회적 책임 활동은 사회에 대한 기업의 의무와 책임이 강조되었고 ESG는 이러한 풍토 위에서 사회적 책임 활동의 연장선으로 이해되었다. 이에 따라 기업의 이미지 제고와 같은 무형적, 비재무적 이익이 크고 그것이 재무적 이익으로 전환되는 데까지는 상당한 기간이 소요되는 것으로 여겨졌다. 일부 기업은 비재무적 이익이 재무적 이익으로 연결되는 시기까지 버티지 못하고 중간에 경영 전략을 바꾸기도 하였다.

그러나 ESG에 대한 관심이 점점 높아지고 이를 장려하기 위한 다양한 정책이 입안되며 이제는 중단기적으로도 ESG 경영 성과를 바탕으로 재무적 이익을 얻는 방법이 마련되었다. 특히 탄소 배출권 거래제나 ESG 펀딩 등과 관련된 시장이 가파르게 성장하고 있어 앞으로도 이를 활용할 수 있는 방안은 상당히 많을 것으로 예상된다. 그뿐만 아니라 ESG는 새로운 사업의 기회가 되기도 한다. 기업의 포트폴리오를 환경친화적, 사회친화적으로 바꿀 수 있으며 신기술이나 신소재를 개발함으로써 사업의 또 다른 활로를 개척할 수 있다. 모듈 공법을 적용하면 현장을 벗어나 부품 제작과 현장 설치를 분리함으로써 공사 기간과 비용을 줄이면서 재고 및 안전 문제는 훨씬 쉽게 관리할 수 있다. 그러므로 건설산업 관련 기업도 ESG 경영을 단순히 기업의 책임이나 발주자 또는 원청의 요구로 인해 들어주어야만 하는 것으로 인식하기보다는 신사업 확장의 기회로 삼는 자세가 필요하다.

환경(E), 사회(S), 거버넌스(G)는 21세기 기업경영에서 가장 중요한 키워드 중 하나로 떠올랐다. ESG 경영이 성공적으로 자리 잡고 그 가치를 드러내기 위해서는 시장과 정부, 건설산업에 속한 다양한 주체의 다각도에 걸친 중장기적 노력이 필요하다. '일찍 일어나는 새가 벌레를 잡는다'는 말처럼 떠오르고 있는 ESG 시대를 맞기 위해 우리 모두 기민하게 움직여야 한다. 어느 한 주체만의 노력이 아니라 전체가 합심하여 준비함으로써 새로운 어젠다를 끌어 나가야 한다. 그 과정에서 이 책의 전략적 제언이 발전을 위한 초석이 될 수 있기를 기대한다.

Appendix

A. ESG 평가 기관별 점수 산출 방법

Water & Related Utilities	Environmental Weights				Social Weights					Governance Weights				
Industry Group	Emis-sion	Inno-vation	Re-source Use	Environ-mental Score	Human Rights	Product Respon-sibility	Work-force	Comm-unity	Social Scores	Manage-ment	Share-holders	CSR Strategy	Gover-nance Scores	ESG Scores
Category weight	0.15	0.13	0.15		0.05	0.04	0.13	0.09		0.17	0.05	0.03		
ABC	0.66	0.00	0.44	0.16	0.05	0.58	0.89	0.34	0.17	0.99	0.84	0.56	0.23	0.56410
JKL	0.50	0.73	0.74	0.28	0.00	0.78	0.43	0.93	0.17	0.62	0.89	0.26	0.16	0.60936
LMN	0.76	0.31	0.56	0.24	0.00	0.47	0.48	0.48	0.12	0.17	0.24	0.26	0.05	0.41140

그림 A-1 | LSEG ESG 점수 산출 방법 예시[23]

ABC 기업의 ESG 점수는 각 E/S/G pillar 점수의 합계이자 산업별 가중치를 이용한 각 카테고리 점수의 가중평균으로 산출되며 그 세부 카테고리는 아래와 같이 정리할 수 있다.

환경: 배출Emission, 혁신Innovation, 자원이용Resource use

사회: 인적 자원Workforce, 인권Human rights, 지역 사회Community, 제품안전Product responsibility

지배구조: 경영진Management, 주주Shareholders, CSR전략CSR strategy

위 그림에 주어진 정보를 따라, ABC 기업의 ESG 점수를 계산하면, 아래 식을 통해 0.56410로 나타난다.

(ex) ESG Score = 0.56410

= Environmental Score + Social Score + Governance Score

= 0.16+0.17+0.23

={(0.15x0.66)+(0.13x0)+(0.15x0.44)}+{(0.05x0.05)+(0.04x0.58)+(0.13x0.89)

+(0.09x0.34)}+{(0.17x0.99)+(0.05x0.84)+(0.03x0.56)}

ABC 기업의 배출 카테고리 점수 0.66. 이 값은 ABC 기업이 분류된 산업 내 백분위수를 의미한다. 즉, ABC 기업의 Emission 성과의 산업 내 순위가 상위 66%라는 것이다.

위 수식에서 보이듯 세부 카테고리에 부과된 가중치인 0.15, 0.13, 0.15, 0.05, 0.04, 0.13, 0.09, 0.17, 0.05, 0.03를 모두 더한 값은 1이고 가중치의 총합은 1로 유지하되 각 카테고리별 가중치는 산업별로 다르게 설정된다.[o]

LSEG는 각 기업에 (D- ~ A+)까지 총 12단계로 구성된 ESG 등급을 부여한다. 기준은 아래에 제시되어 있으며 점수에 따라 받게 되는 등급이 정해진다. ABC 기업의 경우는 ESG 점수가 0.56410이었으므로 B-를 부여받게 된다.

LSEG의 경우 각 기업의 산업 내 상대 성취도를 반영하되, 각 산업 간 차이를 가중치를 통해 반영하여 기업 및 산업 단위에서의 효과를 종합적으로 최종 점수에 반영하는 방법을 사용하고 있다.

ESG laggards

Score range	Grade	Description
0.0 <= score <= 0.083333	D-	"D" score indicates poor relative ESG performance and insufficient degree of transparency in reporting material ESG data publicly.
0.083333 < score <= 0.166666	D	
0.166666 < score <= 0.250000	D+	
0.250000 < score <= 0.333333	C-	"C" score indicates satisfactory relative ESG performance and moderate degree of transparency in reporting material ESG data publicly.
0.333333 < socre <= 0.416666	C	
0.416666 < score <= 0.500000	C+	
0.500000 < score <= 0.583333	B-	"B" score indicates good relative ESG performance and above-average degree of transparency in reporting material ESG data publicly.
0.583333 < score <= 0.666666	B	
0.666666 < score <= 0.750000	B+	
0.750000 < score <= 0.833333	A-	"A" score indicates excellent relative ESG performance and high degree of transparency in reporting material ESG data publicly.
0.833333 < score <= 0.916666	A	
0.916666 < score <= 1	A+	

ESG leaders

그림 A-2 | LSEG ESG methodology[23]

o 거버넌스 부문의 각 카테고리별 가중치는 모든 산업에 동일하게 부여된다.

S&P 글로벌의 각 기업의 ESG Score는 $SP_{ESG}=\Sigma[\{(SP_{QS}*SP_{QW})*SP_{CW}\} *SP_{DW}]$으로 산출[25]하며, 여기에서 SP_{QS}는 각 질문 당 점수Question Score, SP_{QW}는 질문 가중치Question Weight를 의미한다.

SP_{CW}는 각 항목의 가중치Category weight를 의미.

SP_{DW}는 대분류 가중치 Dimension Weight를 의미.

항목Category 내 세부 지표가 있고 세부 지표 당 다수의 평가 질문이 존재한다. 질문의 수가 많으면 질문 하나당 가중치는 감소하게 되고, 항목의 가중치는 대분류Dimension 내 해당 항목에 속한 세부지표가 많을수록 높은 값을 갖도록 설정되어 있다. 아래 표를 이용해 블루 시카모어 은행Blue Sycamore Bank의 E score를 계산해 보자.

'Environmental' dimension (13%)	Environmental Reporting-Coverage' criteria (23%)	Question Weight	Question Score		Criteria Weight	Criteria Points	Dimension Weight	E score
Blue Sycamore Bank		0.5	100	50				
				50	0.23	11.5		
						11.5	0.13	1.50

그림 A-3 | S&P 글로벌의 E Score 산출 방법 예시[25]

블루 시카모어 은행의 E score는 1.50=[{(0.5x100)x0.23}x0.13]. 여기서 0.13은 블루 시카모어 은행이 속한 금융업의 E Dimension weight. 질문 점수Question Score가 100이므로 질문 가중치Question Weight 0.5를 반영한 후, 항목 가중치Category Weight 0.23과 대분류 가중치Dimension Weight 0.13을 순차적으로 적용해 최종적으로 E score = 1.5를 산출해볼 수 있다. 같은 방식으로 S score와

G score를 구해 총합 계산 시 블루 시카모어 은행의 S&P 글로벌이 제공한 ESG 점수ESG Score를 얻게 된다. 카테고리별 질문 점수QS는 자료공개 투명성, 동종 업계 내 성과 점수를 기반으로 부여한다.

서스테이널리틱스의 ESG점수는 '관리되지 않은 리스크Unmanaged Risk'를 측정하여 업종 간 ESG 리스크를 비교하는 것을 목표로 한다. '관리되지 않은 리스크'란 산업 특성에 의해 '관리불가한 리스크Unmanageable risk'와 관리가 가능함에도 미처 관리하지 못한 '미관리 리스크Unmanaged risk'로 구분된다.

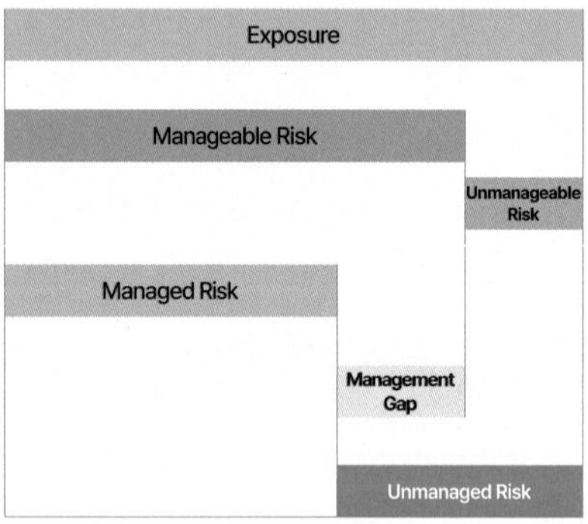

Company Exposure	=	Subindustry Exposure	*	Issue Beta		
	=	8	*	1.5	=	**12**
Manageable Risk	=	Company Exposure	*	MRF		
	=	12	*	90%	=	**10.8**
Managed Risk	=	Manageable Risk	*	Management score(as%)		
	=	10.8	*	75%	=	**8.1**
Unmanaged Risk	=	Company Exposure	-	Managed Risk		
	=	12	-	8.1	=	**3.9**

그림 A-4 | 서스테이널리틱스 ESG 점수 산출 방법 예시[24]

'관리되지 않은 리스크Unmanaged Risk' 3.9는 기업이 노출된 리스크(12)에서 제대로 관리된 리스크(8.1)을 감한 값이다. 앞서 언급했듯이 여기서 '관리되지 않은 리스크'는 '관리불가한 리스크'와 의도적으로 '관리하지 않은 리스크' 모두를 포함하는 개념이며, 제대로 관리된 리스크Managed Risk 8.1은 관리가능한 리스크Manageable Risk 10.8에서 해당 기업의 능력치인 관리 점수 0.75를 곱하여 계산한다.

관리가능한 리스크Manageable Risk 10.8은 해당 기업이 노출된 리스크Company exposure 12에서 기업의 역량을 측정하는 MRFManagerial risk factor를 곱하여 산출한다. 여기서 MRF는 근로자에 의한 기업의 컴플라이언스 준수 능력, 외부 요인을 관리할 수 있는 기업의 역량, ESG이슈의 복잡도, 기술적 한계 등을 고려하여 결정된다. 기업의 리스크 노출Company exposure는 해당 기업이 속한 산업의 ESG 리스크 노출 점수Subindustry exposure 8에 기업별 고유 계수Issue beta 1.5를 적용하여 개별 기업 단위의 ESG 리스크 노출 점수를 산출한다. 기업별 고유 계수 1.5는 특정 ESG 이슈의 리스크 노출 수준에 대한 산업 평균과 개별 기업의 노출 수준의 편차를 나타내며 0부터 2의 값을 가진다. 1의 값은 해당 기업이 산업 평균에 해당함을 의미하며, 따라서 2는 해당 기업의 리스크가 산업 평균 대비 위험 노출 수준이 두 배 임을 의미한다.

유형분류		환경(E)	사회(S)	지배구조(G)	금융사지배구조(FG)
기본 평가	기업 분류	민감도별분류	WICS 기준별 준류**	자산규모별 분류	상장여부별 분류
		상	에너지	2조원 이상	상장 금융사
		중	소재	2조원 미만***	비상장 금융사****
		하	...		
	문항 구성	환경경영	근로자	주주권리보고	주주권리 보호
		환경성과	협력사 및 경쟁사	이사회	이사회
		이해관계자 대응	소비자	감사기구	최고경영자
			지역사회	정보공개	보수
		3대 대분류	4대 대분류	(일반)4대 대분류 (금융사)7대 대분류	위험관리
					감사기구 및 내부통제
					정보공개
심화 평가	분석 방법	기업활동에서 부정적 이슈를 확인하기 위해 공시자료·뉴스·미디어 등 다양한 출처의 정보를 상시 수집 기업가치 훼손 우려가 높은 ESG 이슈를 법 위반 여부·중대성·규모·기간 등을 종합적으로 고려하여 감점 수준을 결정			

**WICS(Wise Industry Classification Standard) 28개 중분류 기준 적용 ***이사회 내 위원회 설치여부에 따른 이사회 규모 추가 고려하여 분류 세분화
****'금융회사의 지배구조에 관한 법률'이 전부 적용되는 기업

그림 A-5 | 국내 한국ESG기준원(KCGS) 평가 체계[30]

KCGS ESG 점수는[27, 28, 30] 기업의 ESG 체계 및 성과를 평가하여 점수를 부여하는 기본평가와 법적 제재조치, 사회·환경 관련 부정적 사건에 연루된 사실 등을 고려하여 점수를 차감하는 방식의 심화평가로 이루어지며, 기본평가는 E/S/G에 따라 기업 특성별로 분류한 후 가점방식으로 평가한다. 환경(E)의 경우에는 업종을 20개로 나누고 개별 업종이 환경에 미치는 영향에 따라 업종별 환경민감도를 상/중/하로 분류하고, 사회(S)의 경우는 WICS 산업기준(28개)으로 분류하고, 지배구조(G)의 경우에는 자산규모별로 2조원 이상/미만으로 분류하여 평가한다.

최종 등급은 기본평가 점수 백분율에서 심화평가 점수 백분율을 차감한 값을 기준으로 산정하는데, 기본평가시 기업분류별로 서로 다른 문항이 적용되며 만점 대비 획득한 점수로 득점률을 계산한다. 기업별로 획득한 E/S/G 부문별 점수와 가중치로 최종 ESG점수가 확정되며 KCGS등급위원회가 정한 기준에 따라 7단계(S~D)로 등급이 부여된다. 매년 10월 개별 기업에 대한 ESG 등급이 공표되며, 분기별로 등급 조정이 이루어진다.

B. 건설기업의 ESG 평가 보고 현황

B.1. 해외 평가 기관의 주요국 ESG 평가 (2018년 기준 횡단면 분석)

표 B-1 | LSEG 의 주요국 ESG 점수[34]

	ESG 점수			E 점수			S 점수			G 점수		
	N	Mean	Std	N	Mean	Std	N	Mean	Std	N	Mean	Std
아르헨티나	55	35.3	20.7	55	23.5	20.6	55	34.2	25.3	55	47.6	24.5
호주	348	37.2	20.7	348	21.7	25.6	348	38.7	21.9	348	47.9	23.2
벨기에	46	50.5	18.9	46	43.7	28.4	46	53.8	22.0	46	51.2	22.6
브라질	96	49.8	22.6	96	44.5	29.1	96	53.3	23.9	96	49.7	23.1
캐나다	301	40.1	18.8	301	30.8	27.1	301	41.5	21.2	301	48.8	22.0
칠레	42	42.7	26.0	42	38.5	30.7	42	45.8	27.9	42	40.4	26.4
중국	355	33.8	16.2	355	25.5	22.2	355	27.8	17.9	355	47.5	22.2
프랑스	154	59.4	21.9	154	60.8	26.5	154	66.0	23.2	154	49.4	24.7
독일	177	51.3	22.3	177	43.7	28.8	177	57.2	24.3	177	48.5	24.5
인도네시아	43	47.1	20.8	43	32.9	25.2	43	53.8	24.5	43	48.8	22.6
이탈리아	96	55.5	19.4	96	49.2	27.2	96	62.3	21.4	96	49.5	22.2
일본	433	47.3	21.5	433	48.6	29.5	433	42.9	24.3	433	48.6	23.1
말레이시아	59	52.3	15.5	59	43.8	21.5	59	57.0	17.6	59	50.0	21.3
네덜란드	53	57.7	18.2	53	51.2	27.9	53	65.0	17.7	53	53.4	22.7
뉴질랜드	56	36.6	17.1	56	22.2	23.5	56	37.6	17.9	56	48.0	22.8
한국	**137**	**45.5**	**26.5**	**137**	**42.1**	**32.3**	**137**	**44.4**	**30.5**	**137**	**47.6**	**24.6**
스페인	71	61.6	19.7	71	57.4	26.5	71	71.5	20.0	71	50.7	22.9
스웨덴	129	49.9	19.9	129	41.2	28.6	129	56.1	22.0	129	49.3	23.5
스위스	121	44.8	23.1	121	36.8	30.5	121	48.4	25.1	121	46.2	23.0
영국	419	47.4	20.6	419	36.7	27.3	419	51.4	21.5	419	50.0	24.5
미국	2789	36.5	18.5	2789	18.7	25.8	2789	38.9	20.4	2789	46.2	22.4
전세계 평균	7320	42.4	20.7	7320	31.2	29.1	7320	44.3	23.4	7320	47.8	22.8

표 B-2 | 서스테이널리틱스의 주요국 ESG 점수[35]

	ESG 점수			E 점수			S 점수			G 점수		
	N	Mean	Std	N	Mean	Std	N	Mean	Std	N	Mean	Std
아르헨티나	3	53.3	9.9	3	47.8	5.7	3	52.2	19.0	3	66.1	5.0
호주	211	59.5	9.9	211	55.4	13.7	211	58.7	11.7	211	66.8	9.2
벨기에	27	63.6	11.2	27	66.4	16.2	27	63.0	10.9	27	62.5	12.0
브라질	66	63.7	9.2	66	61.8	12.1	66	63.0	10.5	66	68.1	10.9
캐나다	268	57.0	9.4	268	53.0	12.2	268	55.4	10.8	268	65.2	9.8
칠레	27	62.3	5.9	27	57.5	11.0	27	64.1	7.8	27	67.4	8.1
중국	150	50.3	6.0	150	50.2	9.4	150	51.1	9.6	150	50.5	6.7
프랑스	174	67.1	11.0	174	68.2	14.5	174	67.0	12.4	174	66.8	10.4
독일	165	63.3	11.8	165	63.4	14.3	165	64.5	14.4	165	63.1	10.8
인도네시아	33	54.1	7.7	33	48.4	9.8	33	55.4	11.8	33	60.9	9.2
이탈리아	57	64.4	13.7	57	61.0	17.5	57	69.7	14.8	57	63.8	12.4
일본	458	56.8	9.4	458	60.4	13.8	458	55.2	10.6	458	54.8	7.9
말레이시아	56	54.9	6.1	56	49.7	8.1	56	56.5	9.7	56	60.4	9.6
네덜란드	178	67.4	11.0	178	66.6	14.5	178	67.2	11.8	178	69.7	11.4
뉴질랜드	0			0			0			0		
한국	**129**	**55.0**	**10.6**	**129**	**54.3**	**13.7**	**129**	**55.3**	**13.2**	**129**	**56.0**	**10.2**
스페인	65	68.4	11.6	65	68.6	14.0	65	71.2	12.1	65	66.0	12.8
스웨덴	120	64.1	11.3	120	63.2	14.6	120	63.8	12.0	120	66.5	12.0
스위스	106	60.4	10.6	106	60.6	15.1	106	59.1	11.5	106	63.0	9.5
영국	399	61.3	10.0	399	60.3	14.4	399	61.6	11.1	399	63.1	10.3
미국	1135	55.9	9.1	1135	54.3	13.9	1135	54.4	10.7	1135	61.1	8.3
전세계 평균	5103	58.9	10.7	5103	57.9	14.5	5103	58.7	12.4	5103	61.6	10.8

B.2. 해외 평가 기관의 전세계 건설 산업 ESG 평가 현황

표 B-3 | 해외 평가 기관의 주요국 건설 산업 E 점수[34, 35]

	LSEG			Sustainalytics		
	N	Mean	Std	N	Mean	Std
아르헨티나	10	24.37	20.32			
호주	210	36.98	22.33	49	48.19	7.84
벨기에	6	56.45	6.70			
브라질	12	66.51	15.62			
캐나다	66	39.03	30.69	28	51.07	5.96
칠레	10	7.89	6.92			
중국	155	20.79	17.58	38	43.93	4.69
프랑스	86	68.44	25.90	35	61.79	5.24
독일	37	68.70	20.52	13	61.34	8.66
인도네시아	33	32.00	14.85	2	44.94	1.03
이탈리아	26	48.53	15.94			
일본	296	41.99	26.92	86	57.09	9.49
말레이시아	31	30.58	22.65	29	43.33	3.85
네덜란드	55	46.28	30.28	67	59.59	8.01
뉴질랜드	17	40.13	16.89			
한국	**95**	**56.37**	**27.87**	**60**	**57.18**	**10.28**
스페인	97	63.83	21.30	59	62.80	7.28
스웨덴	97	50.05	20.79	22	60.61	10.74
스위스	80	53.80	28.44	8	59.85	11.62
영국	143	37.51	22.42	48	59.11	9.44
미국	526	27.30	25.79	79	49.33	5.63
전세계 평균	2651	40.73	27.67	762	54.43	10.26

표 B-4 | 해외 평가 기관의 주요국 건설 산업 S 점수[34, 35]

	LSEG			Sustainalytics		
	N	Mean	Std	N	Mean	Std
아르헨티나	10	38.20	27.72			
호주	210	38.82	15.69	49	55.18	8.19
벨기에	6	62.49	9.20			
브라질	12	79.99	7.03			
캐나다	66	43.20	22.76	28	51.89	7.55
칠레	10	14.04	13.93			
중국	155	19.64	14.72	38	43.55	6.74
프랑스	86	63.25	19.13	35	61.52	6.96
독일	37	69.12	19.69	13	67.84	4.67
인도네시아	33	51.40	17.96	2	48.30	0.22
이탈리아	26	59.29	19.03			
일본	296	30.90	21.69	86	50.63	7.10
말레이시아	31	36.58	15.66	29	52.13	5.71
네덜란드	55	54.43	21.81	67	58.11	8.32
뉴질랜드	17	37.21	9.02			
한국	**95**	**50.01**	**26.13**	**60**	**58.49**	**11.40**
스페인	97	74.91	20.32	59	69.30	8.04
스웨덴	97	56.86	20.78	22	64.03	5.21
스위스	80	53.35	24.29	8	62.06	12.25
영국	143	40.39	19.83	48	60.88	10.22
미국	526	34.20	19.99	79	51.36	7.18
전세계 평균	2651	42.07	24.26	762	56.43	10.68

표 B-5 | 해외 평가 기관의 주요국 건설 산업 G 점수[34, 35]

	LSEG			Sustainalytics		
	N	Mean	Std	N	Mean	Std
아르헨티나	10	57.45	25.34			
호주	210	57.73	19.76	49	63.39	8.08
벨기에	6	47.57	15.60			
브라질	12	76.96	6.89	2	46.13	0.18
캐나다	66	58.62	17.04	28	63.82	6.64
칠레	10	13.21	15.52			
중국	155	57.96	18.75	38	53.55	5.78
프랑스	86	49.83	19.01	35	62.16	8.44
독일	37	54.09	22.60	13	70.40	11.92
인도네시아	33	49.04	14.89	2	62.63	0.00
이탈리아	26	44.32	15.44			
일본	296	39.31	19.83	86	52.79	6.85
말레이시아	31	52.98	17.99	29	54.17	4.51
네덜란드	55	46.03	19.24	67	68.32	10.46
뉴질랜드	17	62.51	10.58			
한국	**95**	**51.24**	**21.42**	**60**	**63.20**	**9.63**
스페인	97	43.02	21.99	59	69.68	8.32
스웨덴	97	39.57	18.42	22	74.97	9.07
스위스	80	49.72	21.58	8	73.59	13.94
영국	143	52.60	20.55	48	69.66	7.87
미국	526	46.62	22.34	79	67.85	9.15
전세계 평균	2651	48.90	21.53	762	63.37	11.28

C. 국내 건설기업 ESG 경영 성과 지표 보고 현황

C.1. 대상기업의 선정 및 자료 수집 방법

C.1.1. 국내 ESG 경영 사례 분석의 규모별 대상 선정

국내 대형 종합건설기업의 ESG 경영 현황 파악을 위해 국내 시공능력평가 기준 순위와 기업별 지속가능경영 보고서 내 GRI 기준에 부합하는 항목 수를 고려하여 상위 3개 종합건설기업(삼성물산, 현대건설, 포스코)을 선정하여 해당 기업의 ESG 및 지속가능경영 담당자와의 심층 인터뷰를 진행하였다.

기업 내/외부의 다양한 이해관계자의 ESG 경영 요구가 증가함에 따라 국내 대형 건설산업계에서도 기존의 지속가능경영에 더불어 ESG 요구에 맞는 정보 공시, 경영 비전 공유 및 강화, 협력 업체 관리 등이 이루어지고 있으나, 기관별 평가 지표의 구성 및 방법이 다소 상이하였다.

최근 정부에서 K-ESG 가이드라인을 발표하여 표준화된 평가 지표를 제공하였으나, 건설산업의 특성을 반영하는 세부적인 가이드라인의 부재로 다수 대형 종합건설기업이 ESG 경영 및 비재무적 성과 보고에 있어 어려움을 겪고 있다고 한다.

이에, 향후 국내 ESG 경영 개선점을 파악하기 위해 국내 건설산업 ESG 경영 보고 현황 및 사례분석을 실시하였다. 국내 시공능력평가 기준 상위 10위 이내 건설기업을 대상으로 기업별 기업공시(사업보고서, 지속가능경영보고서, 홈페이지 등)와 감독기구 지자체 등 기관자료, 뉴스 등 미디어 자료를 종합적으로 활용하였다.

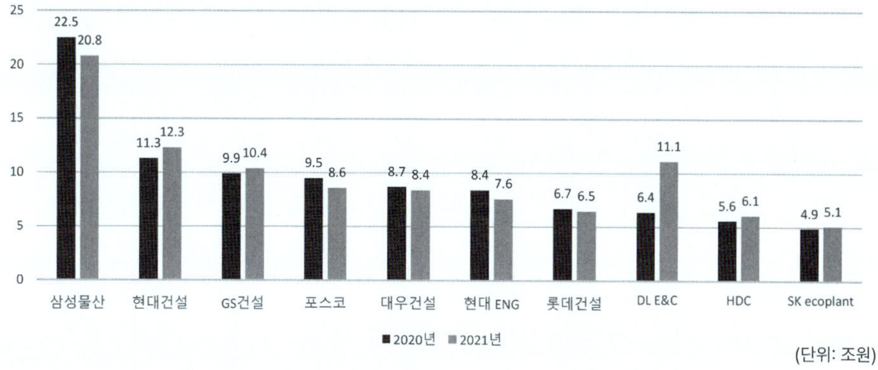

그림 C-1 | 시공능력평가 상위 10개사(토목건축공사업)

국내 건설산업의 ESG 경영 동참은 일부 대형 종합건설기업, 상장 건설기업 중심으로 도입 및 적용되고 있으나, 건설기업 가운데 약 99%가 중소기업에 속하는 만큼, 국내 건설산업의 ESG 경영 확산의 방해 요소를 파악하기 위해서는 국내 건설산업의 대다수를 차지하는 중소 협력 업체의 ESG 경영 현황과 개선점을 파악할 필요성이 있다.

한국기업지배구조원의 2012년도 유가증권시장의 평가 대상 기업 710개 기업을 대상으로 한 ESG 평가 데이터에 따르면, 중소기업의 ESG 평가 점수는 업계 평균에 미달하는 것으로 나타났으며, 특히 사회(S) 분야의 지표가 기업 규모에 따라 현저히 감소하는 것으로 나타났다.

표 C-1 | 기업규모별 ESG 점수 (ESG와 건설산업 사회분야)

구분	기업 수	E(환경)	S(사회)	G(지배구조)
중소기업	117	87.4	62.8	89.6
중견기업	331	96.3	76.9	99.2
그 외 기업	262	121.9	121.0	122.7
전체	710	104.3	90.8	106.3

한국건설산업연구원의 2022년도 건설산업 ESG 경영 실태 조사에 따르면, 중소 건설기업의 ESG 경영 추진 시 애로사항으로 'ESG 가이드라인 부재', 'ESG 경영 추진을 위한 높은 비용', '뭘 해야 할지 모르겠음'이 주된 원인으로 뽑혀 중소 건설기업의 ESG 경영에 대한 인식과 재무적 유인이 부족한 실정임을 알 수 있다.

이에, 포스코 등 일부 대형 종합건설기업에서는 협력 업체의 ESG 경쟁력 강화를 위해 수준 진단, 경영 컨설팅, 역량 강화 프로그램 등을 체계적으로 지원하기 시작하였고, 자체적으로 개발한 평가 모델을 적용해 협력 업체의 ESG 역량을 진단하려는 노력을 기울이고 있는 바 보다 효율적이고 효과적인 ESG 경영 확산을 위해 ESG 경영에 참여하기 시작한 국내 중소 협력 업체의 현황과 문제점을 파악할 필요성이 있다.

본 연구에서는 포스코와 협력 업체 ESG 평가 모델을 개발한 '이크레더블' 및 관련 ESG 경영과 평가에 참여하였던 일부 중소 협력 업체와의 심층 인터뷰를 통해 ESG 경영에 대한 인식과 개선점 및 관련 의견을 묻는 설문지를 작성하여 국내 다수 중소 협력 업체를 대상으로 설문을 진행할 예정이다.

C.1.2. 국내 건설기업 지속가능경영 보고서 수집

해외 및 국내의 ESG 평가사(S&P, MSCI, 한국기업지배구조원, ESG행복경제연구소 등)가 평가의 기초로 사용하는 국내 건설기업의 지속가능경영 보고서를 수집하여 분석에 활용하였다.

정부는 2025년까지 자산 2조원 이상 유가증권 상장사에 대해 보고서 공지를 의무화하도록 하였으며, 2030년부터 보든 코스피 상장사로 확대 적용하고 있는 바, 국내 건설기업 또한 이러한 흐름 속에 도급순위 10대 건설기업 기준으로 홈페이지를 통해 매년 지속가능경영 보고서를 ESG 기준에 맞게 보고하고 있다.

국내 건설기업의 지속가능경영 보고서는 회사의 재무 영역과 함께 전 지구적 기후 변화 극복을 위한 환경적 기여(E), 사회적인 공헌과 책임(S), 회사 내부 투명한 지배구조 상황과 복지제도(G) 등의 비재무적 영역을 GRI, SASB, TCFD 등의 글로벌 기준에 맞게 포함하고 있다.

국내 대형 종합건설기업의 ESG 경영 관련 성과 보고 현황을 파악하기 위해 도급 순위 10위 이내의 건설기업을 대상으로 2018년부터 2021년까지의 지속가능경영 보고서를 수집 및 분석하였으며(10대 건설기업 중 HDC현대산업개발은 보고서를 공시하지 않고 있어 수집 대상에서 제외됨), 추후 주요 기업에 대한 심층 인터뷰 질문지에 활용하였다.

C.2. 국내 건설기업 ESG 경영 현황 및 사례 분석

C.2.1. 국내 건설산업 ESG 경영 보고 지표 현황

국내 대부분의 대형 종합건설기업은 매년 발간하는 지속가능경영 보고서를 통해 GRI 기준에 맞게 기업의 재무적, 비재무적 경영 성과를 외부에 보고 중이다. 현재 국내 10대 대형 건설기업 중 9개 기업은 지속가능경영 보고서를 매년 발간 중이며, 모두 GRI 기준에 부합하는 지표를 활용하고 있다.

현재 GRI 기준 건설 산업 부문의 특화 가이드라인이 부재하여 기업별로 중대성 평가를 통해서 토픽 선정 및 관련 지표를 활용한 성과를 보고하고 있으며, 국내 10대 종합건설기업의 과반수 이상이 공통적으로 보고하고 있는 비재무적 성과보고는 아래와 같다.

[GRI 205-2] 반부패 정책 및 절차에 대한 커뮤니케이션 및 교육: 윤리 교육 수료율, 인당 윤리 교육 시간, 해외 근무 직원 윤리 교육 현황, 파트장/주임의 윤리 교육 실적 및 수료율, 반부패 정책 및 절차에 대한 공지 및 훈련을 받은 거버넌스 기구 구성원 수 및 비율 등의 지표로 비교적 일관적이고 직관적인 지표로 보고

[GRI 305-1] 직접적인 온실가스 배출량과 종류: 기업별 국내 및 해외 현장의 Scope 1 온실가스 배출량을 산정하여 보고

[GRI 305-2] 간접적인 온실가스 배출량과 종류: 기업별 국내 및 해외 현장의 Scope 2 온실가스 배출량을 산정하여 보고

[GRI 305-4] 온실가스 배출 집약도: 원단위 온실가스 배출량, 매출액 대비 직간접 배출량의 지표로 기업별 보고

[GRI 306-2] 폐기물량 감축을 위한 노력 및 관리 방법: 폐기물 재활용 확대 현황, 폐기물 보관장 개선, 폐기물 발생량 및 처리량, 매출액 대비 폐기물 발생량 저감 목표, 폐기물 법적 처리 시스템과 기업내 건설 폐기물 관리 시스템의 실시간 연결, 폐기물 재활용량의 증가 추세 등의 성과로 폐기물의 발생과 처리, 저감 실적을 정량적인 지표를 위주로 보고

[GRI 403-1] 산업 보건 및 안전 관리 시스템의 구현 여부: 안전보건 교육 실적, 안전경영 전략 및 조직, 안전 관리 체계, 현장 안전 점검, 안전 관리자 확보, 안전 관리 조직도, 안전 경영 조직 강화 등의 성과를 기업별로 보고

[GRI 404-1] 성별 및 직군별 직원의 1년당 교육 시간: 임직원 인당 교육 시간 및 비용, 임직원 총 교육 시간 및 비용, 평균 교육 비용, 성별별 인당 교육 시간 및 비용, 연봉제 직군, 월급제 직군 별 교육 시간 및 비용 등의 지표로 측정 대상은 같으나, 다소 상이한 통계 지표로 성과를 보고

[GRI 404-2] 직원 능력 향상을 위해 제공되는 프로그램의 종류: 신입사원 과정, 직책자 양성 과정, 승진자 과정, 역량강화 프로그램, 학습 동호회, 어학 프로그램, 온라인 교육 강화, 프로젝트 리더 양성 과정 등 기업 내부적으로 개별 진행 중인 다수의 직원 능력 향상 프로그램을 보고

[GRI 413-1] 지역 사회의 참여와 관련된 운영의 비율: 민관협력을 통한 지역 사회 기여, 국내외 사회공헌 활동, 중장기 사회공헌 추진 전략 및 체계, 장애인 분야 사회 공헌, 현지 인력 활용을 통한 지역 사회 리스크 관리, CSVcreating social value 활동 등 기업 내부적으로 진행되던 지역 사회 공헌 활동에 대한 내용을 다소 상이한 내용으로 보고

표 C-2 | 지속가능경영보고서 기반 국내 건설기업 E 부문 보고지표 (GRI 기준)

	평가지표	
GRI 301 : Materials	301-1	사용 원재료의 중량 및 부피
	301-2	재활용 원재료 사용 비율
	301-3	재생포장재 사용 비율
GRI 302 : Energy	302-1	조직 내부 에너지 소비량
	302-2	조직 외부 에너지 소비량
	302-3	에너지 집약도, 에너지 원단위
	302-4	에너지 소비 절감
	302-5	제품 및 서비스의 에너지 절감
GRI 303 : Water and Effluents	303-1	공유자원으로서의 물과의 상호작용
	303-2	배수관련 영향 관리
	303-3	취수원별 물 사용량
	303-4	폐수 방류량
	303-5	물 소비량
GRI 304 : Biodiversity	304-1	보호지역 등에서 소유/임대/관리하는 사업장
	304-2	생물 다양성이 있는 서식지 및 보호지역 내에서의 사업활동,제품, 서비스로 인한 중대한 영향
	304-3	보호 또는 복원된 서식지
	304-4	사업영향지역 내 서식하는 국제 자연 보존 연맹 멸종 위기종의 수
GRI 305 : Emissions	305-1	직접 온실가스 배출(Scope 1)
	305-2	에너지 간접 온실가스 배출(Scope 2)
	305-3	기타 간접 온실가스 배출(Scope 3) 삼성물산 : 제품 및 서비스 구매, 출장, 통근 DL : 국내(협력 업체 장비/직원 출퇴근), 해외(협력 업체 장비 등) 현대건설 : 국내, 해외 현장 기타 간접 온실가스 배출 대우건설 : 건설장비 사용으로 인한 온실가스 배출
	305-4	온실가스 배출 집약도, 온실가스 배출 원단위
	305-5	온실가스 배출 감축
	305-6	오존층 파괴 물질 배출

GRI 305 : Emissions	305-7	NOx, SOx 및 기타 주요 대기오염물질 배출
GRI 306 : Waste	306-1	폐기물 배출량 및 주요 폐기물 관련 영향
	306-2	주요 폐기물 관련 영향 관리, 형태 및 처리방법 별 폐기물 배출량
	306-3	폐기물 배출량
	306-4	폐기에서 전환된 폐기물(폐기물 재활용량)
	306-5	소각/매립으로 처리하는 폐기물
GRI 307 : Freedom of Association and Collective	307-1	환경 법규 및 규정 위반으로 인한 벌금 및 제재 건수
GRI 308 : Supplier Environmental Assessment	308-1	환경영향을 평가한 신규 공급업체 수
	308-2	환경영향을 평가 결과 부정적 영향이 있다고 파악된 공급업체의 수 및 조치

국내 건설기업 환경 부문 기타 자체 보고 지표: GRI 기준에 부합하진 않지만, 기업별로 환경 부문에서 기여한 성과를 개별적으로 보고하고 있으며, 그 내용은 대부분 친환경 기술 개발과 기후 변화 대응, 친환경 기술 투자, 지속가능한 경제 가치 창출, 핵심 기술 혁신, 미래기술 혁신, 지속가능성을 고려한 R&D 등으로, 대부분이 국내 ESG 평가 기관(서스틴베스트 및 KCGS)의 평가 지표로, 국내 평가 기관의 ESG 평가를 염두에 둔 것으로 보인다.

표 C-3 | 지속가능경영보고서 기반 국내 건설기업 S 부문 보고지표 (GRI 기준)

	평가지표	
GRI 401 : Employment	401-1	신규 채용 및 이직자 수 및 비율
	401-2	상근직에게만 제공하는 복리후생
	401-3	성별에 따른 육아휴직 후 복귀 비율
GRI 402 : Labor/ Management Relations	402-1	운영상의 변화에 따른 사전 고지기간

GRI 303 : Water and Effluents	403-1	산업안전보건시스템
	403-2	위험요소 파악, 리스크평가, 사고조사
	403-3	산업안전보건 서비스(위험식별제거, 이용방법)
	403-4	산업안전보건 분야에 대한 구성원 참여 및 소통
	403-5	직업 건강 및 안전에 대한 근로자 교육
	403-6	구성원 건강 증진(진료, 보건서비스)
	403-7	산업안전보건 리스크 예방 및 감축
	403-8	산업안전보건 경영시스템 인증에 적용 받는 임직원/ 협력업체
	403-9	임직원 등 업무 관련 부상 발생 수 및 비율
	403-10	임직원 등 업무 관련 질병 발생 수 및 비율
GRI 404 : Training and Education		한 해 동안 근로자 1인이 받는 평균 훈련시간
	404-2	근로자 역량 강화 및 경력 관리를 위한 프로그램, 적용범위, 퇴직자 지원제도
	404-3	업무성과 및 경력개발에 대해 정기적으로 검토 받는 근로자 비율
GRI 405 : Diversity and Equal Opportunity	405-1	거버넌스 기구 및 임직원 다양성
	405-2	남성 대비 여성의 기본급 보상 비율
GRI 406 : Non-discrimination	406-1	차별 사건 및 이에 대한 시정조치
GRI 407 : Freedom of Association and Collective Bargaining	407-1	결사의 자유 및 단체협상의 자유 침해 가능성이 높은 사업분야 또는 공급업체 및 예방 조치
GRI 408 : Child Labor	408-1	아동노동 발생위험이 높은 사업분야 또는 공급업체 및 아동노동 근절을 위한 조치
GRI 409 : Forced or Compulsory Labor	409-1	강제노동 발생위험이 높은 사업분야 또는 공급업체 및 강제노동 근절을 위한 조치
GRI 410 : Security Practices	410-1	인권 관련 정책 및 절차에 대해 훈련받은 보안 인력의 비율
GRI 411 : Rights of Indigenous Peoples	411-1	원주민 권리 침해 건수 및 관련 조치
GRI 412 : Human Rights Assessment	412-1	인권영향 평가 대상 사업장 수 및 비율
	412-2	인권정책 및 절차에 대한 훈련을 받은 임직원 비율
GRI 413 : Local Communities	413-1	지역 사회 참여활동, 영향평가 및 개발 프로그램을 수행하는 사업장
	413-2	지역 사회 부정적 영향 식별
	413-3	인권관련 조항을 포함하고 있거나 인권 심사를 받은 주요 투자 협정 및 계약

GRI 414 : Supplier Social Assessment	414-1	사회적 영향을 평가한 새로운 협력회사 수
	414-2	사회적 영향을 평가한 협력회사 및 부정적 영향이 있는 것으로 드러나 관계를 종료한 협력회사 수
GRI 415 : Public Policy	415-1	국가별, 혜택자별 정치 기부 총 가치
GRI 416 : Customer Health and Safety	416-1	안전보건 영향을 평가한 주요 제품 및 서비스군
	416-2	제품 및 서비스의 안전보건 영향에 관한 법률 및 자발적 규정위반 횟수/형태
GRI 417 : Marketing and Labeling	417-1	제품 및 서비스 정보와 라벨링 관리
	417-2	라벨링 관련 법규 및 자발적 규칙 위반 사건
	417-3	마케팅 관련 법규 및 자발적 규칙 위반 사건
GRI 418 : Customer Privacy	418-1	고객 개인정보 침해 및 고객정보 분실 사실이 입증된 불만 건 수
GRI 419 : Socioeconomic Compliance	419-1	사회적, 경제적 영역의 법률 및 규제 위반

국내 건설기업 사회 부문 기타 자체 보고 지표: GRI 기준에 부합하지 않는 사회 부문의 기타 보고 중인 성과들은 부문별로 아래와 같으며, COVID-19 사태 이후의 환경적 변화와 4차 산업혁명 이후의 정보 관련 시스템 강화, 건설산업 특성을 반영한 협력 업체 동반성장 및 담합과 부패 방지를 위한 노력 등이 포함되어 있다.

코로나 대응 : COVID-19 비상대응 활동, 비대면 사업 수행체계 강화

정보보호 : 내외부 감사 프로그램, 현장 보안 클라우드의 도입, 보안점검을 통한 취약점의 선제적 개선, 정보보호체계의 운영, 정보보호 보안사고 대응방식

상생경영 : 상생경영 체제 강화, 협업을 통한 동반성장 방식

공정거래 : 공정거래 문화의 확산, 공정거래 인식의 확립, 담합 및 부패 방지를 위한 노력

고객소통 : 고객 시장 소통의 활성화, 고객 만족도의 점검 및 관리

품질경영 : 전사적인 품질경영시스템, 품질관리 프로세스, 데이터 기반의 품질경영

표 C-4| 지속가능경영 보고서 기반 국내 건설기업 G 부문 보고지표 (GRI 기준)

	평가지표	
GRI 102 : Governance	102-18	최고 의사결정기구, 경제/환경/사회분야에 관한 의사결정을 담당하는 위원회
	102-19	경제/환경/사회 분야에 대한 권한 위임
	102-20	경제/환경/사회 분야에 대한 임원진 책임
	102-21	경제/환경/사회 분야에 대한 이해관계자와의 협의
	102-22	최고 의사결정기구와 산하 위원회의 구성
	102-23	최고 의사결정기구의 의장
	102-24	최고 의사결정기구 추천 및 선정
	102-25	이해관계 상충
GRI 102 : Governance	102-26	목표/가치/전략 수립에 관한 최고 의사결정기구의 역할
	102-27	최고 의사결정기구의 전문성 제고 방안
	102-28	최고 의사결정기구의 성과에 대한 평가
	102-29	경제/환경/사회 분야 영향을 파악하고 관리하는 최고 의사결정기구의 역할
	102-30	경제/환경/사회 분야 리스크 관리에 대한 최고 의사결정기구의 역할
	102-31	경제/환경/사회 분야 리스크 및 기회에 대한 최고 의사결정기구의 검토
	102-32	지속가능경영보고서에 대한 최고 의사결정기구의 검토
	102-33	중대 이슈에 대한 커뮤니케이션
	102-34	중대 이슈의 특성 및 수
	102-35	보상 정책
	102-36	보수 결정 절차
	102-37	보수 정책에 관한 이해관계자 참여
	102-38	연간 총 보상 비율
	102-39	연간 총 보상 인상율

국내 건설기업 거버넌스 부문 기타 보고 지표: GRI 기준에 부합하지 않는 거버넌스 부문의 기타 보고 지표로는 건설 산업의 조직문화와 관련된 조직문화 설문 실시, 임직원 간의 소통, 업무 동기 부여 문화, 조직문화의 활성화 등의 보고가 주를 이루고 있다.

국내 대형 종합건설기업 ESG 성과 보고 트렌드 변화(2018-2021): 2018년~2021년의 국내 대형 종합건설기업의 지속가능경영 보고서를 분석한 결과 국내 건설기업의 ESG 성과 보고는 매년 기업별 내부 중대성 평가를 통해 그 성과 보고 지표가 변화하고 있으며, 건설산업에서 꾸준히 보고되고 있는 부문은 온실가스의 Scope 1 과 Scope 2 배출량, 직원 교육 및 역량 강화 훈련, 현장 안전과 관련된 지표였다.

과거의 지속가능경영 보고서 대비 더 강조되고 새롭게 성과 지표로서 보고되고 있는 지표는 GRI 403의 산업안전보건 관련 종사자의 참여와 소통, 근로자에게 제공되는 직업 건강 및 안전교육, 산업보건 및 안전의 예방 및 완화, 산업안전 보건관리 시스템 적용 대상자의 수와 비율 등으로 중대재해처벌법의 시행 이후 및 현장 안전관리에 대한 사회 전반적인 관심 증대와 ESG 평가 기관의 피드백을 통한 개선으로 보인다.

참고문헌

1 Cfa institute. (2024). What Is ESG Investing? CFA Institute.https://www.cfainstitute.org/en/rpc-overview/esg-investing

2 Williamson, O. E. (1975). Markets and hierarchies: analysis and antitrust implications: a study in the economics of internal organization. University of Illinois at Urbana-Champaign's Academy for Entrepreneurial Leadership Historical Research Reference in Entrepreneurship.

3 Jensen, M. C., & Meckling, W. H. (1979). Rights and production functions: An application to labor-managed firms and codetermination. Journal of business, 469-506.

4 Klein, B., Crawford, R. G., & Alchian, A. A. (1978). Vertical integration, appropriable rents, and the competitive contracting process. The journal of Law and Economics, 21(2), 297-326.

5 Grossman, S. J., & Hart, O. D. (1986). The costs and benefits of ownership: A theory of vertical and lateral integration. Journal of political economy, 94(4), 691-719.

6 Holmstrom, B. R., & Tirole, J. (1989). The theory of the firm. Handbook of industrial organization, 1, 61-133.

7 Friedman, M. (1970). The Social Responsibility of Business is to Increase its Profits, The New York Times Magazine

8 이관휘. (2022). 기업은 누구의 것인가 : 한국 기업에 거버넌스의 기본을 묻다 / 이관휘 지음.

9 Edmans, A. (2021). Grow the Pie: How Great Companies Deliver Both Purpose and Profit–Updated and Revised. Cambridge University Press.

10 Climate Watch. (2021). 2020 NDC Tracker. https://www.climatewatchdata.org/2020-ndctracker

11 Financial Times. (2014). Fortune 500 companies spend more than $15bn on corporate responsibility. https://www.ft.com/content/95239a6e-4fe0-11e4-a0a4-00144feab7de

12 김영식, 이종섭. (2022). 사학연금 ESG 투자의 현황 및 과제. 사학연금연구, 제 7 호, 263-344.

13 Hong, H., & Kacperczyk, M. (2009). The price of sin: The effects of social norms on markets. Journal of financial economics, 93(1), 15-36.

14 Di Giuli, A. and L. Kostovetsky (2014), Are red or blue companies more likely to go green? politics and corporate social responsibility, Journal of Financial Economics, 111(1), 158–180.

15 Cheng, I. H., Hong, H., & Shue, K. (2023). Do managers do good with other people's money?. The Review of Corporate Finance Studies, 12(3), 443-487.

16 Edmans, A. (2011). Does the stock market fully value intangibles? Employee satisfaction and equity prices. Journal of Financial economics, 101(3), 621-640.

17 Green, T. C., Huang, R., Wen, Q., & Zhou, D. (2019). Crowdsourced employer reviews and stock returns. Journal of Financial Economics, 134(1), 236-251.

18 Deng, X., J. Kang and B. S. Low (2013), Corporate social responsibility and stakeholder value maximization: Evidence from mergers, Journal of Financial Economics, 110(1), 87–109.

19 Dimson, E., O. Karakas and X. Li (2015), Active ownership, Review of Financial Studies, 28(12), 3225–3268.

20 Hoepner, Andreas G. F. and Oikonomou, Ioannis and Sautner, Zacharias and Starks, Laura T. and Zhou, Xiaoyan (2022), ESG Shareholder Engagement and Downside Risk, AFA 2018 paper, European Corporate Governance Institute – Finance Working Paper No. 671/2020

21 Lins, K. V., H. Servaes and A. Tamayo (2017), Social capital, trust, and firm performance: the value of corporate social responsibility during the financial crisis, Journal of Finance, 72(4), 1785–1824.

22 Ding, W., R. Levine, C. Lin and W. Xie (2021), Corporate immunity to the COVID-19 pandemic, Journal of Financial Economics, 141(2), 802–830.

23 Refinitiv ESG Scores Methodology FEB 2021. (2021). Retrieved November 25, 2022, from 색인 264 https://www.refinitiv.com/content/dam/marketing/en_us/documents/methodology/refinitivesg-scoresmethodology.pdf

24 Sustainalytics. (2021). Sustainalytics ESG Risk Ratings Methodology abstract 2021. connect.sustainalytics.com homepage. Retrieved November 25, 2022, from https://connect.sustainalytics.com/esg-risk-ratings-methodology

25 S&P Global ESG Scores Methodology. (2022). Retrieved November 25, 2022, from https://www.spglobal.com/esg/documents/sp-global-esg-scores-methodology-2022.pdf

26 Weights Overview Corporate Sustainability Assessment 2022. (2022) Retrieved November 25, 2022, from https://www.spglobal.com/esg/documents/csa_weights_2022.pdf

27 김이진, & 류현정. (2021). ESG 평가체계 현황 분석 연구: 환경영역 (E) 을 중심으로. 기초연구보고서, 2021, 1-86.

28 한국기업지배구조원. (2022). 한국기업지배구조원 ESG 평가 안내 [PDF file]. Available from https://www.cgs.or.kr/

29 서스틴베스트.(2022). 서스틴베스트 ESG 평가 소개. Available from https://www.sustinvest.com/

30 임선영. (2021). 공개정보기반 ESG 평가기관의 평가체계 비교분석 : 지수 및 데이터 사업자를 중심으로. KCGS 리포트 11 권 6 호, 2021, 20-34

31 Kim, A., Kim, K., & Lee, J. (2023). Industry-Level Confusion in ESG Ratings, University of Chicago and Seoul National University Working Paper

32 Khan, M., Serafeim, G., & Yoon, A. (2016). Corporate sustainability: First evidence on materiality. The accounting review, 91(6), 1697-1724.

33 Berg, F., Koelbel, J. F., & Rigobon, R. (2022). Aggregate confusion: The divergence of ESG ratings. Review of Finance, 26(6), 1315-1344.

34 Refinitiv Eikon Datastream. (2021). Refinitiv ESG [Unpublished raw data]. Retrieved from Refinitiv Eikon Datastream

35 Wharton Research Data Services. (2022). Sustainalytics [Unpublished raw data]. Retrieved from https://wrds-www.wharton.upenn.edu/pages/get-data/sustainalytics/ 265 ESG 와 건설산업

36 기업지배구조원. (2022). ESG 평가 등급조회. Retrieved from https://www.cgs.or.kr/business/esg_tab04.jsp

37 정석한. (2021 년 10 월 18 일). 포스코건설, 비산먼지 저감기술 녹색기술인증 획득. 대한경제. https://m.dnews.co.kr/m_home/view.jsp?idxno=202110281101576800680

38 국토교통부. (2023). 건축기준 완화 중첩적용 허용으로 녹색건축 활성화. 건축정책관 녹색건축과.

39 남태규. (2021 년 08 월 26 일). 협력 업체에 ESG 교육해주면 세액공제. 대한전문건설신문. http://www.koscaj.com/news/articleView.html?idxno=221116

40 사단법인 넥스트, 기후솔루션. (2022). 저탄소 철강 시장 창출을 위한 한국의 녹색공공조달제도 개선에 대한 제언. 고은, 김근하

41 오주은. (2023 년 04 월 24 일). 내재탄소 DB 화로 건물 전생애 탄소중립 달성. kharn. 내재탄소 DB 화로 건물 전생애 탄소중립 달성 (kharn.kr)

42 대한건축학회. (2011). 건축설계 대가산정 기준 연구

43 장철기. (2020). 미국 건설산업의 상대적 약자 배려 정책 고찰 및 시사점. 한국산학기술학회논문지, 21(4), 285-292.

44 KOTRA(Korea Trade-Investment Promotion Agency). (2020). 주요국별 CSR 정책 및 현지 CSR 사례집

45 워터저널. (2022 년 02 월 14 일). [미국] EPA Region 10, 2021 년 「청정수법」 시행 사례 발표. WATER JOURNAL, http://www.waterjournal.co.kr/news/articleView.html?idxno=60462

46 Mayer Brown, 2020 년 10 월 19 일, https://www.mayerbrown.com/en/perspectivesevents/publications/2020/10/esg-in-uk-public-procurement taking-social-value-seriously

47 한국법제연구원. (2017). 영국 입법평가의 최신동향. 최유

48 조달청. (2022). 미국·영국·EU·중국의 ESG 정부조달 정책. 조달수출지원팀

49 KIEP. (2022). 인도의 신 · 재생에너지 시장 및 정책 분석과 한-인도 협력 방안

50 CHINA DEVELOP BRIEF, 2023 년 06 월 08 일, https://chinadevelopmentbrief.org/reports/environmental-penalties-and-esg-impact-acloser-look-at-china-railway-group/색인 266

51 김성욱, 양민석, 김희진, 이금도. (2018 년 10 월 31 일), 중국의 최근 환경법 동향. 법률신문. https://www.lawtimes.co.kr/news/147842

52 최순영(2023), 지속가능연계채권의 국내 도입에 따른 기대와 과제, 자본시장연구원.

53 포스코건설. (2020). 2020 기업시민보고서. Available at https://www.posco.co.kr/homepage/docs/kor7/jsp/esg/report/s91b4000310l.jsp

54 Skecoplant. (2021). 2021 지속가능경영보고서 Available at https://www.skecoplant.com/contents/contents?menuCode=M3103

55 롯데건설. (2022), 2022 지속가능경영보고서. Available at https://www.lottecon.co.kr/sustainability/sustainability

56 김희용. (2021.10.14). 건설사 ESG 바람, 협력사로 퍼진다. 대한경제. https://m.dnews.co.kr/m_home/view.jsp?idxno=202110131418518180762

57 동반성장위원회. 2021. [보도자료/동반위] 동반성장위원회-호반건설,「협력사 ESG 지원사업」건설업계 최초 협약 체결. https://www.winwingrowth.or.kr/board_view.do?BCode=4&SeqNo=4011

58 이민선. (2022.06.11). [금융가 ESG Weekly] IBK 기업은행·KB 국민은행·신한은행. 그린포스트코리아. http://www.greenpostkorea.co.kr/news/articleView.html?idxno=200947

59 한상범. (2021). 글로벌 ESG 동향 및 국가의 전략적 역할

60 박광남. (2021). [한경 ESG] 전기차 생산과정도 탄소배출 줄인다. https://www.hankyung.com/article/202111238810i

61 이홍일. (2022). 2050 탄소중립 시나리오: 건설산업의 도전과 과제

62 McKinsey & Company. (2021). Call for action: Seizing the decarbonization opportunity in construction. https://www.mckinsey.com/industries/engineering-construction-and-buildingmaterials/our-insights/call-for-action-seizing-the-decarbonization-opportunity-inconstruction

63 Obayashi. (n.d.). Environmental Initiatives. https://www.obayashi.co.jp/en/sustainability/environment/action.html

64 Challenge Zero. (n.d.). Towards realization of decarbonization through technological innovation. https://www.challenge-zero.jp/en/casestudy/349

65 포스코뉴스룸. https://newsroom.posco.com

66 Systemvent. (n.d.). CAR PARK VENTILATION SYSTEM. http://systemvent.com/product/underground-parking-lot-system/267 ESG 와 건설산업

67 저자미상. (2018.06.28). 녹슬지 않는 철 '포스맥' 태양광 시장서 각광. 비즈니스워치. http://news.bizwatch. co.kr/article/industry/2018/06/27/0034

68 최우리, 최종훈. (2020.10.27). 삼성물산 탈석탄 선언...베트남 발전소는 예정대로 진행. 한겨레. https://www.hani.co.kr/arti/economy/property/967485.html

69 DPR Construction. (2020). Mass Timber: Lessons Learned from DPR Construction Projects. https://www.dpr.com/media/blog/mass-timber-lessons-learned

70 장예진, 김민지. (2022.03.15). 산업재해 사고 사망 현황. 연합뉴스. https://www.yna.co.kr/view/GYH20220315000900044

71 Bechtel. (2019). Reengaging the Hispanic Workforce Through Innovation. https://www.bechtel.com/blog/innovation/april-2019/reengaging-the-hispanicworkforce-innovation/

72 현대자동차그룹. (2019). 하이오스(Hlos) 도입으로 달라질 건설 현장의 모습. https://m.post.naver.com/viewer/postView.naver?volumeNo=19144814&memberNo=3901450

73 현대건설 기술교육원. (n.d.). 안전문화체험관. https://edu.hdec.co.kr:4443/Mobile/BorrowRoom/DisasterExperience.aspx

74 Posco Newsroom. (2021). 스마트하게 건설현장 안전을 챙기는 포스코그룹만의 비법? https://newsroom.posco.com/kr/스마트하게-건설현장-안전을-챙기는-포스코그룹-만/

75 Choe, S. Y. (2020). 영국 CDM 제도로 본 국내 협력적 안전관리체계 구축의 필요성. Construction Engineering and Management, 21(4), 35-39.

76 권한일. (2022.09.29). 건설업계 '동반성장지수 평가' 희비 교차. EBN 산업경제. https://ebn.co.kr/news/view/1548573

77 배인호. (2015). 건설 하도급 불공정거래 실태 및 개선방안. 건설경제, 49-59.

78 포스코뉴스룸. (2019). [QSS+ 10 주년 특집] ① 개요 및 히스토리. https://newsroom.posco.com/kr/ qss-10 주년-특집-①-개요-및-히스토리/

79 김수연. (2022.06.09). 철강업계, 1500 억 규모 '철강 ESG 상생펀드' 조성. ChosunMedia 더나은미래. https://futurechosun.com/archives/65506

80 김상준. (2022.07.12). [건설사 ESG 열풍 ⑥ 호반건설] 동반성장과 상생협력에 가장 앞섰다.폴리뉴스. https://www.polinews.co.kr/news/article.html?no=509075

81 김종인, & 김영덕. (2012). 건설현장관리자의 윤리적 의사결정에 관한 연구. 대한경영학회지, 25(6), 2581-2600.

82 Ferrell, A., Liang, H., & Renneboog, L. (2016). Socially responsible firms. Journal of financial economics, 122(3), 585-606. 색인 268

83 한국건설산업연구원. http://www.cerik.re.kr/

84 Gensler. (n.d.). THE RIGHT MATERIALS When you do build new, focus on low-impact and low-carbon resources. https://www.gensler.com/climate-action-2021-the-rightmaterials

85 Building Enclosure. (2021). Defining a Whole-Building Embodied Carbon Workflow.

https://www.buildingenclosureonline.com/blogs/14-the-be-blog/post/89961

86 Gensler. (n.d.). The Link. https://www.gensler.com/projects/the-link-officetower?k=lca&l=search&s=date

87 ARUP. (2011). Research Review 2011. (ISBN number: 978-0-9562121-4-6).
https://www.arup.com/perspectives/publications/research

88 Carroll, C., de Souza, Y. A., Salter, E., Hunziker, R., De Giovanetti, L., & Contucci, V.(2021). Net-zero buildings: Where do we stand?. World Business Council for Sustainable Development.
https://www.wbcsd.org/contentwbc/download/12446/185553/1.

89 WSP Global. (n.d.). Hawaii Highways Climate Adaption Action Plan.
https://www.wsp.com/en-kr/projects/hawaii-highways-climate-adaption-action-plan

90 VISIT SEOUL. (2017). 롯데월드타워.https://korean.visitseoul.net/attractions/롯데월드타워_/21278

91 Archdaily. (2015). 22 Bishopsgate Set to be London's Tallest Skyscraper.
https://www.archdaily.com/770941/22-bishopsgate-set-to-be-londons-tallest-skyscraper

92 Ben Khan. (n.d.). About Jeddah. https://benkhan.com/articles/115/about-jeddah

93 Analogic Cloud. (n.d.). All Models. https://cloud.anylogic.com/models?public=true&orderType =BEST&selectedCategory=All%20Models&textSearch=subway

94 저자미상. (2022.11.03). Saipem - new project milestone achieved with the completion of installation works on the Fecamp offshore wind farm. MarketScreener.
https://www.marketscreener.com/quote/stock/SAIPEM-SPA-34973305/news/Saipem-newproject-milestone-achieved-with-the-completion-of-installation-works-on-the-Fecampoffs-42193604/

95 Bouygues Construction. (n.d.). FÉCAMP OFFSHORE WIND FARM.
https://www.bouygues-construction.com/en/our-achievements/fecamp-offshore-wind-farm

96 Vucic. M. (2021.10.21). Saipem awarded a contract by Qatargas worth approximately $4.5 billion. Construction Week. https://www.constructionweekonline.com/projectstenders/saipem-awarded-a-contract-by-qatargas-worth-4-5-billion

97 Saipem. (n.d.). RENEWABLES AND GREEN HYDROGEN. https://www.saipem.com/en/our-decarbonisation-journey/fulfilling-our-vision-ofdecarbonisation/renewables-and-green-hydrogen

98 Balfour Beatty. (n.d.). Beyond Net Zero Carbon.
https://www.balfourbeatty.com/sustainability/beyond-net-zero-carbon/#item_3

99 Balfour Beatty. (2021.08.17). How do you reduce the emissions from heavy construction equipment? [Video file]. Retrived from https://www.youtube.com/watch?v=Mc6RnOs_GI&t=84s

100 강연주. (2021.08.12). 현대오일뱅크, 탄소포집설비 구축해 '연간 12 만톤' 탄소 줄인다.경향신문.
https://m.khan.co.kr/economy/industry-trade/article/202108121506001/amp 269 ESG 와 건설산업

101 홍혜주. (2020.09.21). 대림산업, 사우디 암모니아 공장에 이산화탄소 제거설비 설치.한국건설신문.
http://www.conslove.co.kr/news/articleView.html?idxno=65750

102 손희연. (2021.08.18). "ESG 성과 내자" 건설업계, 친환경 건축·탄소중립·모듈러 뛰어든다.에너지경제.
https://www.ekn.kr/web/view.php?key=20210818010002929

103 김은정. (2022.04.26). 모듈러 호텔로 영국 런던까지 진출한 GS 건설. 한경 집코노미.
https://www.hankyung.com/realestate/article/202204264185i

104 박민석. (2022.04.30). [건설사 ESG ④] 스며든 '친환경', 온실가스에 비용까지 동시 절감.데일리임팩트.
https://www.dailyimpact.co.kr/news/articleView.html?idxno=78701

105 김민범. (2020.01.21). "국내는 좁다" GS 건설, 해외 모듈러 주택사업 진출…유럽·미국 업체 3 곳 인수.동아일보. https://www.donga.com/news/article/all/20200121/99340305/2

106 송재민. (2022.10.06). GS 건설 자이가이스트, 고급 단독주택 '프리패브 콘셉트하우스' 공개.이코노미스트. https://economist.co.kr/2022/10/06/realEstate/realEstateNormal/20221006122010507.html

107 김은정. (2022.06.06). 공사 기간·인력·폐기물 '3 低 혁명'…"3 조 모듈러 주택시장 잡자". 한경 집코노미. https://www.hankyung.com/realestate/article/2022060658231

108 pbctoday. (2022). 3 reasons European contractors should be adopting modular construction practices. https://www.pbctoday.co.uk/news/mmc-news/3-reasons-europeancontractors-should-be-adopting-modular-construction-practices/118040/

109 Kane. (2021.06.17). Kane - Case Study - Claridge's Hotel [Video file]. https://www.youtube.com/watch?v=C3H30I6_544

110 김진수. (2022.01.18). 반도건설 협력사와 ESG 경영실천…스마트건설 기술협력 파트너십 체결. 한경 집코노미. https://www.hankyung.com/realestate/article/202201185907i

111 장원수. (2021.12.24). 반도건설, 건설현장에 증강현실(AR), 혼합현실(MR) 기술 도입. 뉴스투데이. https://www.news2day.co.kr/article/20211224500093?site_preference=mobile

112 모건신달 Group, Annual Report 2021 https://d3s3eeezfmyz8l.cloudfront.net/pdfs/MorganSindall_AR21_interactive_220324-v2.pdf

113 모건신달. (n.d.). Supply Chain Carbon Week. https://insights.morgansindallconstruction.com/story/supply-chain-carbon-week/page/1

114 Quanta Services. (2021). CONNECTING PEOPLE:POWERING TOMORROW. https://sustainability.quantaservices.com/

115 EMCOR Group Inc. (2020). 2020 Sustainability Report. Available at https://www.emcorgroup.com/sustainability

116 홀씸 ltd. (2022). 홀씸'S NETZERO JOURNEY [PDF file]. Climate Report 2022. Available at https://www.홀씸.com/

117 홀씸. (n.d.). Cement. https://www.홀씸.com/what-we-do/cement

118 홀씸. (n.d.). Roofing. https://www.홀씸.com/what-we-do/solutions-and-products/roofing

119 Trusscore. (n.d.). Environmental Sustainability. Transforming the way the world builds. https://trusscore.com/sustainability.html 색인 270

120 송홍선. (2021). 2050 탄소중립과 배출권거래제의 활성화. [KCMI] 이슈보고서.

121 최희석. (2019.07.22). "온실가스 감축 설비에 최대 3 억 보조금 지급." 매일경제. https://www.mk.co.kr/news/economy/8908538

122 World Bank, W. (2021, May 25). State and trends of carbon pricing 2021. https://documents1.worldbank.org/curated/en/771941622009013802/pdf/State-and-Trendsof-Carbon-Pricing-2021.pdf

123 국회예산정책처. (2022). 탄소가격제도 운영현황 및 시사점 -주요국을 중심으로-. (NABO Focus 제 43 호). https://www.nabo.go.kr

124 김규남. (2022.10.04). "[단독] 온실가스 뿜어댄 기업들, 그 덕에 되레 5600 억 벌었다." 한겨레. https://www.hani.co.kr/arti/society/environment/1061194.html

125 파생상품시장본부 일반상품시장부. (2022, April). 2021 년 배출권시장 운영리포트. 2021 년 배출권시장

운영리포트. https://ets.krx.co.kr/board/ETS03020000/bbs#view=9

126 김은수. (2022.03.22) "중국서 탄소 배출로 떼돈 번 기업, 미국 '테슬라'라고?" 중앙일보, https:/www.joongang.co.kr/article/25057254#home

127 박경현. (2022.11.25). "SK 증권, SBTi 탄소 감축 목표 승인 획득...국내 단일 증권사 최초." BizFACT. http://news.tf.co.kr/read/economy/1981936.htm

128 Bloomberg. 2022. ESG by the Numbers: Sustainable Investing Set Records in 2021. https://www.bloomberg.com/news/articles/2022-02-03/esg-by-the-numbers-sustainableinvesting-set-records-in-2021?leadSource=uverify%20wall

129 BloombergNEF. (2021). Sustainable Debt Breaks Annual Record Despite Covid-19 Challenges. https://about.bnef.com/blog/sustainable-debt-breaks-annual-record-despitecovid-19-challenges/

130 International capital market association. (2021, June). Voluntary Process Guidelines for Issuing Green Bonds. Green Bond Principles. https://www.icmagroup.org/assets/documents/Sustainable-finance/2022-updates/Green-Bond-Principles-June-2022-060623.pdf

131 International capital market association. (2023, June). Voluntary Process Guidelines for Issuing Social Bonds. Social Bond Principles. https://www.icmagroup.org/assets/documents/Sustainable-finance/2023-updates/Social-Bond-Principles-SBP-June-2023-220623.pdf

132 강윤식, 정재만 (2020), ESG 채권 현황 및 활성화 방안에 관한 연구, 아태비즈니스연구, 11(1), 45-60.271 ESG 와 건설산업

133 Kim, S., Kumar, N., Lee, J., & Oh, J. (2022). ESG lending. In Proceedings of Paris December 2021 Finance Meeting EUROFIDAI-ESSEC, European Corporate Governance Institute–Finance Working Paper (No. 817).

134 PRI. 2022. Sustainability-linked loans: A strong ESG commitment or a vehicle for greenwashing? https://www.unpri.org/pri-blog/sustainability-linked-loans-a-strong-esgcommitment-or-a-vehicle-for-greenwashing/10243.article

135 Global Sustainable Investments Review, 2020 (https://gsh.cib.natixis.com/our-centerof-expertise/articles/latest-edition-of-the-global-sustainable-investment-reviewconfirms-strong-growth-of-esg-assets-all-over-the-world)

136 한국산업수처리협회. (2021). 2021 년 7 월 6 일(화) 산업폐수 및 환경관련 보도자료. https://kwta.or.kr/bbs/board.php?bo_table=environment&wr_id=192

137 박창민. (2021.07.18). 은행권, 채권 발행도 '같은 값이면 ESG 채권'. 이코노믹 리뷰. https://www.econovill.com/news/articleView.html?idxno=540746

138 Baker, M., Bergstresser, D., Serafeim, G., & Wurgler, J. (2018). Financing the response to climate change: The pricing and ownership of US green bonds (No. w25194). National Bureau of Economic Research.

139 Pástor, Ľ., R. F. Stambaugh and L. A. Taylor (2022), Dissecting green returns, Journal of Financial Economics, 146(2), 403-424.

140 신다은. (2021.03.08). 대기업들 ESG 채권 발행 활발하지만...'그리니엄'은 아직. 한겨레. https://www.hani.co.kr/arti/economy/economy_general/985937.html

141 이유섭. (2021.01.19). 현대제철 ESG 채권 2 조 몰려 `흥행`. 매일경제. https://www.mk.co.kr/news/stock/9715383

142 그리니엄. (2021.10.08). 탄소중립 위해 20 억달러 투자한 글로벌 기업 (feat.아마존).greenium. https://greenium.kr/%EC%A7%80%EC%86%8D%EA%B0%80%EB%8A%A5%EC%84%B1-%EC%95%84%EB%A7%88%EC%A1%B4-%EA%B8%B0%EC%97%85%ED%88%AC%EC%9E%90/

143 임상재. (2021.11.01). [창사 26 주년 특집]포스코건설, 건설사 최초 ESG 채권 발행..."저탄소 건축 기술개발" 디지틀조선 TV.http://businessnews.chosun.com/site/data/html_dir/2021/11/01/2021110180123.html

144 오다경. (2022.08.10). 포스코건설, 바르샤바 친환경 소각발전소 시공...해외 사업 확대. 퍼블릭뉴스. https://www.psnews.co.kr/news/articleView.html?idxno=2012548 색인 272

145 조달청. (2022). 조달청, 공공조달 ESG 시범도입을 위한 기본지침 마련. https://www.pps.go.kr/kor/bbs/view.do;jsessionid=tUNnIM8HqtIM4fawZyTesVZ4Ox2CieDXAEBq9wOP3KUSgsthmih!-1905967555?key=00634&bbsSn=2205040013

146 김성열. (2022.07.19). 건산연 "인프라 미흡한 ESG 경영, 공공공사 조달로 활성화해야."엔지니어링데일리. https://www.engdaily.com/news/articleView.html?idxno=15112

147 박대기. (2020.11.09). 바이든 2 천조 '그린뉴딜'에 K-배터리·전기차 준비됐나? KBS NEWS. https://news.kbs.co.kr/news/view.do?ncd=5043824

148 한국행정학회. (2022). 한국수출입은행 정책금융 기능 강화 방안

149 김예지. (2021.06.04). 캐나다, 탄소중립 실현을 위한 예산 지원 박차. KOTRA. https://dream.kotra.or.kr/kotranews/cms/news/actionKotraBoardDetail.do?SITE_NO=3&MENU_ID=180&CONTENTS_NO=1&bbsGbn=243&bbsSn=243&pNttSn=188888

150 KOTRA, 캐나다, 탄소중립 실현을 위한 예산 지원 박차 (2021.06.04)

151 Reuters. (2022). Canada launches greenhouse gas offset credits to help tackle emissions. https://www.reuters.com/world/americas/canada-launches-greenhouse-gasreduction-credits-help-tackle-emissions-2022-06-08/

152 이구용, 이민아. (2021). 주요국 탄소중립 기술정책 동향: 기후정상회의의 이후 G7 국가 기술정책 동향 분석 및 국내 정책 방향성 제언. 녹색기술센터 GTC Focus 2021-1 호

153 김수현, & 김창훈. (2020). 유럽 그린딜의 동향과 시사점. 에너지경제연구원 수시연구보고서,1-1.

154 남재우. (2021). 공적연기금 ESG 투자의 현황과 과제. [KCMI] 이슈보고서.

155 <자료: 환경운동연합, 국제환경단체 마이트어스(Mighty Earth)>

156 환경운동연합. 2018. [보도자료] 네덜란드 공적연금(ABP), 열대림 파괴 기업 포스코대우에 대한 투자 철회. http://kfem.or.kr/?p=192739

157 홍명표. (2022.03.20). 일본 GPIF 가 중요하다고 생각하는 ESG 이슈는? 임팩트온. https://www.impacton.net/news/articleView.html?idxno=3664

158 Serafeim, G., & Yoon, A. (2022). Stock price reactions to ESG news: The role of ESG ratings and disagreement. Review of accounting studies, 1-31.

159 NEWNEEK. (2022). 그린워싱, 어떻게 생각해? https://newneek.co/post/Z6T4pJ/273 ESG 와 건설산업

160 박지영. (2021.12.13). 2021 년을 달군 11 가지 그린워싱 이슈. 임팩트온. https://www.impacton.net/news/articleView.html?idxno=3059

161 이은재. (2022.05.31). [ESG] "그린워싱 문제 불거지면 기업 평판에 심각한 리스크." 리걸타임즈. https://www.legaltimes.co.kr/news/articleView.html?idxno=66896

162 김영도. (2022). ESG 펀드의 그린워싱 방지를 위한 글로벌 규제 동향과 시사점. 주간금융브리프, 31(13), 13-15.

163 나석권. (2021). ESG 경영의 과거, 현재, 미래 [PDF file]. Available from https://www.cses.re.kr/

찾아보기

저자 소개

안창범

美 일리노이 대학교 어바나-샴페인 건설관리학 박사

現, 서울대학교 건축학과 교수

現, 국토안전관리원 건설안전분과 자문위원

이종섭

美 뉴욕대학교 스턴경영대학 재무금융 박사

現, 서울대학교 경영대학(원) 재무금융 교수

現, 한국ESG기준원 ESG전문가자문위원단 자문위원

김종훈

서울대학교 건축학 박사

現, 한미글로벌(주) 회장

허 찬

서울대학교 건축학과 박사연구생

김경민

서울대학교 경영대학(원) 박사연구생